AWS認定資格試験テキスト

AWS認定 クラウドプラクティショナー

トレノケート株式会社
山下光洋／海老原寛之

改訂

本書に関するお問い合わせ

この度は小社書籍をご購入いただき誠にありがとうございます。小社では本書の内容に関するご質問を受け付けております。本書を読み進めていただきます中でご不明な箇所がございましたらお問い合わせください。なお、お問い合わせに関しましては下記のガイドラインを設けております。恐れ入りますが、ご質問の際は最初に下記ガイドラインをご確認ください。

ご質問の前に

小社Webサイトで「正誤表」をご確認ください。最新の正誤情報をサポートページに掲載しております。

▶ **本書サポートページ**

URL https://isbn2.sbcr.jp/25382/

上記ページの「正誤情報」のリンクをクリックしてください。なお、正誤情報がない場合、リンクをクリックすることはできません。

ご質問の際の注意点

- ご質問はメール、または郵便など、必ず文書にてお願いいたします。お電話では承っておりません。
- ご質問は本書の記述に関することのみとさせていただいております。従いまして、○○ページの○○行目というように記述箇所をはっきりお書き添えください。記述箇所が明記されていない場合、ご質問を承れないことがございます。
- 小社出版物の著作権は著者に帰属いたします。従いまして、ご質問に関する回答も基本的に著者に確認の上回答いたしております。これに伴い返信は数日ないしそれ以上かかる場合がございます。あらかじめご了承ください。

ご質問送付先

ご質問については下記のいずれかの方法をご利用ください。

▶ **Webページより**

上記のサポートページの「サポート情報」にある「お問い合わせ」をクリックすると、メールフォームが開きます。要綱に従って質問内容を記入の上、送信ボタンを押してください。

▶ **郵送**

郵送の場合は下記までお願いいたします。

〒105-0001
東京都港区虎ノ門2-2-1
SBクリエイティブ　読者サポート係

はじめに

本書を手に取っていただきましてありがとうございます。本書はAWS認定クラウドプラクティショナーを受験される皆さまに参考にしていただくコンテンツとして執筆いたしました。

私自身2015年にAWSに触れて、これまでできなかったことができるようになり、エンジニアリングによる課題解決や価値創造を加速させることができました。読者の皆さまのお仕事や生活においての課題や実現したいこと、担当されたり関係されているシステムや利用されているサービスなどを想像しながら、AWSの各サービスで実現している課題解決をあてはめながら読み進めていただければ幸いです。

可能であればAWSアカウントのマネジメントコンソールにも触れながら、機能の確認をされるとなお良いでしょう。AWSアカウントにアクセスできない方は、画面スクリーンショットを一部掲載しているページもありますので、操作しているイメージで読んでいただくと良いでしょう。

AWSの認定試験では認定プログラムアグリーメントにて「認定試験の内容または試験関連資料を開示または流布すること」を禁止しています。これは、問題と解答を丸暗記するような行為を防ぐための決まりです。人それぞれ得意とする学習方法はあると思いますが、私が好きな言葉は「覚えたことは忘れる、理解したことは忘れない」です。本書では丸暗記していただくことよりも、できる限り理解していただくことを目的として執筆いたしました。

ご質問やご不明点やご相談がありましたら、私の各SNSは本名アカウントですので、いつでもお気軽にご連絡くださいませ。

これからAWSクラウドに関わってお仕事をされる読者の皆さまと関係するすべての方々の未来が、思いっきり光輝くことを心の底から願っております。

トレノケート株式会社　山下 光洋

目次

第13章 請求、料金、およびサポート 375

第1章

AWS 認定資格

Amazon Web Services（アマゾン ウェブ サービス、AWS）とはクラウドコンピューティングサービスです。これらのサービスは全世界で33の地域（2024年2月現在）に提供されています。第1章では、AWS認定資格およびクラウドプラクティショナー認定資格について説明します。

1-1

AWS認定資格とは

AWSでは、認定資格体系としてAWSエンジニアのキャリアパスを提示しています。体系的に学習することで、それぞれのキャリアに必要な知識とスキルが習得できるように設計されており、効率的に成長できます。AWS認定資格には次の4つのカテゴリーがあります。

- **FOUNDATIONAL**：AWSクラウドの基礎的な理解を目的とした知識ベースの認定です。事前の経験は必要ありません。
- **ASSOCIATE**：AWSの知識とスキルを証明する、設計、開発、運用、データ分析などの役割をベースとした認定です。クラウドの経験、または豊富なオンプレミスでのIT経験があることが望ましいです。
- **PROFESSIONAL**：AWS上で安全かつ最適化された最新のアプリケーションを設計し、プロセスを自動化するために必要な高度なスキルと知識を証明する役割をベースとした認定です。2年以上のAWSクラウドの経験があることが望ましいです。
- **SPECIALTY**：各テーマをより深く掘り下げ、これらの戦略的領域において関係者や顧客に信頼されるアドバイザーとしての地位を確立する認定です。推奨される経験については、各SPECIALTY資格のページの試験ガイドを参照してください。

AWS認定

URL https://aws.amazon.com/jp/certification/

AWS認定資格は3年ごとに更新する必要があります。再認定試験を3年ごとに更新するか、ロールベース（役割別）認定資格（後述）の場合は上位レベルの試験に合格する必要があります。

ロールベース（役割別）認定資格

AWS認定資格には、**ロールベース（役割別）認定資格**と**専門知識認定資格**の2つのタイプがあります。ロールベース認定資格にはFOUNDATIONAL、

ASSOCIATE、PROFESSIONALの3種類があります。順に見ていきましょう。

FOUNDATIONAL（基礎レベル）

AWSクラウドの全体的な理解を証明します。認定資格は以下です。

- AWS認定クラウドプラクティショナー

ASSOCIATE（アソシエイトレベル）

技術的役割別認定です（アソシエイトレベル受験には、受験前提条件はありません）。以下の認定資格があります。

- AWS認定デベロッパーーアソシエイト
- AWS認定システムオペレーション（SysOps）アドミニストレーターーアソシエイト
- AWS認定ソリューションアーキテクトーアソシエイト
- AWS認定データエンジニアーアソシエイト

PROFESSIONAL（プロフェッショナルレベル）

最高レベルの技術的役割別認定です（プロフェッショナルレベル受験には、現在受験前提条件はありません）。以下の認定資格があります。

- AWS認定ソリューションアーキテクトープロフェッショナル
- AWS認定DevOpsエンジニアープロフェッショナル

以前は関連するアソシエイト認定資格が前提資格として必要でしたが、2018年10月以降は必須から推奨に変更されました。ただしこれは、アソシエイト資格の有効期限が切れてしまい、プロフェッショナル資格の受験ができない方のための措置です。そのため、まだ資格をお持ちでない方は、まずは関連するアソシエイト認定資格にチャレンジすることをお勧めします。

専門知識認定資格

特定の技術分野における高度なスキルを証明します。専門知識認定受験には、現在受験前提条件はありませんが、クラウドプラクティショナーまたはアソシエイトレベル以上の認定資格が、前提資格として推奨されています。専門知識認定資格には以下があります。

- AWS認定高度なネットワーキングー専門知識
- AWS認定機械学習ー専門知識
- AWS認定セキュリティーー専門知識

Column

試験開始までの流れ（Pearson VUEテストセンター会場の場合）

2024年2月現在、AWS認定試験はPearson VUEから提供されています。テストセンター会場および、OnVUEオンライン監督試験で在宅でも受験が可能です。

テストセンター会場での受験の際には身分証明証が2つ必要です。身分証明証や、本人確認書類の組み合わせについては受験ポリシーがありますので、事前に確認しておきましょう（以下のURLをご覧ください）。

📖 おさえておきたい試験当日10のポイント（Pearson VUE版）

URL https://blog.trainocate.co.jp/blog/aws10points2_005

会場には15分前までに到着してください。到着したら、AWS認定試験の受験の旨を伝えて受付確認のEメール（印刷しておくとよい）を提示します。ここで受験者規則同意事項の確認が行われ、その後、写真撮影と同意事項への署名を行います。

受付後に、会場内に持ち込む1つの身分証明証が指示されますので、他の身分証明証は、鞄、財布、腕時計などの荷物とともにロッカーに預けます。会場内に持ち込めるのは1つの身分証明証とロッカーキーのみです。

開始時間になると会場へ案内されます。会場では、計算などで利用するメモ用のホワイトボードとペンが渡されます（会場によってはあらかじめ受験席に置いてあります）。もし用意されていない場合は、この入室のタイミングで必ず確認しましょう。なお、このホワイトボードは試験終了後に回収されます。

1-2 クラウドプラクティショナーについて

AWS認定クラウドプラクティショナー試験は、AWSクラウドの知識とスキルを身に付け、全体的な理解を効果的に説明できる個人が対象です。他のAWS認定で扱われる特定の技術的役割からは独立しています。

本認定は2019年2月（要件審査は8月）より、AWSパートナーネットワーク（APN）のAWSサービスパートナーティア（旧コンサルティングパートナー）における基礎認定技術者数の要件となりました。すでにコンサルティングパートナー企業でアソシエイトレベル以上の認定者がいたとしても、それぞれのティアごとに基礎認定技術者数が必要となります。

受験者の概要

AWS認定クラウドプラクティショナー試験では、受験者に次の能力があることを証明します。

- AWSクラウドの価値を説明できる。
- AWSの責任共有モデルを理解し、説明できる。
- セキュリティのベストプラクティスを理解している。
- AWSクラウドのコスト、エコノミクス、請求方法を理解している。
- コンピューティングサービス、ネットワークサービス、データベースサービス、ストレージサービスなど、AWSの主要なサービスを説明し、位置付けることができる。
- 一般的なユースケース向けのAWSのサービスを特定することができる。

推奨される知識

クラウドプラクティショナー受験者の前提として、次の知識および経験があることが推奨されます。

- AWSクラウドの設計、実装、運用の経験6か月程度
- ITサービスの基本的な知識
- AWSの以下の分野に関する知識
  - AWSクラウドのコンセプト
  - AWSクラウドにおけるセキュリティとコンプライアンス
  - AWSの主要なサービス
  - AWSクラウドエコノミクス

出題範囲

出題範囲と、それぞれの分野が試験の中で占める割合(比重)は次の表のとおりです。

❑ 出題範囲とその比重

分野	出題の割合
クラウドのコンセプト	24%
セキュリティとコンプライアンス	30%
クラウドテクノロジーとサービス	34%
請求、料金、およびサポート	12%

出題範囲などの情報は変更されることがあるので、以下のWebページ内の「CLF-C02試験ガイドを確認する」で最新情報を確認しておくとよいでしょう。

📖 AWS認定クラウドプラクティショナー

URL https://aws.amazon.com/jp/certification/certified-cloud-practitioner/

出題範囲の詳細はCLF-C02試験ガイドで確認してください。

出題・解答形式

試験の出題・解答形式には以下の2種類があります。

- **択一選択問題**:4つの選択肢の中から、1つの正解を選ぶ
- **複数選択問題**:5つの選択肢の中から、2つ以上の正解を選ぶ

選択肢は、知識やスキルが不十分な受験者が間違えやすいもので構成されています。多くの場合、試験の目的に応じた出題分野に当てはまる、もっともらしいものになっています。

試験時間と合格ライン

試験時間は**90分**で、合格ラインは**700点以上**です。

試験結果は100～1000点の範囲のスコアでレポートされます。各分野ごとに合格する必要はなく、試験全体で合格ラインに達していればOKです。試験の問題は**65問**ありますが、統計的な情報を集めるための、採点の対象にはならない設問が15問含まれています。そのため、すべて正解でなくても満点となることがあります。どの設問が採点対象なのかや配点は公開されていません。

対象者

AWS認定クラウドプラクティショナー試験の対象者は以下のとおりです。

- AWS役割別認定のアソシエイトレベル以上を目指す方
- AWS専門知識認定を目指す方
- 営業担当者
- プリセールスエンジニア
- 法務関連担当者
- マーケティング担当者
- ビジネスアナリスト
- プロジェクトマネージャー
- チーフエクスペリエンスオフィサー
- 監査責任者
- AWSを利用する会社の経営者層
- 情報工学系の学科の学生
- APNパートナー企業の従業員（AWSサービスパートナーティアの基礎認定技術者数要件）

特典

資格を取得すると以下の特典が得られます。

○ AWS認定グローバルコミュニティ

- ○ LinkedInのAWS認定コミュニティおよび、InfluitiveのAWS認定コミュニティにアクセスできます。

○ デジタルバッジ

- ○ Eメールの署名やSNSのプロフィール、プレゼンテーションスライドなどにデジタルバッジを利用することで、顧客や友人にAWS認定資格を保有していることを証明できます。最近では、案件提案選定や転職採用の際にデジタルバッジURLの送付を受け付ける企業が増えてきています。

○ 受験料の割引

- ○ 再認定試験を含むすべてのAWS認定試験に適用可能な、50%の割引バウチャーを利用できます。

○ イベントでの認知

- ○ 地域のAppreciation Receptionの招待状が届き、AWS re:Inventや、一部AWS Summitに用意される認定者限定のAWS Certificationラウンジに入場できます。

○ SMEプログラムへの参加権

- ○ 内容領域専門家（SME）プログラムへの参加権を手に入れられます。SMEプログラムとは、現在および将来のAWS認定プログラムの有効性を検証するためにワークショップに参加し、AWS認定試験の問題作成に協力する内容領域専門家プログラムです。

Column

JAWS-UGに参加する

JAWS-UG（AWS Users Group-Japan）は、AWSが提供するクラウドコンピューティングを利用する人々の集まりで、2010年2月に日本で発足した非営利目的のコミュニティです。1人ではできない学びや交流を目的として、ボランティアによる勉強会や交流イベントなどを行っています。

1-3

学習方法

クラウドプラクティショナーの認定資格を取得するには、認定トレーニングコースやホワイトペーパーなどの資料を活用して準備を行います。

AWSホワイトペーパー

AWSからはアーキテクチャ、セキュリティ、エコノミクスなどのトピックを扱ったAWSの技術的なホワイトペーパーが提供されています。これらのホワイトペーパーは定期的に更新されます。AWSを利用する上で大変参考になるので、継続的に確認していきましょう。

📖 AWSホワイトペーパーとガイド
URL https://aws.amazon.com/jp/whitepapers/

下記のホワイトペーパーはクラウドプラクティショナーの試験範囲に含まれるので、必ず目を通しておきましょう。

- アマゾン ウェブ サービスの概要（2022年6月）
- AWS料金体系の仕組み（2020年10月）

さらに、下記の「AWSサポートのプラン比較」ページも確認しておいてください。

📖 AWSサポートのプラン比較
URL https://aws.amazon.com/jp/premiumsupport/plans/

AWSトレーニング

クラウドプラクティショナーの認定資格を取得するための、下記のトレーニングが提供されています。

○ AWS Cloud Practitioner Essentials (Japanese)
○ AWS Cloud Practitioner Essentials Classroom
○ AWS Technical Essentials

📖 クラウドプラクティショナー
URL https://aws.amazon.com/jp/training/learn-about/cloud-practitioner/

AWS Cloud Practitioner Essentials (Japanese)

AWS Cloud Practitioner Essentials (Japanese) は、無料のAWS Skill Builderアカウントを作成すれば誰でも受講できるデジタルトレーニングです。

AWS認定インストラクターによるクラスルームトレーニング

AWSから認定を受けたインストラクターが実施するクラスルームトレーニングです。学習内容が体系化された認定トレーニングなら、技術習得のための学習時間を効率化できます。また、講義の中で分からなかったことを認定インストラクターにその場で質問できるというメリットがあります。

○ **AWS Cloud Practitioner Essentials Classroom**：講義を中心として、知識習得を行うコースです。AWSをこれから使い始めるという方が最初に受講するのに最適なコースです。AWSの基本サービスを講義とデモで学習します。
○ **AWS Technical Essentials**：演習を中心として、知識習得を行うコースです。構築作業を行う方、作業をしながら習得したい方向けです。AWS Cloud Practitioner Essentials Classroomは講義が中心ですが、AWS Technical Essentialsはシナリオベースで実機演習を行いながらスキルとして知識を身に付ける、ハンズオンラボ中心の実践コースです。AWS環境における構築と運用のポイントを押さえて学習します。

両方のコースをあわせて受講すると、講義で学んだことを実際にハンズオンラボで実践し、短期間で技術習得ができます。

APNパートナー向けトレーニング

AWSパートナーネットワーク（APN）に参加されている企業の場合は、APNパートナー向けトレーニングが利用できます。

📖 AWSパートナートレーニングと認定
URL https://aws.amazon.com/jp/partners/training/

ここにはパートナー向けのバーチャルトレーニングや無料のデジタルトレーニングが用意されているので、合わせて利用することで学習内容を補完できます。

- **AWS Cloud Practitioner Certification Learning Plan（Partner）**：AWSパートナー向けのバーチャルコンテンツです。本認定資格に沿った包括的なコースセットが2024年2月現在、21コース含まれています。
- **AWS Partner：AWS Cloud Practitioner Essentials**：AWSパートナー向けのバーチャルコンテンツです。AWSクラウドの概念、AWSのサービス、セキュリティ、料金の考え方などを体系的に学習し、AWSクラウドの知識を深めます。

以下のURLから、APNパートナー各社を確認できます。APNパートナー企業の方は、ご自身で登録（一部のパートナー企業の方は自社のAWSパートナー担当部署の方にAWSパートナーネットワークポータルアカウントの登録依頼）をすることで利用できるようになります。

📖 AWS パートナーとの連携
URL https://partners.amazonaws.com/jp/

AWS Black Belt Online Seminar

AWS Black Belt Online Seminarシリーズはアマゾン ウェブ サービス ジャパン株式会社が主催するオンラインセミナーシリーズで、製品・サービス別、ソリューション別のテーマに分けて開催されます。インターネット環境があれば全国どこからでも参加できるので、それぞれの製品について復習したり、より深く学ぶ際に活用できます。

📖 AWSクラウドサービス活用資料集

URL https://aws.amazon.com/jp/events/aws-event-resource/

📖 AWS初心者向け資料

URL https://aws.amazon.com/jp/events/aws-event-resource/beginner/

Column

勉強会に参加する

勉強会とは、「特定のテーマやトピックについて一緒に学ぶ有志の集い」のことです。各種パブリッククラウドサービスの中でAWSに精通されている方は、他のパブリッククラウドに比べてたくさんいらっしゃいます。勉強会に参加してそういった方々の話を聞くのも大変勉強になります。

AWSに限った話ではありませんが、勉強会やコミュニティに参加すれば、1人で勉強を黙々と続けるよりも、同じことを学んでいる人を身近に感じることでモチベーションの向上や維持に繋がります。また、学んでいる中で疑問点などが生まれたときにも先駆者に相談したり質問できることから、大変助けになります。

勉強会の探し方としては、

- **connpass**：エンジニアを繋ぐIT勉強会支援プラットフォーム
- **Doorkeeper**：セミナー・勉強会・イベント管理ツール

などを利用するのが良いでしょう。初心者向けハンズオン（実際に手を動かして学ぶ会）や、もくもく会（もくもくと勉強や作業をしながら、会の参加者と成果報告や質問などができる場）などが見つかるでしょう。コロナ禍以降はオンラインでの勉強会も活発に行われています。

AWSを触ってみる

教科書ベースでの勉強だけではイメージが掴みづらいところが多いと思います。実際にAWSを触ってみることで勉強したことのイメージが定着し、理解がより深まります。

AWS Technical Essentialsではコース中にハンズオントレーニングを行いますが、コース後にもAWS環境に触れてみることが重要です。これは、認定取得を容易にすることに繋がります。

無料利用枠

AWSはアカウントを作成することで誰でも利用できます。利用に際しては、携帯電話番号とクレジットカードなどを登録します。新規アカウント作成後、12か月間の無料利用枠があるので、実際に触って体験してみましょう。

📖 AWS無料利用枠
URL https://aws.amazon.com/jp/free/

ハンズオンチュートリアル

アカウントを作ってみたものの何から始めたら良いのか分からない、という方にはAWS公式サイトの「ハンズオンチュートリアル」がお勧めです。すぐに取りかかれるシナリオ別の手順が用意されています。長く時間が取れないときでも空いた時間にAWSを実際に触って学ぶことができます。

📖 ハンズオンチュートリアル
URL https://aws.amazon.com/jp/getting-started/hands-on/

AWS Skill Builderセルフペースラボ

AWS無料利用枠を利用する以外に、サブスクリプション方式で演習環境を利用するサービスが2022年に開始されました。ライブサンドボックス環境でAWSクラウドスキルを練習することが可能です。ステップバイステップの手順を見ながら、AWS環境を使って実際にあるクラウドのシナリオを操作して体験することができます。

現在100を超えるラボが登録されています。サービスが始まったばかりのため日本語対応されていないものもありますが、これから日本語コンテンツやラボが充実していくことでしょう。

📖 AWS Builder Labs
URL https://aws.amazon.com/jp/training/digital/aws-builder-labs/

Column

OnVUE オンライン監督試験での受験について

2020年5月より「自宅または職場」の選択肢が追加され、24時間365日、AWS認定試験の受験が可能となりました。これは遠隔試験官の監督下で行われますが、2024年2月現在、日本語対応が可能な試験官は月～土、午前9時～午後4時のみが選択可能です。

自宅受験での注意点ですが、「試験中に他者が入ってきたり通り過ぎたりしない、プライバシーが守られる壁に囲まれた個室を選んでください」とあり、自宅での受験を断念する方も少なくありません。

筆者も会社の会議室や自宅で受験をしたことがありますが、「窓のカーテンを閉めて、窓を背にしてカメラにカーテンが映るようにして受験してください」といった指示や、窓が2方向にある部屋の場合は「別の部屋を準備してください」といった指示がありました。また、会社の会議室での場合は、外から会議をしていることが見えるように覗き窓がありましたので、「外から見える窓をすべて塞ぐことができない場合は、部屋を変えてください」といった指示もありました。

受験する際のPCについては、個人所有のPCを利用することをお勧めします。会社貸与の業務PCでは、セキュリティソフトウェアの制限や、ネットワーク要件、VPN環境といった制限などで、事前のシステムテストを通過しても正常に試験が完了できない可能性があります。OnVUEでの試験ガイドにも、「VPNがある場合は切断してください。OnVUEはVPNに対応していません」と記載があります。

事前に試験当日利用予定の機材を使い、OnVUEソフトウェアの「システムテスト」を利用してネットワーク状況やWebカメラ、マイクなどの事前確認を済ませておくようにしましょう。試験当日のチェックインは、試験予約時間の30分前から15分後までです。チェックインを早く完了しても試験を早く開始できるわけではありませんが、「部屋を移動してください」といった指示や、ポスターや液晶モニタの撤去指示といった不測の事態を考えて早めのチェックインをお勧めします。

オンラインでの受験環境に不安のある方は、試験会場での受験をお勧めします。

📖 OnVUEオンライン監督試験 - AWS認定

URL https://www.pearsonvue.co.jp/Clients/AWS/Online-Proctored.aspx

第2章

AWSクラウドの概念

AWS認定資格試験における「AWSクラウドの概念」の内容は、AWSクラウドコンピューティングの基本的な理解と、AWSが提供する基本的なインフラストラクチャサービスの知識理解を深めることが求められます。この試験では、AWSクラウドの経済性、セキュリティ、柔軟性、スケーラビリティ、信頼性といった重要な特徴についての知識、およびこれらの特徴がどのようにビジネスニーズに応えるかの理解が必要です。

この章では、クラウドの概要、AWSの長所と利点、AWS Well-Architectedフレームワーク、クラウドアーキテクチャの設計原理を前提知識として紹介します。これらの知識は第3章以降で扱う内容の理解を深めるための基礎となります。

2-1 クラウドとは

クラウドは、AWSのようなクラウドサービスプラットフォームからインターネット経由でコンピューティング(仮想サーバー)、データベース、ストレージ(ディスク領域)、アプリケーションを含む、様々なITリソースをオンデマンド(利用したいときに、利用した分だけに従量課金される)で利用できるサービスの総称です。

従来の**オンプレミス**(サーバー、ネットワーク、ソフトウェアなどの設備を自分たちで導入・運用する)のシステムでは、理論上の最大ピークを推測して、調達する機器の台数や性能(キャパシティ設計)を見積もり、プロビジョニング(システム設計・構築)をする必要がありました。

具体的には、業務の要件から、処理ピーク時や通常時の毎時/毎分/毎秒あたりの処理件数や1件あたりのデータサイズ、日次/週次/月次あたりの処理件数、それぞれの処理における許容時間、1件あたりのデータサイズなどからキャパシティ(容量)設計を行います。これらを考慮して、機材の台数や処理性能、記憶容量、回線容量を設計していきます。自分たちで調達(購入)する機器の場合、簡単には入れ替えられません。そのため、1年間を通した処理ピークを想定し、調達する機器が3年後もしくは5年後の機器更新まで耐えられる性能を考慮して実際の調達を計画しました。

予測したピークに満たない場合は未使用のリソースに費用をかけることになり、予測を超えた場合はニーズに対応するキャパシティが不足していました。ビジネス的な考え方をすると、未使用のリソースにコストをかけるのはもったいないことです。一方で、キャパシティ不足に陥ることはビジネス上の機会損失となります。また、不動産、非常用発電設備、冷却設備の間接費がかかり、これらの設備を維持するためのITエンジニア、警備員、危険物取扱者、電気主任技術者、施工管理技士、消防設備士など、様々なスタッフの人件費もかかります。

一方で、クラウドコンピューティングを利用すると、従来のオンプレミスのシステムではできなかった様々なことが解決できるようになります。

2-2

AWSの長所と利点

Amazon Web Services（AWS）は、Amazonが社内のビジネス課題を解決するために生まれたサービスです。Amazonは総合オンラインストアとして培ってきたITインフラストラクチャのノウハウをもとに、2006年にAWSをWebサービスという形態で、企業を対象にITインフラストラクチャサービスの提供を開始しました。

AWSは現在、世界中の245か国で数百万社もの企業に利用されている、信頼性が高くスケーラブルで低コストなクラウドインフラストラクチャプラットフォームを提供しています。

ここでは、AWSを利用することのメリットを説明します。

AWSクラウドコンピューティングの6つのメリット

AWSクラウドコンピューティングには6つのメリットがあります。これら6つのメリットはクラウドプラクティショナー試験で問われる内容です。

1. 固定費（設備投資費）が柔軟な変動費へ
2. コストの最適化（データセンターの運用と保守への投資が不要に）
3. キャパシティ予測が不要に
4. スケールによる大きなコストメリット
5. スピードと俊敏性の向上
6. わずか数分で世界中にデプロイ

1. 固定費（設備投資費）が柔軟な変動費へ

従来のオンプレミスシステムでは、データセンターやサーバーに多額の事前投資が必要でしたが、クラウド利用により、実際に利用したリソースに応じた支払いが可能になります。特にスタートアップ企業にとって、大きな初期投資を避けて小規模から始められることは大きな利点です。

これはスタートアップに限らず、**既存システムの総所有コスト(TCO：Total Cost of Ownership)を削減**し、新規システムへの柔軟な投資と継続的なコストパフォーマンスの向上を実現できます。総所有コストには、2-1節で述べた人件費やデータセンター費用、電気代、ソフトウェアライセンス費用、保守費用などが含まれます。

2. コストの最適化(データセンターの運用と保守への投資が不要に)

AWSの各種サービスの利用料には、従来のオンプレミスシステムに関連する様々な費用が含まれています。これにはサーバー代、ライセンス費用、データセンター利用料、ラックの利用料、電気代、ネットワーク利用費用、ハードウェアベンダーへの保守費用、人件費などが含まれます。さらに、定期的な機器更新に関わる費用も考慮する必要がありません。これにより、**本来の業務に集中**し、ビジネスを差別化するプロジェクトに専念できます。

クラウド利用により、サーバーの設置、連携、起動といった重労働が不要になり、**ユーザーに直接関わる業務に専念**できるようになります。

3. キャパシティ予測が不要に

2-1節で述べたように、従来のオンプレミスシステムでは、キャパシティの予測に数か月程度かけて見積もるのが一般的でした。しかし、AWSでは必要に応じてリソースの増減が可能であるため、最大のインフラ容量を予測する必要がなくなります。

アプリケーション導入前にキャパシティを決定すると、高額で無駄なリソースが発生する可能性があり、また機能が制限されることもあります。クラウドでは、必要に応じてリソースを調整し、スケールアップやスケールダウンを数分で実行できます。万が一、リソースが不足したり過剰になったりした場合は、**状況に応じて柔軟にスケーリングを行えばよい**のです。

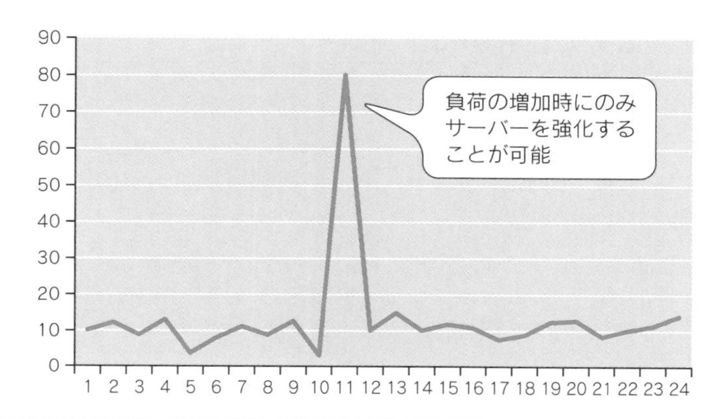

❏ スケーリング

4. スケールによる大きなコストメリット

クラウドを利用することで、オンプレミスに比べて低い変動コストを実現できます。これは、数多くのユーザーがクラウドを使用することで**規模の経済の利点**を活かし、従量課金制の料金を低く抑えることができるためです。 サービスの使用量が増えることで、サービスごとの値下げも多く発生しており、従来の利用方法を続けるだけで利用料金が下がるというメリットも期待できます。

5. スピードと俊敏性の向上

AWSでは、新しいサーバーなどのITリソースを簡単に利用できます。従来のオンプレミスシステムでは、リソースの導入に数週間から数か月かかることがありましたが、クラウドを使用すれば、開発者が分単位でリソースを利用できるようになります。これにより、**迅速なリソース調達**が可能となり、システムの負荷やサービスの拡張に応じて柔軟な構成変更が行えます。アプリケーションエンジニアが行うアジャイル開発の手法を、クラウドインフラのリソース調達にも適用できます。結果として、検証や開発にかかるコストと時間が大幅に削減され、**組織の俊敏性も大きく向上**します。新しいビジネスアイデアが浮かんだ場合でも、他社に先駆けてそのアイデアを市場に出すことが可能になります。

6. わずか数分で世界中にデプロイ

オンプレミスの環境で上司から「これからオレゴンのデータセンターにWebサーバーを1台構築してください」という業務命令が出されたとしましょう。必要に応じて現地への訪問、物理サーバーや機器の調達、回線事業者へのネットワーク工事の依頼、データセンターへの機器搬入を手配し、オレゴンまでの移動を整える必要があります。データセンターへの入館申請、キッティング、ラッキング、ネットワークケーブリング、OSのセットアップなど、多くの作業が必要です。

一方、AWSを利用すれば、数クリックで数分以内にオレゴンリージョンにWebサーバーを構築できます。わずか数回のクリックで**世界中のリージョンにアプリケーションを簡単に展開**できます。つまり、オフィスにいながらにして、シンプルな操作かつ最小限のコストで世界中にデプロイできます。

たとえば、災害対策サイトを構築する場合、日本にある東京リージョンと大阪リージョンの2つを利用して、**東京リージョンにあるシステムを数分で大阪リージョンに再構築**することも可能です。

▶▶▶重要ポイント

- AWSクラウドコンピューティングの6つのメリットは試験に出る内容。しっかり理解しておこう。

  1. 固定費（設備投資費）が柔軟な変動費へ
  2. コストの最適化（データセンターの運用と保守への投資が不要に）
  3. キャパシティ予測が不要に
  4. スケールによる大きなコストメリット
  5. スピードと俊敏性の向上
  6. わずか数分で世界中にデプロイ

2-3 AWS Well-Architected フレームワーク

AWS Well-Architectedフレームワークは、AWSとそのパートナー各社がシステム設計と運用の経験から得た知見を、6つの柱（オペレーショナルエクセレンス、セキュリティ、信頼性、パフォーマンス効率、コスト最適化、持続可能性）に基づいてまとめたベストプラクティス集です。

1. **オペレーショナルエクセレンスの柱**：オペレーショナルエクセレンス（運用上の優秀性）の柱では、システムの実行とモニタリング、およびプロセスと手順の継続的な改善に焦点を当てています。主なトピックには、変更の自動化、イベントへの対応、日常業務を管理するための標準化などが含まれます。
2. **セキュリティの柱**：セキュリティの柱では、情報とシステムの保護に焦点を当てています。主なトピックには、データの機密性と完全性、ユーザー許可の管理、セキュリティイベントを検出するためのコントロールが含まれます。
3. **信頼性の柱**：信頼性の柱は、期待どおりの機能を実行するワークロードと、要求に応えられなかった場合に迅速に回復する方法に焦点を当てています。主なトピックには、分散システムの設計、復旧計画、および変化する要件への処理方法が含まれます。
4. **パフォーマンス効率の柱**：パフォーマンス効率の柱は、ITおよびコンピューティングリソースの構造化および合理化された割り当てに重点を置いています。主なトピックには、ワークロードの要件に応じて最適化されたリソースタイプやサイズの選択、パフォーマンスのモニタリング、ビジネスニーズの増大に応じて効率を維持することが含まれます。
5. **コスト最適化の柱**：コスト最適化の柱は、不要なコストの回避に重点を置いています。主なトピックには、時間の経過による支出の把握と資金配分の管理、適切なリソースの種類と量の選択、および過剰な支出をせずにビジネスニーズを満たすためのスケーリングが含まれます。
6. **持続可能性の柱**：持続可能性（サステナビリティ）の柱は、実行中のクラウドワークロードによる環境への影響を最小限に抑えることに重点を置いています。主なトピックには、持続可能性の責任共有モデル、影響についての把握、および必要なリソースを最小化してダウンストリームの影響を減らすための使用率の最大化が含まれます。

これらのベストプラクティスはHTML、PDF、Kindleコンテンツなど、様々な形式のドキュメントとして参照できますし、ハンズオンラボで学ぶこともできます。AWS Well-Architectedフレームワークのドキュメントは定期的に最新の情報に更新されます。以下のWebページで最新情報を確認してみましょう。

AWS Well-Architected
URL https://aws.amazon.com/jp/architecture/well-architected/

本書では、第3章以降のそれぞれの章において、Well-Architectedフレームワークの考えに触れながら解説していきます。

AWS Well-Architected Tool

AWS Well-Architected Toolは、マネジメントコンソールより利用可能なツールで、利用者自身のアーキテクチャ（設計）や使い方をAWS Well-Architectedフレームワークのベストプラクティスに沿って評価し、改善するための支援を行います。このツールは、AWS上で実行されるワークロードの設計、デプロイ、および運用に関するガイダンスへのリンクや情報や動画を提供し、継続的な改善を促進することを目的としています。

重要ポイント

- AWS Well-Architectedフレームワーク6つの柱は試験に出る内容。しっかり理解しておこう。

  1. オペレーショナルエクセレンス（運用上の優秀性）の柱
  2. セキュリティの柱
  3. 信頼性の柱
  4. パフォーマンス効率の柱
  5. コスト最適化の柱
  6. 持続可能性（サステナビリティ）の柱

- AWS Well-Architected Toolは、AWS Well-Architectedフレームワークのベストプラクティスに照らして利用者のワークロードを自己評価できる。

2-4

クラウドアーキテクチャの設計原理

AWSクラウドコンピューティングの6つのメリットを活かしたシステム設計を行うには、オンプレミスとは異なる原理原則があります。

故障に備えた設計

形あるものはすべて壊れるものです。たとえば、オンプレミスシステムではハードディスクの故障はよくあることです。万が一のために冗長化をとることがあります。

Design for Failure、つまり「故障に備えた設計」という考え方をアーキテクチャに取り入れることが重要です。

これを実現するためには、**単一障害点**(Single Point Of Failure、**SPOF**)をなくすという考え方が大切です。具体的には以下の2点などで、これはAWSのマネージドなサービスで考慮されています。

1. 1つのデータセンターのみで運用しない
2. 1つのハードウェアのみで構成しない

▶▶▶**重要ポイント**

- Design for Failure =単一障害点をなくそう。
- マネージドなサービスを利用しよう。AWSのマネージドなサービスは単一障害点にならないように考慮されている。

コンポーネント(構成要素)の分離

クラウドは**サービス指向アーキテクチャ**の設計原則に従います。つまり、システムのコンポーネントを**疎結合**にします。

重要なのは、コンポーネント間で過度に依存しない構造を作り、一部に障害があってもシステム全体が正常に機能し続けることです。疎結合は、アプリケーションのレイヤーやコンポーネントを隔離することを意味します。

たとえば、バッチ処理のアーキテクチャでは、独立した非同期コンポーネントを作成できます。コンポーネントを分離するためには、**Amazon SQS**（Simple Queue Service）を利用して、非同期かつ疎結合な構成を実現することが可能です。キューには処理が完了するまでメッセージが残るため、処理中のコンピューティングリソースに障害が発生しても、他のリソースが処理を継続できます。これは耐障害性の確保にも繋がります。

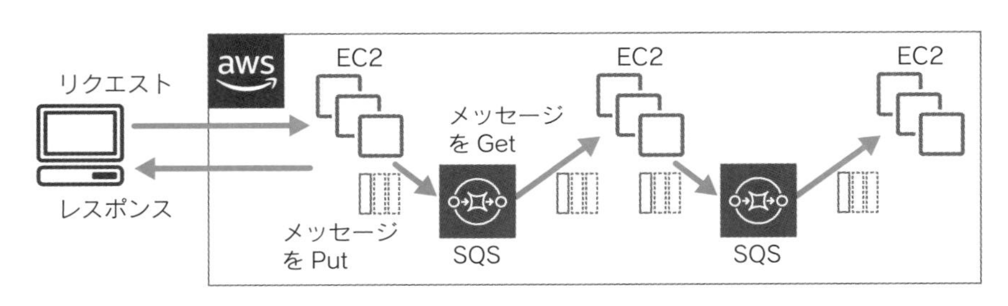

❑ キューイングチェーン

また、**マイクロサービスアーキテクチャ**（大規模なシステムを特定機能を持つ小さなサービスに分割し、独立して動作させる設計手法）を用いることで、システムを複数の小規模なサービスの集合体として構成し、コンポーネントの分離を促進することができます。

この方法により、各サービスは別々に開発、デプロイが可能となり、システム全体の柔軟性と拡張性を高めることができます。また、一部の更新や修正が他の部分に影響を及ぼさず、効率的な運用と迅速な改善を実現します。

▶▶▶重要ポイント

- システムのコンポーネントを疎結合にする。
- SQSを利用して、非同期かつ疎結合な構成をとる。
- マイクロサービスアーキテクチャを利用する。

弾力性の実装

クラウドはインフラストラクチャに**弾力性**(Elastic)をもたらします。弾力性、または**伸縮性**とは、リソースの性能を柔軟に**スケールアウト**(増やす)または**スケールイン**(減らす)することを意味します。従来のオンプレミスシステムでは、CPU性能のアップグレードやメモリの増強によるスケールアップが主なスケーリング手法でしたが、この方法には性能上限やメモリスロットの上限などによる制限がありました。また、ソフトウェア問題が障害の主な原因であり、単一サーバー構成では問題発生時にサービス提供ができなくなるリスクがありました。

スケールアウト構成では、複数台にスケーリングが可能であり、特定のサーバーに問題が生じても他のサーバーが処理を引き継ぐことでサービス提供の継続が可能です。このため、耐障害性の観点でも非常に有利です。既存の単一サーバー構成のアプリケーションを複数台でスケーリング可能にするためにはデータ参照などの修正が必要ですが、サービスの継続性が重要な場合、スケールアウト構成を基本戦略として取り入れるのがベストプラクティスです。

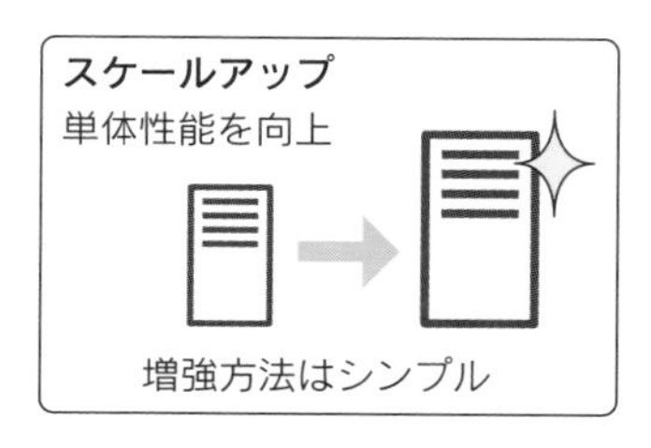

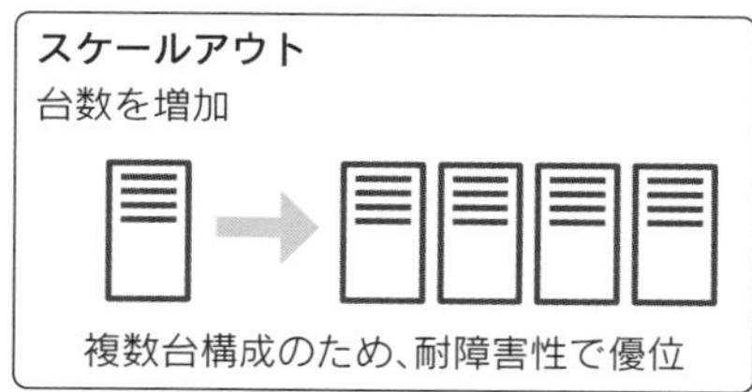

❏ スケールアップとスケールアウト

次のようなスケーリングがあります(より具体的な詳細は第4章で解説します)。

- **スケジュールによるスケーリング**:予定されているビジネスイベント(新製品の立ち上げやマーケティングキャンペーンなど)によってトラフィックリクエストが急増するときに実施するスケーリング
- **状態によるスケーリング**:監視サービスを利用して、CPUの平均利用率やネットワークI/O量などの監視項目に基づいてトリガーを送信し、スケールアウト/スケールインを行うスケーリング

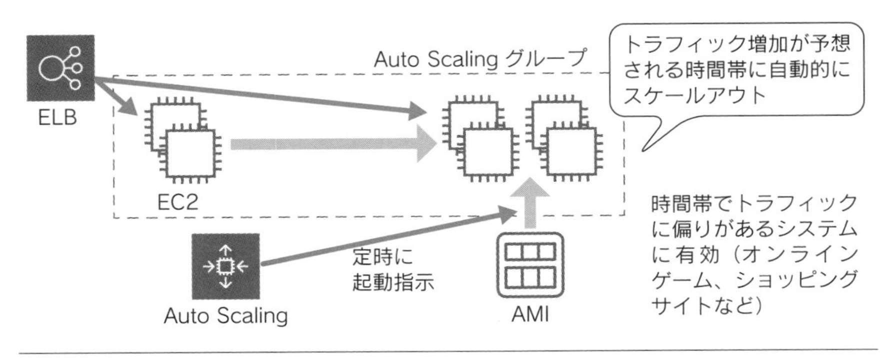

❑ イベントによるスケーリング

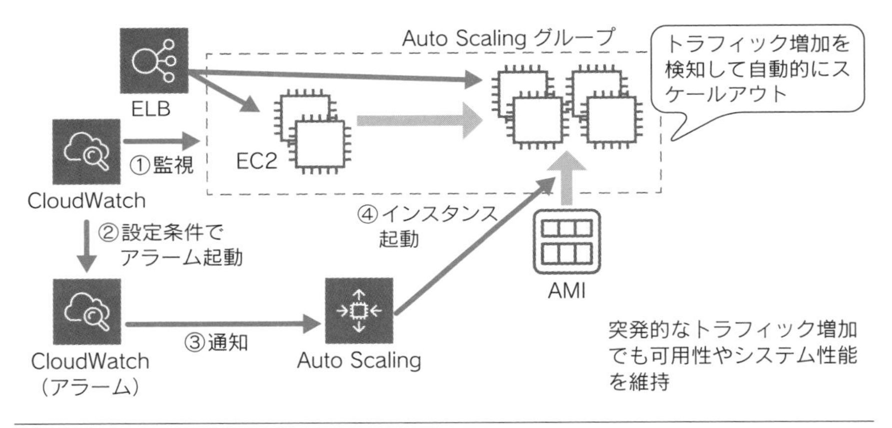

❑ 状態によるスケーリング

クラウドでは弾力性を活用して、いつでもリソースの増減が可能です。オンプレミスシステムで必要だったサーバーの初期調達費用は不要となります。また、サーバーリソースの即時追加が可能で、必要なときにのみ調達し、不要なときは廃棄できます。このように、AWSは使い捨て可能なビジネスリソースとして活用できます。

▶▶▶**重要ポイント**

- 固定されたリソースでなく、クラウドの利点である弾力性（伸縮性）を使って動的にスケーリングを行う。
- 使い捨て可能なリソースとして、サーバーを考える。

並列化を考慮する

クラウドでは**並列化**を容易に行うことができます。アーキテクチャを設計する際には、並列化の概念を取り入れることが重要です。クラウドでは繰り返し可能なプロセスを簡単に構築できるため、並列化を積極的に実践し、可能であれば自動化することが推奨されます。

たとえば、Webアプリケーションではロードバランサーを使用して、複数の非同期Webサーバー間で受信リクエストを分散させることができます。弾力性と並列化を組み合わせることで、クラウドの機能が最大限に活用できます。

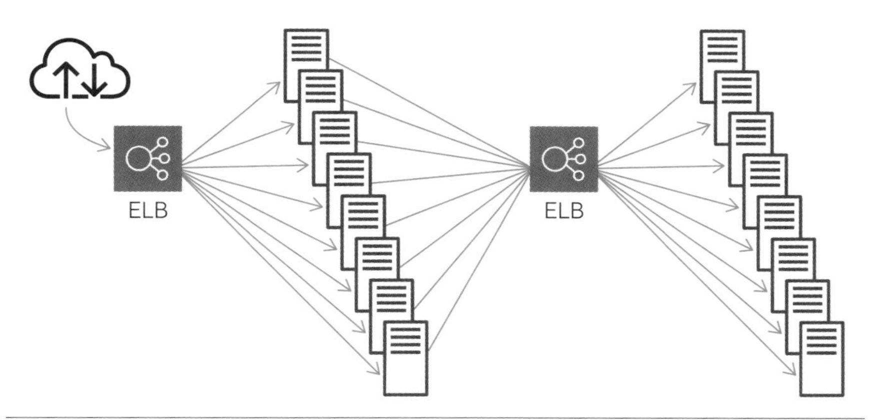

❑ ロードバランサーによる並列処理

▶▶▶ **重要ポイント**

- ロードバランサーを組み合わせて、並列処理を行う。
- スケーリングは弾力性を組み合わせて、高負荷時にはスケールアウト、低負荷時にはスケールインを行う。

本章のまとめ

▶▶▶ AWS クラウド

- クラウドとは、インターネット経由でコンピューティング、データベース、ストレージ、アプリケーションなどのITリソースをオンデマンドで利用できるサービスの総称。
- オンプレミスとは、サーバー、ネットワーク、ソフトウェアなどの設備を自前で用意し運用するシステム。
- AWSクラウドコンピューティングには6つのメリットがあり、これは試験に出る重要な概念。
- Well-Architectedフレームワークとは、運用上の優秀性、セキュリティ、信頼性、パフォーマンス効率、コスト効果、持続可能性が高いシステムを設計しクラウドで運用するための、アーキテクチャのベストプラクティス。
- Well-Architected Toolは、AWS Well-Architectedフレームワークのベストプラクティスに照らして利用者のワークロードを評価する。
- AWSを活かしたシステム構築では、Design for Failure（故障に備えた設計）、疎結合、弾力性、並列化などのベストプラクティスがある。
- マイクロサービスアーキテクチャを利用して、システムのコンポーネントを疎結合にする。
- 固定されたリソースでなく、クラウドの利点である弾力性（伸縮性）を使って動的にスケーリングを行う。
- スケーリングは弾力性を組み合わせて、高負荷時にはスケールアウト、低負荷時にはスケールインを行う。

練習問題

練習問題1

AWSクラウドの利点は以下のうちどれですか。

A. AWSはデータリージョンを完全に制御し、所有し続けることができる
B. AWSでは単一要素アクセスコントロールシステムが使用されている
C. ユーザーはデータリージョンを完全に制御し、所有し続けることができる
D. AWSインフラストラクチャのセキュリティ監査は定期的に手動で実施される

練習問題2

ユーザーは世界的な展開が可能になるためクラウドコンピューティングに切り替えていますが、その利用として最も重要なものはどれですか。

A. 過剰なプロビジョニング
B. 俊敏性
C. 限界のあるインフラストラクチャ
D. 自動化

練習問題3

AWSクラウドコンピューティングの利点としてふさわしくないものは以下のうちどれですか。

A. 複数の調達サイクル
B. 耐障害性の高いデータベース
C. 高可用性
D. 使い捨てできる一時的なリソース

練習問題4

AWSのユーザーが必要に応じてリソースの料金を支払うことを可能にする料金モデルはどのようなものですか。1つ選択してください。

A. 予約する分に支払う
B. 所有する分に支払う
C. 従量課金制
D. 購入する分に支払う

練習問題5

オンプレミスコンピューティングと比較した場合に、クラウドコンピューティングの優位点でないものは以下のうちどれですか。

A. スピードと俊敏性が向上する
B. サーバーの設置、電力供給に対して料金を支払う
C. 資本支出を変動支出に切り替える
D. インフラストラクチャ容量のニーズを予測する必要がない

練習問題6

AWS Well-Architectedフレームワークにおいて、クラウド上でワークロードを設計および実行するための主要な概念、設計原則、アーキテクチャのベストプラクティスについて解説されている、6つの柱に含まれるものは以下のうちどれですか。

A. ビジネスの柱
B. 人員の柱
C. プラットフォームの柱
D. 持続可能性の柱

練習問題7

あるユーザーが、Amazon Elastic Compute Cloud（Amazon EC2）インスタンスを、複数のアベイラビリティゾーンにデプロイします。この戦略には、AWS Well-Architectedフレームワークのどの柱が含まれていますか。1つ選択してください。

A. オペレーショナルエクセレンスの柱
B. 信頼性の柱
C. パフォーマンス効率の柱
D. コスト最適化の柱

練習問題8

AWS Well-Architected Toolが作られた理由は何ですか。1つ選択してください。

A. 利用者のビジネスモデルに関連する脅威を特定する
B. 利用者の請求書が正しいかどうかを判断する
C. AWS Well-Architectedフレームワークのベストプラクティスに照らして利用者のワークロードを評価する
D. 利用者のビジネスにおける人員調達計画を立案する

練習問題の解答

✓練習問題1の解答

答え：C

ユーザーはデータリージョンを完全に制御し、所有し続けることができます。

A. データリージョンを完全に制御し、所有し続けるのはAWSではなくユーザーです。
B. 単一要素ではなく、多要素のアクセスコントロールシステムが使用されています。
D. 手動ではなく、自動で行われます。

✓練習問題2の解答

答え：B

AWSクラウドコンピューティングの6つのメリットのひとつである「俊敏性」が正解です。

✓練習問題3の解答

答え：A

AWSクラウドコンピューティングでは、調達サイクルを意識する必要がありません。

✓練習問題4の解答

答え：C

必要に応じた従量課金制が正解です。

✓練習問題5の解答

答え：B

サーバーの設置に関して料金を支払うのは、オンプレミスの場合です。他の項目は、AWSクラウドコンピューティングの6つのメリットに含まれるものです。

✓練習問題6の解答

答え：D

AWS Well-Architectedフレームワークの6つの柱は、1. オペレーショナルエクセレンスの柱、2. セキュリティの柱、3. 信頼性の柱、4. パフォーマンス効率の柱、5. コスト最適化の柱、6. 持続可能性の柱です。

✓練習問題7の解答

答え：B

複数のアベイラビリティゾーンへのデプロイは可用性および耐障害性に関する対策であり、信頼性の柱に含まれます。

✓練習問題8の解答

答え：C

AWS Well-Architected Toolは、AWS Well-Architectedフレームワークのベストプラクティスに照らして利用者のワークロードを評価するために作られました。

第3章

AWSのセキュリティ

AWSにおけるセキュリティに関しての基本的な考え方や、セキュリティに関する情報の収集方法について説明します。

具体的なセキュリティ対策ツールや、セキュリティ対策の実施方法などに関しては第４章以降のそれぞれのサービスと組み合わせて紹介していきますが、まずはセキュリティに関する全体像をこの章で押さえておきましょう。

3-1

AWSの責任共有モデル

AWSにおけるセキュリティの考え方については、「**AWSにおいてセキュリティは最優先事項**」だとAWSが強調しています。そのため、AWSは膨大なコストをかけてセキュリティを担保しています。だからといって、ユーザーが何もしなくていいということではありません。ユーザーがコントロールできる範囲では要件に対して適切なセキュリティを設定する必要があります。

AWSとユーザーの責任が明確に分かれていることを**AWS責任共有モデル**と呼びます。この章では、責任共有モデルの概念を理解します。

次の図はユーザーの責任範囲が最大のもので、EC2のようなセルフマネージドサービスを利用したケースが表されています。マネージドサービスを利用することで、ユーザーの責任範囲は少なくなります。

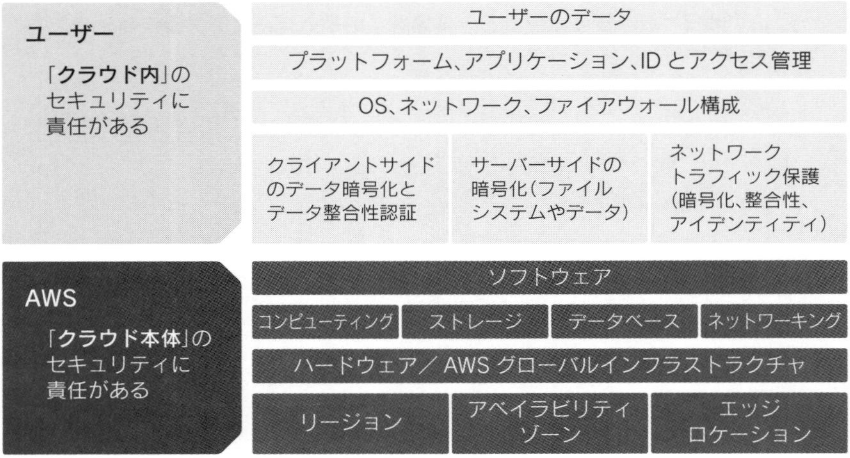

ユーザー
「**クラウド内**」のセキュリティに責任がある

ユーザーのデータ
プラットフォーム、アプリケーション、IDとアクセス管理
OS、ネットワーク、ファイアウォール構成
クライアントサイドのデータ暗号化とデータ整合性認証
サーバーサイドの暗号化(ファイルシステムやデータ)
ネットワークトラフィック保護(暗号化、整合性、アイデンティティ)

AWS
「**クラウド本体**」のセキュリティに責任がある

ソフトウェア
コンピューティング
ストレージ
データベース
ネットワーキング
ハードウェア/AWSグローバルインフラストラクチャ
リージョン
アベイラビリティゾーン
エッジロケーション

❑ AWS責任共有モデル

それぞれのセキュリティ担当範囲について見ていきましょう。

クラウド本体のセキュリティ

AWSはクラウド本体のセキュリティ部分を担当します。

ハードウェアを始めとするAWSグローバルインフラストラクチャ（詳細は第4章で説明します）に含まれるリージョンやアベイラビリティゾーン、エッジロケーションといったデータセンターの地域、さらにマネージドサービスのソフトウェアおよびそれに含まれる各種サービスの管理（アップデートやセキュリティパッチのインストール）はAWSの担当です。

AWSでは、プライバシーおよびデータ保護に関する国際的なベストプラクティスを採用したセキュリティ保証プログラムを策定しています。

クラウド内のセキュリティ

ユーザーはクラウド内のセキュリティを担当します。

ゲストオペレーティングシステムの管理（アップデートやセキュリティパッチのインストール）、関連アプリケーションソフトウェアの管理、セキュリティグループファイアウォールの設定などがユーザーの責任範囲に含まれます。さらに、ユーザーの責任範囲は、使用するAWSサービスに応じて異なります。

ユーザーが担当するクラウド内のセキュリティに関しては、容易に管理を行うことができるサービスやツールが提供されています。クラウドプラクティショナー試験で問われるセキュリティサービスについては第4章以降で紹介します。これらのサービスを利用することで、ユーザーはクラウド内のセキュリティ対策を適切に行うことができます。

▶▶▶重要ポイント

- AWSはクラウド本体のセキュリティ部分を担当する。
- ユーザーはクラウド内のセキュリティを担当する。
- AWSが用意するセキュリティサービスを適切に活用して、ユーザーはクラウド内のセキュリティを実現できる。

3-2

AWSクラウドのセキュリティ

AWSセキュリティの利点は次の4つです。

1. **データの保護**：AWSインフラストラクチャには、ユーザーのプライバシーを保護するための強力な安全対策が用意されています。すべてのデータは安全性が非常に高いAWSデータセンターに保存されます。
2. **コンプライアンスの要件に準拠**：AWSでは、インフラストラクチャ内で数多くのコンプライアンスプログラムを管理できます。つまり、コンプライアンスの一部は最初から達成されています。
3. **コスト削減**：AWSを利用することでコストを削減できます。ユーザーが独自の施設を管理することなく、最上位のセキュリティを維持できます。
4. **迅速なスケーリング**：AWSクラウドの使用量に合わせてセキュリティをスケーリングできます。ビジネスの規模にかかわらず、AWSインフラストラクチャによってユーザーのデータが保護されます。

AWSが責任を持つ範囲の考え方

AWSが責任を持つ範囲について、それぞれのレイヤーに分けて説明していきましょう。

物理的なセキュリティ

AWSの責任共有モデルにおいてAWSはクラウド本体のセキュリティを担当するので、AWSのデータセンターのセキュリティの範囲はAWSの担当です。それぞれを、データセンターの外側のレイヤーから解説していきます。

1. **環境レイヤー**：AWSは洪水、異常気象、地震といった環境的なリスクを軽減するために、データセンターの設置場所を慎重に選択しています。AWSの各リージョンにおけるデータセンター群は、互いにそれぞれ独立し、物理的に分離されて配置されています（詳細は4-3節で解説します）。こうした分離された配置構成の利点は、地震などの自然災害が特定のデータセンター群に影響を与えたとしても、処理中のトラフィックを影響のある地域から自動的に移動できることです。

2. **物理的な境界防御レイヤー**：AWSデータセンターの物理的なセキュリティは、境界防御レイヤーから開始されます。このレイヤーはいくつもの特徴的なセキュリティ要素を含んでおり、物理的な位置によって、保安要員、防御壁、侵入検知テクノロジー、監視カメラ、その他セキュリティ上の装置などが存在します。
3. **インフラストラクチャレイヤー**：インフラストラクチャレイヤーには、データセンターの建物、各種機器、およびそれらの運用に関わるシステムが存在します。発電設備や、冷暖房換気空調設備、消火設備などといった機器や設備はサーバーを保護するために重要な働きをすることになりますが、究極的にはユーザーのデータを保護することに役立っています。
4. **データレイヤー**：データレイヤーはユーザーのデータを保持する唯一のエリアとなるため、防御の観点では最もクリティカルなポイントです。防御策は、アクセスを制限し、各レイヤーにおいて特権を分離することから始まります。AWSは、このデータレイヤーをさらに保護するために、脅威検出機器やシステム的な手続きを備えています。

ハイパーバイザーのセキュリティ管理

仮想化を実現するハイパーバイザーのセキュリティの範囲はAWSの担当です。ハイパーバイザーをターゲットとしたセキュリティ対策はAWSが行います。

▶▶▶重要ポイント

- AWSのデータセンターのセキュリティはAWSの担当。
- ハイパーバイザーのセキュリティはAWSの担当。

ユーザーが責任を持つ範囲の考え方

AWSのユーザーが責任を持つ部分について説明していきましょう。

認証情報の保護

認証情報の保護に関するセキュリティの範囲はユーザーの担当です。認証情報としては、具体的に以下のものが挙げられます。

- IDとパスワードの管理
- ルートユーザーの管理
- APIキーの管理

✱IDとパスワードの管理

IDとパスワードの管理はユーザーの責任です。たとえば、パスワードが流出したことによりユーザーの意図しないクラウドの利用が行われ請求が発生した場合は、ユーザーの過失です。推測されやすいパスワードや、他のサービスで流失している可能性のあるパスワードの利用は望ましくありません。

AWSでは、MFA（多要素認証）デバイスの利用が可能となっています。MFAを設定しアカウントの保護を行うようにしましょう。

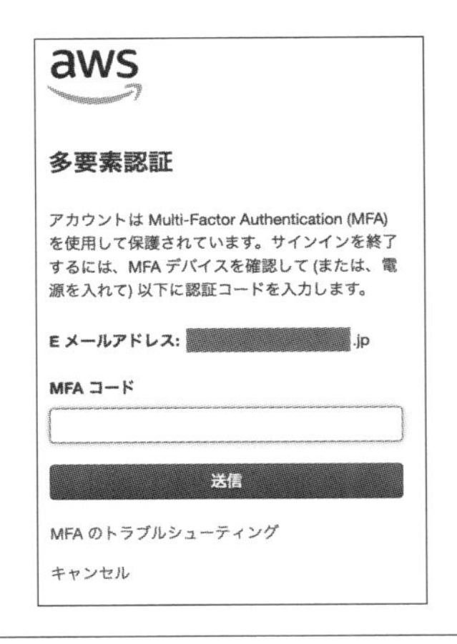

❏ MFAを利用したログイン画面

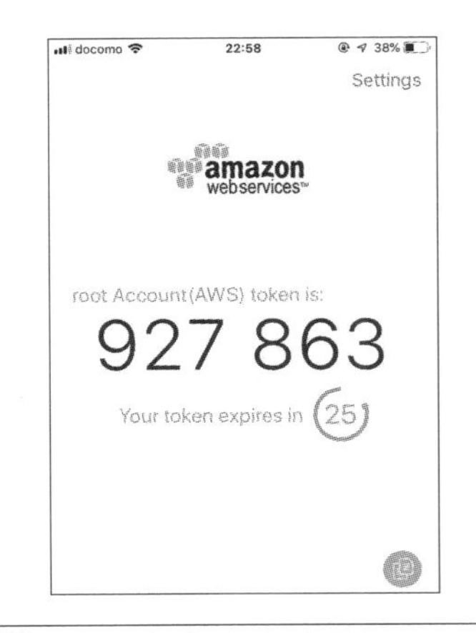

❏ MFAデバイスの表示

✱ルートユーザーの管理

AWSサインアップ時に作成したEメールアドレスのユーザーを**ルートユーザー**と言います。ルートユーザーはすべての操作をできる、最も権限の強いユーザーです。権限を外すことはできないので、**日常の操**

作にはルートユーザーを利用せず、適切な権限のみを付与したIAMユーザーを作成し、それを利用します。

✱ APIキーの管理

APIキーの管理はユーザーの責任です。

❏ APIキーの管理

操作手段	利用方法	認証方法
Webブラウザ	AWSマネジメントコンソール	ユーザー名／パスワード
コマンド	AWS CLI	アクセスキー／シークレットアクセスキー
プログラム	AWS SDK	アクセスキー／シークレットアクセスキー

WebブラウザからアクセスするAWSマネジメントコンソールにログインするには、ユーザー名とパスワードを認証で使いました。コマンドライン操作をするCLIやプログラム上で利用する際には、APIキーを利用します。APIキーは、**アクセスキー**と**シークレットアクセスキー**のペアで構成されます。

◯ **アクセスキーIDの例**：
AKIAJ5QSKZM52EXAMPLE

◯ **シークレットアクセスキーの例**：
y53aRaMEWyLxR/7u1jdi7/bPxRfiCYEXAMPLEKEY

各ユーザーは、アクセスキーとシークレットアクセスキーを作成・保持することができます。このペアをコマンドライン（AWS CLI）操作や、プログラム（AWS SDK）の認証情報として利用できます。

現在では、認証情報の更新の問題や流出の危険性などから**APIキーの利用は推奨されていません**。IAMロールを利用することが推奨されます（IAMに関しての詳細は「4-5　AWSサービスへの認証とアクセスの管理」で解説します）。

▶▶▶**重要ポイント**

- 認証情報の保護はユーザーの担当。
- IDとパスワードはユーザーが適切に管理する。MFAを組み合わせて利用する。
- APIキーはユーザーが適切に管理する。必要最低限の権限のみを付与する。
- ルートユーザーのAPIキーは作成しない。

マネージドではないサービスのセキュリティ

Amazon EC2というサービスでは、ユーザーがAdministrator権限やroot権限を持ち、OS(オペレーティングシステム)を管理します。そのため、ユーザーはOSに対してセキュリティ設定と管理タスクを実行する必要があります。

たとえばEC2インスタンスの場合、ユーザーは以下に対する責任を負います。

- ゲストOSの管理(更新やセキュリティパッチなど)
- インスタンスにインストールするすべてのアプリケーションソフトウェアの設定
- ファイアウォール(セキュリティグループ)の設定

▶▶▶重要ポイント

- マネージドではないサービス(EC2)のセキュリティの責任については、ユーザーが操作できる部分はユーザーの責任。
- ユーザーが操作できるマネージドではない部分は、オンプレミスのシステムで行ってきたことと同等。
- ファイアウォール(セキュリティグループ)の設定はユーザーの責任。

マネージドなサービスのセキュリティ

AWSには、第4章以降で解説する様々なマネージドサービスがあります。たとえばデータベースサービスであるAmazon RDSやAmazon DynamoDBなどです。ユーザーからは直接見えない(触ることのできない)部分のセキュリティ対応に関しては、AWSが行います。具体的には、OS(オペレーティングシステム)やDB(データベース)のパッチ適用といった基本的なセキュリティタスクをAWSが実行します。これによりユーザーは、パッチ適用、メンテナンス、ウイルス対策ソフトウェアのインストールについて心配する必要がなくなります。AWSがこれらの作業を引き受けるため、ユーザーはプラットフォームで実行する内容に集中できます。

▶▶▶重要ポイント

- マネージドなサービスを使うことで、ユーザーのセキュリティに関する負担は軽減する。

第三者認証

　ユーザーは、AWSのデータセンターやオフィスを訪問して、インフラストラクチャが保護されている様子を直接見ることはできません。しかしAWSは、コンピュータのセキュリティに関する様々な規格や規制に準拠しているかどうかについて、第三者の監査機関による検査を受けており、そのレポートをユーザーにAWS Artifactというサービスにて提供しています。

　AWSがユーザーに提供するITインフラストラクチャは、セキュリティのベストプラクティス、および各種ITセキュリティ基準に合わせて設計、管理されています。AWSが準拠している保証プログラムの一部を次の図に挙げます。

CSA cloud security alliance	ISO 9001 International Organization for Standardization	ISO 27001 International Organization for Standardization	ISO 27017 International Organization for Standardization	ISO 27018 International Organization for Standardization
CSA クラウド セキュリティ アライアンスの 統制	ISO 9001規格 グローバル 品質標準	ISO 27001規格 セキュリティ 管理者による 統制	ISO 27017規格 クラウド固有の 統制	ISO 27018規格 個人データの 保護
PCI Security Standards Council PARTICIPATING ORGANIZATION	AICPA SOC	AICPA SOC	AICPA SOC	
PCI DSS レベル1 支払いカード 規格	SOC 1 監査統制 レポート	SOC 2 セキュリティ、 アベイラビリティ、 機密保持レポート	SOC 3 全般的統制 レポート	

❏ グローバルな認証

　もちろん、ユーザーが日本でビジネスを行う上で必要な認証も取得しています。金融業界で必要になるFISCやFinTech対応、個人情報保護の観点からのマイナンバー法対応、電子カルテや投薬履歴に対する日本の医療情報ガイドラインにも対応しています。

FISC [日本] 金融情報 システムセンター	IRAP [オーストラリア] オーストラリア セキュリティ規格	K-ISMS [韓国] 韓国情報 セキュリティ	MTCS ティア 3 [シンガポール] マルチティア クラウド セキュリティ規格	マイナンバー法 [日本] 個人情報の保護
FinTech [日本] FinTech リファレンス アーキテクチャ	医療情報 ガイドライン [日本] 日本の医療情報 ガイドライン	NISC [日本] 政府機関などの情報 セキュリティ対策の ための統一基準群		

❑ アジア太平洋地域での認証

3-3 サードパーティセキュリティ

3-1節で学んだ**AWS責任共有モデル**によれば、AWS上で実行されるアプリケーションやデータのセキュリティ対策は利用者の責任です。AWSやサードパーティ製品（AWS以外のソフトウェアやサービス）を利用する場合、そのセキュリティの管理は利用者自身に委ねられています。

それでは、たとえばEC2インスタンスのような仮想マシン上でサードパーティ製品を利用したり、他のクラウド製品と連携したりする際には、どのような点を考慮すべきでしょうか。その点について見ていきましょう。

サードパーティ製品を利用する際に考慮すべき点

AWSでサードパーティ製品のセキュリティを管理する際に考慮すべき重要な要素には、以下のものがあります。

1. **厳格なアクセス管理**：サードパーティ製品へのアクセスは、必要最小限の権限を持つユーザーに限定するべきです。IAMを使用して、ユーザー、ユーザーグループ、ロールの権限を適切に管理し、不要なアクセスを防ぎます。
2. **データの暗号化**：保存中および転送中のデータは、適切な暗号化手段を使用して保護する必要があります。AWSは、データを暗号化するための様々なサービスとツールを提供しています。
3. **定期的なセキュリティ監査とログの監視**：サードパーティ製品の使用状況を定期的に監査し、異常なアクティビティがないか監視することが重要です。AWS CloudTrailやAmazon CloudWatchなどのツールを使用してログを記録し、監視します。
4. **脆弱性の管理**：サードパーティ製品に含まれる可能性のあるセキュリティ脆弱性を定期的にスキャンし、必要に応じてパッチを適用することが重要です。特に、EC2インスタンス上で動作するサードパーティのアプリケーションについては、AWS Marketplaceから調達すると良いでしょう。AWS Marketplaceでは、AWS

上での動作が確認されており、AWSサービスと緊密に統合された製品が提供されています。これらの製品はAWSのセキュリティ、コンプライアンス、アーキテクチャのベストプラクティスに準拠しており、セキュリティ対策が継続的に更新されています。

5. **コンプライアンスの確認**：サードパーティ製品が業界の規制や法規制に準拠しているかを確認することも重要です。
6. **セキュリティインシデントの対応計画**：万が一、セキュリティインシデントが発生した場合に備えて、対応計画を立てておくことが重要です。AWSは、インシデント対応プロセスをサポートするツールを提供しています。

これらの要素を適切に管理することで、AWS環境におけるサードパーティ製品のセキュリティを確保し、リスクを最小限に抑えることができます。また、AWSの公式ドキュメントやセキュリティ関連のベストプラクティスを参考にすることも有効です。

▶▶▶**重要ポイント**

- AWS上で動くサードパーティ製品のセキュリティ対策は利用者の責任である。

3-4

セキュリティ情報

セキュリティに関する情報を取得したり課題を解決したりするためには、AWSが提供するセキュリティ情報を確認することが推奨されます。情報源はナレッジセンター、セキュリティセンター、ブログの3つです。

ナレッジセンター

ナレッジセンター（情報センター）は、AWSユーザーが様々な技術的な課題や質問に対する答えを見つけるためのリソースです。ナレッジセンターでは、AWSのプロダクトやサービスに関連する一般的な問題やその解決策に関する記事や動画、ガイド、FAQなどが提供されています。

ナレッジセンターはAWS re:Postというコミュニティサイト内に配置されています。ここでは、AWSユーザーがより効率的に問題を解決し、AWSのサービスを最大限に活用するためのサポートが提供されています。

📖 情報センター

URL https://repost.aws/ja/knowledge-center/

❑ AWS re:Postの情報センター

セキュリティセンター

セキュリティセンター(AWSのセキュリティページ)は、AWSのセキュリティ対策や機能に関心があるユーザーにとって価値ある情報源です。戦略的なセキュリティの側面から、AWSのセキュリティに関する各種セキュリティサービスやドキュメントが横断的に集約されているサイトです。

📖 AWSクラウドセキュリティ
URL https://aws.amazon.com/jp/security/

ブログ

AWS公式ブログ

AWS公式ブログは、AWSに関連する様々なトピックについての情報、アップデート、洞察、セキュリティ情報、チュートリアルを提供する、Amazonの公式のブログです。AWSの専門家やエンジニア、製品マネージャーなどが執筆し、AWSのサービスや機能、ベストプラクティス、顧客事例、業界の動向などに関する最新情報を提供しています。

📖 AWS公式ブログ
URL https://aws.amazon.com/jp/blogs/news/

AWSセキュリティブログ

AWSセキュリティブログは、セキュリティ分野に特化した、実践的なソリューション、発表、イベントのカバレッジを提供する新しいブログです。2024年2月現在、コンテンツはすべて英語で、日本語対応はされていませんが、最新情報を手に入れることができます。情報収集、課題解決のために役立つでしょう。

📖 AWSセキュリティブログ
URL https://aws.amazon.com/jp/security/blogs/

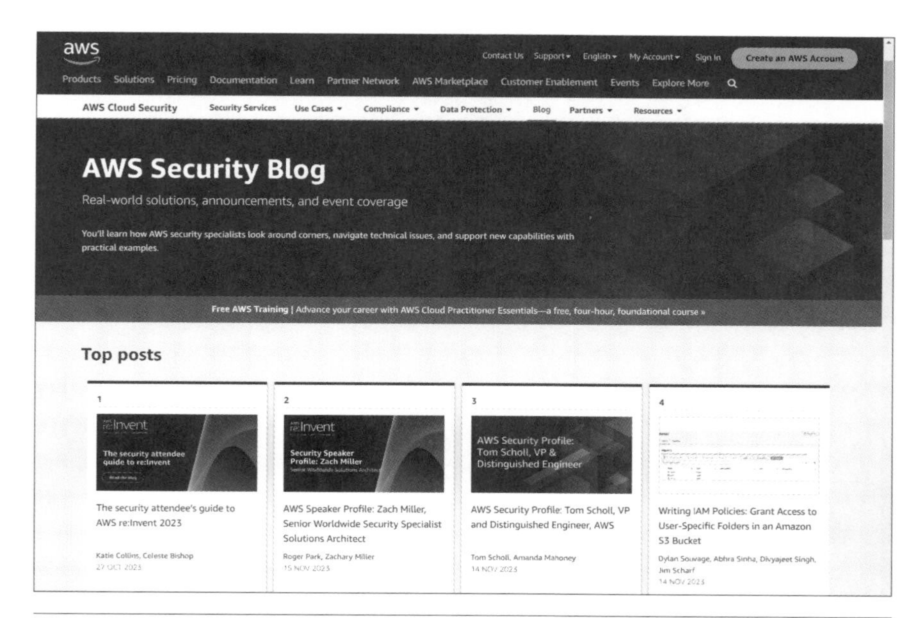

❏ AWSセキュリティブログ

▶▶▶重要ポイント

- ナレッジセンター（情報センター）は、AWSの技術的課題解決とFAQ、トラブルシューティング、ベストプラクティスを提供する情報リソース。
- セキュリティセンターは、AWSのセキュリティサービスと機能に関する包括的な情報と予測レポートを提供する情報リソース。
- AWS公式ブログは、AWSに関連する最新の情報、アップデート、洞察、セキュリティ情報を提供する公式ブログ。
- AWSセキュリティブログは、セキュリティ分野に特化し、最新のセキュリティ情報とソリューションを提供する専門ブログ。

3-5

AWS Trust & Safetyチーム

AWS Trust & Safetyチームは、AWSのサービスとインフラストラクチャを利用する顧客とそのエンドユーザーの安全と信頼性を維持するための取り組みを担当しています。AWSリソースが不正な目的で使用されている可能性がある場合は、**AWS不正使用レポートフォーム**を使用してAWS Trust & Safetyチームに連絡します。

報告

AWSリソースの利用者が次のような不正行為に関与している可能性がある場合、Trust & Safetyチームがサポートしてくれます。

1. **不適切なWebコンテンツ**
2. **Eメールの不正行為**：AWSリソースを利用して送信される攻撃的なEメールやスパムコンテンツ。
3. **不正なネットワークアクティビティ**：AWSリソースから発生する問題を引き起こすネットワークトラフィック。これには、DoS攻撃、ポートスキャン、侵入試行などの不正なネットワーク活動が含まれます。
4. **著作権侵害**

調査と解決

AWS Trust & Safetyチームは、顧客から提供された情報に基づいて報告されたインシデントの調査と解決を行います。

📖 AWS不正行為報告フォーム

URL https://support.aws.amazon.com/#/contacts/report-abuse

重要ポイント

- AWS Trust & Safetyチームは、AWSリソースが不正な目的で使用されている可能性がある場合に調査を行ってくれる。
- AWS Trust & Safetyチームへの報告は、AWS不正行為報告フォーム（緊急の場合はEメール）から行う。

本章のまとめ

AWSのセキュリティ

- AWSはクラウド本体のセキュリティ部分を担当し、ユーザーはクラウド内のセキュリティを担当する（クラウドセキュリティの責任共有モデル）。
- AWSは、ユーザーがクラウドにおけるセキュリティ対策を行う上で便利なツールやサービスを提供する。
- AWSセキュリティは、データ保護、コンプライアンス要件への準拠、マネージドなサービスを使うことで、ユーザーのセキュリティに関する負担を軽減する。

運用と情報収集

- AWS上で動くサードパーティ製品のセキュリティ対策は利用者の責任であり、適切なセキュリティ対応を利用者自身が行う。
- サードパーティ製品や、サードパーティの提供するセキュリティ製品はAWS Marketplaceから調達できる。
- セキュリティに関する情報は、ナレッジセンター（情報センター）、セキュリティセンター、ブログなどから入手できる。
- AWSリソースが不正な目的で使用されている可能性がある場合は、AWS Trust & Safetyチームが調査支援してくれる。
- AWSのコンプライアンスレポートを取得するにはAWS Artifactからダウンロードする。

練習問題

練習問題1

Amazon RDS（データベースサービス）においてユーザーが責任を持ち実行するものはどれですか。1つ選択してください。

A. ハイパーバイザーのセキュリティ対応
B. RDSが稼働するサーバーの脆弱性対応
C. DBインスタンスのセキュリティアップデート
D. アプリケーションとDBインスタンスの間の接続の暗号化

練習問題2

ユーザーのAWSアカウントに不正なアクセス、使用があった場合にユーザーが実行すべきものはどれですか。2つ選択してください。

A. AWSサポートへの問い合わせ
B. アクセスキー、パスワードの変更
C. リソースの破棄
D. 公開鍵と秘密鍵の変更
E. アクセスキーの削除

練習問題3

AWS責任共有モデルにおいて、利用者の責任となるのはどのタスクですか。2つ選択してください。

A. Amazon Elastic Compute Cloud（Amazon EC2）インスタンスがあるデータセンターへの物理的アクセスの申請および承認をする
B. Amazon Elastic Compute Cloud（Amazon EC2）インスタンスへのファイヤーウォール設定を行う
C. IAMユーザーにMFAを設定する
D. Amazon DynamoDBのOSにパッチを適用する

E. Amazon Relational Database Service (Amazon RDS) インスタンスにセキュリティパッチをインストールする

練習問題4

AWSアカウントへのCLI (コマンドラインインターフェイス) による接続をするために必要な認証情報はどれですか。2つ選択してください。

A. IAMユーザー
B. アクセスキーID
C. メールアドレス
D. パスワード
E. シークレットアクセスキー

練習問題の解答

✓練習問題1の解答

答え：D

アプリケーションとDBインスタンスの間の接続の暗号化は、ユーザーの責任範囲です。A、B、CはAWSの責任範囲です。

✓練習問題2の解答

答え：B、D

A. AWSサポートへの問い合わせは、AWSから連絡があった場合に行います。

C. リソースの破棄は、原因が分かるまで行いません。

E. アクセスキーはまず停止を行います。

✓練習問題3の解答

答え：B、C

A. AWSのデータセンターへの入館は、利用者に許可されていません。

B. EC2インスタンスのファイヤーウォール（セキュリティグループ）設定は利用者の責任範囲であり、利用者自身が設定します。

C. AWS Identity and Access Management（IAM）を利用し、利用者はIAMユーザーとそれらのユーザーに適用されるアクセスポリシーおよび、MFA（多要素認証）を設定します。

D. DynamoDBはマネージドサービスとして提供されており、利用者はOS（オペレーティングシステム）にパッチを適用する必要はありません。

E. Amazon RDSはマネージドサービスとして提供されており、各エンジンのパッチはAWSによって管理されています。利用者は、パッチをインストールする時間帯を選択できます。

✓練習問題4の解答

答え：B、E

A、C、Dは、CLI（コマンドラインインターフェイス）やアプリケーションからの接続のための認証情報として利用できません。

第4章

AWSのテクノロジーとサービス

第4章以降ではAWSの様々なサービスと機能について説明していきますが、それに先立って本章では、AWSのテクノロジーとサービスの全体像を俯瞰します。具体的には、AWSのコンセプトとAWSサービス、AWSサービスを支えるグローバルインフラストラクチャ、AWSサービスの使い方について説明します。

4-1 AWSのコンセプト

AWS認定クラウドプラクティショナー試験で検証される能力を改めて確認します。

1. AWSクラウドの価値を説明できる。
2. AWSの責任共有モデルを理解し、説明できる。
3. セキュリティのベストプラクティスを理解している。
4. AWSクラウドのコスト、エコノミクス、請求方法を理解している。
5. コンピューティングサービス、ネットワークサービス、データベースサービス、ストレージサービスなど、AWSの主要なサービスを説明し、位置付けることができる。
6. 一般的なユースケース向けのAWSのサービスを特定することができる。

本書では、**2**と**3**について、各章のサービス解説で取り上げます。ユーザーが設定するセキュリティ範囲と、使用できるセキュリティサービスについて解説していきます。**4**については、第13章で解説します。**1**、**2**、**3**、**5**、**6**については、第5章から第12章で各サービスの視点から解説します。

すべての技術には存在する理由があり、その主な理由は「課題」です。課題を解決するために技術は生まれ、利用されます。AWSそのものも、インターネットを通じてITリソースを使用することで、オンプレミスデータセンターではなかなか解決できなかった課題を解決しています。たとえば次のような課題です。

- 予測できない需要に対して、ハードウェアを購入するための投資ができない。
- 予想を超えてアクセスが急増したときにシステムが止まってしまう。
- ルールや経営方針が変わり、要らなくなったハードウェアが無駄になった。
- すぐに機能開発を始めたいのに、ハードウェアを購入したりデータセンターを確保する時間が必要で始められない。
- ハードウェアの保守作業に時間を取られて、本来やりたい開発や運用改善ができない。

これらのような課題を解決するために生まれたのがクラウドです。Amazon自身もAWSを活用することで様々な課題を解決し、世の中に価値を提供し続けてきました。AWSには多種多様なサービスがありますが、その1つ1つについても解決している課題があります。この課題を理解することで、サービスを理解できます。

AWS認定クラウドプラクティショナーの検証能力のうち、「AWSの主要なサービスを説明し、位置付けることができる」および「ユースケース向けのAWSのサービスを特定することができる」の2点については、主にこの課題が重要になります。試験では、「○○を解決したい」「○○を実現したい」といった課題が提起され、そのために最適なサービスは何か、と問われます。

この「課題を解決するサービス」という観点は、試験のためだけではなく、実際にシステムを設計したりサービスを選択したりする上でも非常に重要です。たとえば次のような問題があったとします。

例題

MySQLデータベースをオンプレミスからクラウドに移行します。運用負荷を減らしたいと考えています。次のどの選択肢が最適でしょうか。

A. RDS
B. DocumentDB
C. EC2
D. DynamoDB

この設問に対してはまず、DocumentDBとDynamoDBはNoSQLであり、MySQLと互換性がないので除外できます。残るのはEC2とRDSですが、ここでの課題は「運用負荷を減らしたい」です。EC2を使用するとWindowsサーバーやLinuxサーバーが使用できるのでMySQLをインストールして移行できますが、OSの運用が必要になります。これに対してRDSでは、パッチの適用、バックアップ、レプリケーションといった運用に必要な機能が標準機能として自動化され、運用負荷が軽減されます。したがってAが正解です。

この設問のように課題を解決できる選択肢が2つある場合は、より最適なものを選ぶ必要があります。そこで重要になるのが、「そのサービスは何ができ、どんな課題を解決するか」といった視点です。この視点を持って理解を深めれば、選択肢を絞れるはずです。また、この視点は試験対策になるのみならず、実務としてサービスを選択する際にも役立ちます。

ところで、前記の設問には「運用負荷を減らしたい」と明示されていましたが、このような明示的な要件が記されていない場合もあります。そのような設問で解答に迷ったときは、運用負荷の少ないほうを選びましょう。AWSユーザーがやらなければならないこと（運用負荷）が少ないほうを選ぶことで正解に近づけます。実際の現場でも、わざわざ運用負荷の高い方法を選ぶ必要はありませんので、これは当然の判断方法です。

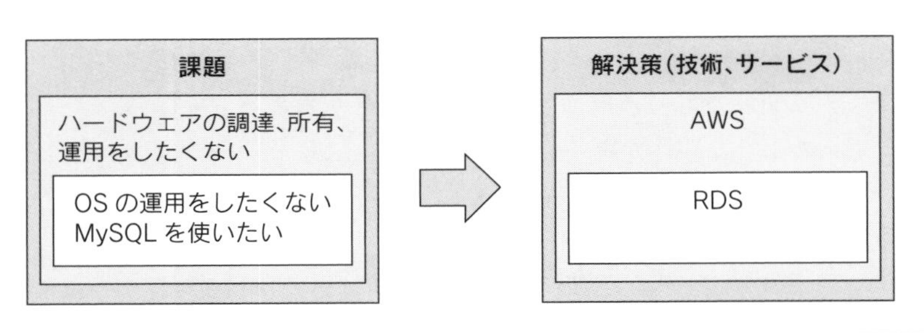

❏ AWSのコンセプトから考える

▶▶▶重要ポイント

- 「そのサービスは何ができ、どんな課題を解決するか」といった視点を持ってサービスを理解する。
- AWSはユーザーの運用負荷を下げ、ユーザーは本来やるべき開発や運用改善に注力できる。

4-2 AWSのサービス

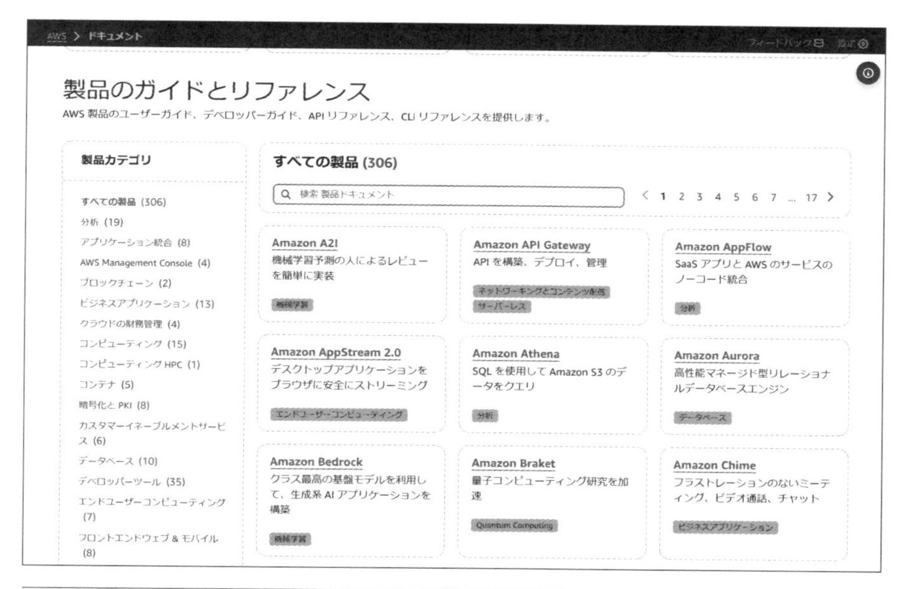

❑ AWSサービス一製品数

この画面は「AWSドキュメントへようこそ」という公式のWebページです。ここにあるように、AWSサービスの製品数は2024年2月現在、306です。AWSがスタートした2006年にはEC2、S3、SQSの3つのサービスが提供されていました。ここから現在に至るまで、ユーザーの要望などのフィードバックにより新機能が開発され、サービスは増え続けています。

📖 AWS ドキュメントへようこそ

URL https://docs.aws.amazon.com/ja_jp/

AWSではこれらのサービスから必要なものを選択して繋ぎ合わせることでシステムを構築します。次の図はAWSでシステムを構築する際の設計例です。

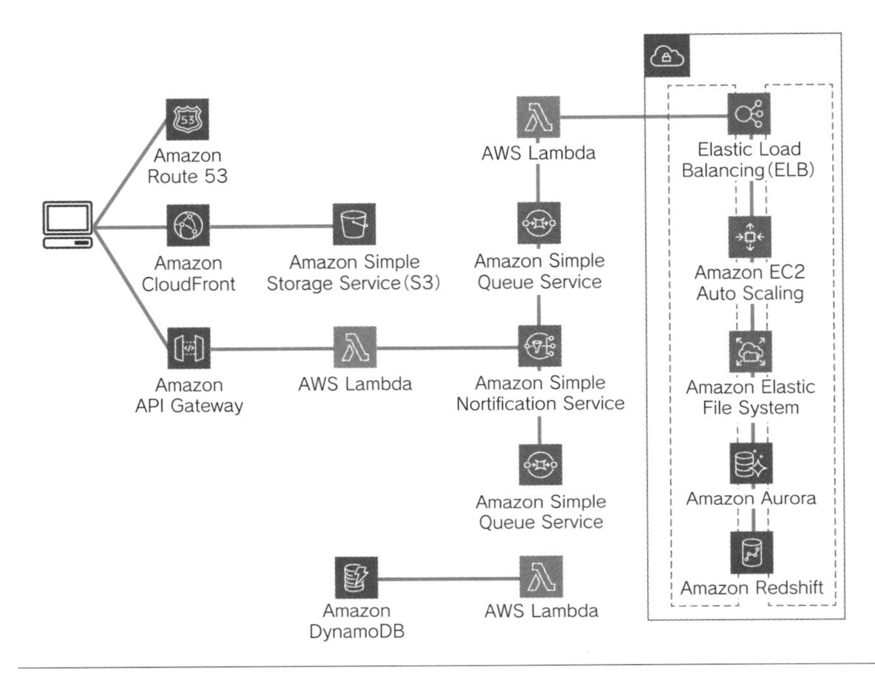

❏ AWSによる設計例

AWSサービスのカテゴリー

AWSの各サービスは主に以下のカテゴリーに分けられています。

- セキュリティ、コンプライアンス
- 分析
- アプリケーション統合
- ブロックチェーン
- ビジネスアプリケーション
- 財務管理
- コンピューティング
- コンテナ
- データベース
- デベロッパーツール
- エンドユーザーコンピューティング
- フロントエンド
- IoT
- 機械学習
- マネジメントとガバナンス
- メディアサービス
- 移行と転送
- ネットワーキングとコンテンツ配信
- 量子テクノロジー
- ロボット工学
- 人工衛星
- ストレージ

次の第5章から第12章で、コンピューティング、ストレージ、ネットワーク、データベース、機械学習、分析、自動化、モニタリング、移行のカテゴリーから、試験ガイドに記載されているサービスとそのサービスによって作成されるリソースについて解説します。必要に応じて、各サービスを実際に試して検証することをお勧めします。

特にカテゴリーの中でも重要な**セキュリティサービス**については、試験ガイドにも多く記載されています。試験ガイドに記載されている各種セキュリティサービスを責任共有モデルに当てはめると、次のようになります。

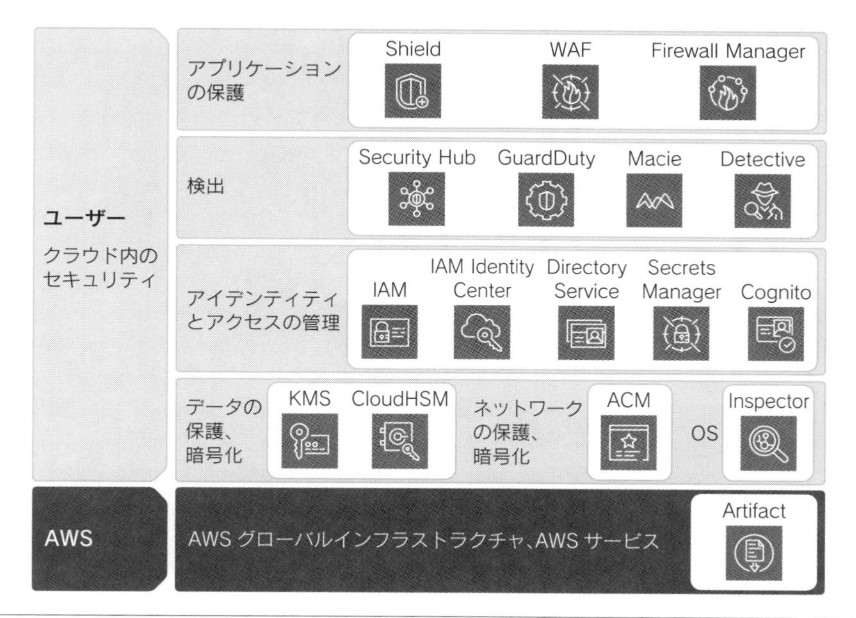

❏ 試験ガイドに記載されているセキュリティサービス

個々のサービスを解説する際に、そのサービスのリソースを保護するセキュリティサービスも取り上げていきます。

▶▶▶重要ポイント

- AWSは要件に応じた様々なサービスを提供しているので、最適なサービスを選択できる。
- AWSでは、要件ごとに複数のサービスを組み合わせてシステムを構築する。

4-3

グローバルインフラストラクチャ

AWSは従来のハードウェアをそのままユーザーに提供するのではなく、サービスとして提供します。ユーザーは提供された様々なサービスの中から、必要な機能を必要なだけ利用できます。それにより、ハードウェアやデータセンターの運用を意識することなく、システムを構築／運用できます。

AWSのデータセンター施設は**グローバルインフラストラクチャ**という総称で呼ばれます。これはリージョン、アベイラビリティゾーン、エッジロケーションという要素で実現され、提供されています。ここでは、AWSグローバルインフラストラクチャを構成するこれらの要素について見ていきます。

リージョン

AWSには、現在（2024年2月）全世界に33の**リージョン**（Region）があります。たとえば日本には「東京」リージョンと「大阪」リージョンがあります。

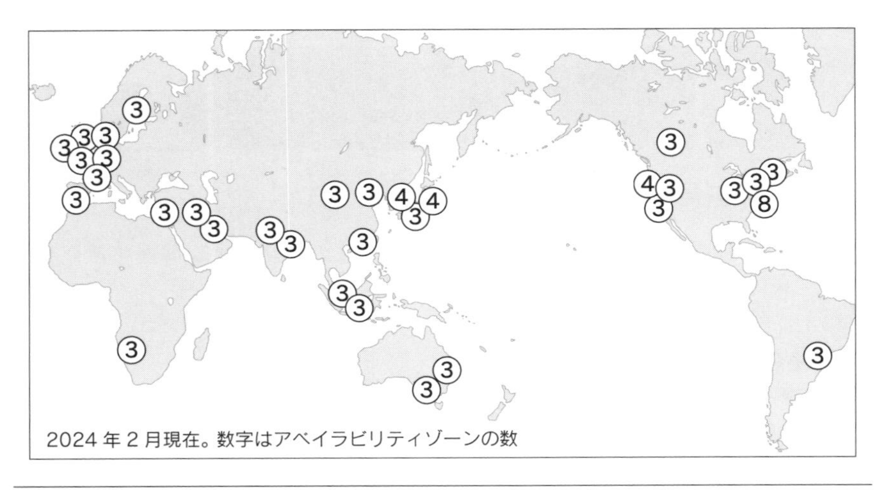

❑ リージョン

リージョン内には3つ以上の**アベイラビリティゾーン**（Availability Zone、**AZ**）があります。アベイラビリティゾーンは複数のデータセンターから構成されています。アベイラビリティゾーンについては次の項で詳しく説明します。

ユーザーは要件に応じて、システムを構築するリージョンを選択できます。たとえば、東京にいながら、地球の裏側のブラジル（サンパウロ）にシステムを構築することも可能です。また、その構築に必要な時間は東京に構築する場合と大きくは変わりません。数分で世界中にシステムをデプロイできるということです。完全に稼働する同一内容のシステムを複数のリージョンに構築して、災害の際のダウンタイムを最小にすることもできます。この構成を**マルチサイトアクティブ－アクティブ**と言います。

リージョンの選択条件

リージョンは以下の条件に基づいて選択します。なお、リージョンによってコストや使用可能なサービスが異なることがあるので、リージョン選択の際には注意すべきです。

＊法律やガバナンスの要件を満たしているか

保存するデータや稼働するシステムが、そのリージョン地域の法律、およびシステムを所有する企業のガバナンス要件を満たしているかを考慮します。

サービスを使用する際にユーザーがリージョンを選択できて、リージョンに保存したデータが勝手に他のリージョンへコピーされることはありません。たとえばストレージサービスのS3を東京リージョンを選択して使用した際に、そこに保存したデータが他のリージョンに勝手にコピーされることはありません。コピーされるのは、ユーザーが他のリージョンへのレプリケーションやコピーを選択した場合のみです。

このように、データの保存先リージョンをユーザーが完全にコントロールすることで、コンプライアンスのルールやガバナンス要件を満たせます。

＊ユーザーや連携するデータに近いか

データ転送にかかる距離が短いほうが、ネットワークのレイテンシー（遅延）は少なくなります。システムのパフォーマンスを良くするためには、ユーザーに近い距離にあるリージョンを選択します。もちろんレイテンシーをあまり気にしなくてよいシステムであれば、この条件の優先度は下がります。

✱ コスト効率が良いか

リージョンによってサービスの料金は変わります。また同じリージョン内の場合、データ転送料金が発生しないサービスもあります。こういった点を踏まえつつコスト最適化を考慮して、リージョンを選択します。

✱ 必要なサービスが揃っているか

リージョンによって使用できるサービスが異なることがあります。新しいサービスの場合、「今はこのリージョンで使用できないが、じきに利用可能になる」というケースもあります。利用可能なサービスについて最新情報を確認した上で、リージョンを選択します。

次の画面は、AWSアカウントのマネジメントコンソールでリージョンを選択しているところです。

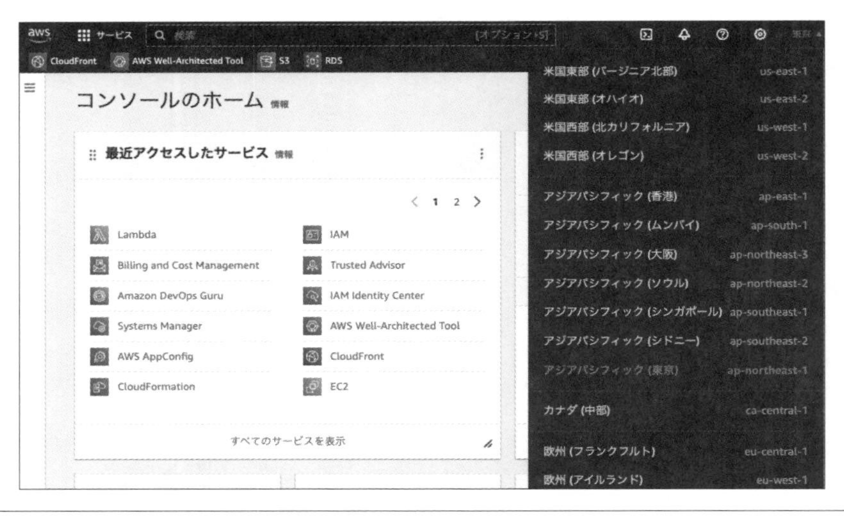

❏ マネジメントコンソールのリージョン

▶▶▶重要ポイント

- リージョンは全世界に展開されているため、数分で世界中にシステムをデプロイできる。
- ユーザーが選択したリージョンから他のリージョンへ、勝手にデータがコピーされることはない。
- リージョンによって、利用できるサービスやコストが異なる。

アベイラビリティゾーン

各リージョンには、**アベイラビリティゾーン(AZ)**が3つ以上あります。アベイラビリティゾーンはデータセンターのクラスタです。**クラスタ**とは、複数のデータセンターのかたまりを意味しています。なお、1つのアベイラビリティゾーンに含まれるデータセンターの数は公開されていません。

次の図は、東京リージョンとオハイオリージョンの例を示しています。リージョンによってアベイラビリティゾーンの数は違いますが、必ず3つ以上のアベイラビリティゾーンが含まれています。

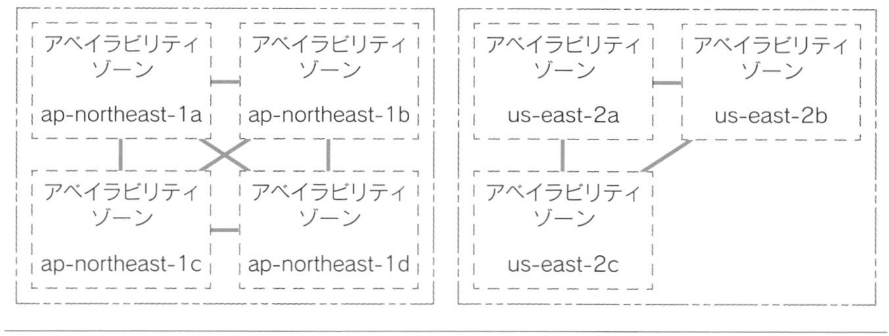

❑ アベイラビリティゾーン

なぜアベイラビリティゾーンは複数あるのか

各アベイラビリティゾーンは、停電や自然災害によるデータセンター単位の障害が発生したとしても、それが2つのアベイラビリティゾーンで同時に発生しないよう、地理的に十分離れた場所にあります。言い換えれば、データセンター単位、アベイラビリティゾーン単位では、停電、自然災害などAWSがコントロールできない範囲の障害により、使えなくなる場合があることを前提として設計されています。これは、「すべてのものはいつ壊れてもおかしくない」という前提に立っています。壊れることを前提に設計している、ということです。このような考え方を**Design for Failure**(故障に備えた設計)と言います。

オンプレミスでも自然災害によりデータセンターは使えなくなるかもしれませんし、大規模な長時間停電が発生しないとも限りません。クリティカルなシステムの場合は、地理的に離れた複数のデータセンターを高速な専用線で接続して、可用性を保っているケースも多くあります。

AWSのユーザーも同じ前提に基づいてアベイラビリティゾーンを複数使うことで、耐障害性の高いシステムを構築できます。サーバーなどのコンポーネント単位で、負荷分散、レプリケーション、冗長化を実装し、障害が発生した際には自動的にフェイルオーバーできるようなアーキテクチャを簡単に実装できるサービスや機能が提供されています。

同一リージョン内のアベイラビリティゾーンは、高速なプライベートネットワークにより数ミリ秒の低レイテンシー接続を実現しています。

特別な理由がない限り、アベイラビリティゾーンは複数使ってシステムを設計します。

AWSのデータセンター

アベイラビリティゾーンは複数の**データセンター**で構成されています。このデータセンターがどこにあるのかは公開されていません。また、一見ではデータセンターとは分からない施設となっています。さらに、警備員、監視カメラ、侵入検知テクノロジー、防御壁、多要素認証などにより、物理的に厳重に保護されています。

それ以外にもセキュリティ、コンプライアンス上の様々な統制を実装しています。運用においてはオートメーションシステムを構築し、第三者監査によるセキュリティ、コンプライアンスについての様々な検証を実施しています。

グローバルインフラストラクチャと責任共有モデル

3-1節で紹介したAWS責任共有モデルをもう一度見てみましょう。

ユーザー 「クラウド内」のセキュリティに責任がある	ユーザーのデータ		
	プラットフォーム、アプリケーション、IDとアクセス管理		
	OS、ネットワーク、ファイアウォール構成		
	クライアントサイドのデータ暗号化とデータ整合性認証	サーバーサイドの暗号化（ファイルシステムやデータ）	ネットワークトラフィック保護（暗号化、整合性、アイデンティティ）
AWS 「クラウド本体」のセキュリティに責任がある	ソフトウェア		
	コンピューティング／ストレージ／データベース／ネットワーキング		
	ハードウェア／AWSグローバルインフラストラクチャ		
	リージョン	アベイラビリティゾーン	エッジロケーション

❏ AWS責任共有モデル

データセンターをはじめとする物理要素やグローバルインフラストラクチャは、責任共有モデルにおいてAWSの守備範囲に含まれます。ここで注意してほしいのは、責任共有モデルの境界線はユーザーとAWSのそれぞれが責任をなすりつけあうためのものではない、ということです。それぞれが責任範囲を理解してセキュリティや信頼性の責任を果たすことで、エンドユーザーが安心・安全に使用できるITシステムを構築することが目的です。私たちAWSユーザーは、どこにあるか分からないデータセンターの視察などを考えるのではなく、私たちが果たすべき責任範囲に注力しましょう。

▶▶▶重要ポイント

- 各リージョンにはアベイラビリティゾーンが3つ以上ある。
- 複数のアベイラビリティゾーンで障害が同時に影響しないよう、各アベイラビリティゾーンは地理的に十分離れた場所にある。
- 同一リージョン内のアベイラビリティゾーンは、低レイテンシーの高速なプライベートネットワークで接続されている。
- 複数のアベイラビリティゾーンを使うことで、耐障害性、可用性の高いアーキテクチャを実装できる。
- データセンターは、第三者による、セキュリティ、コンプライアンス上の様々な監査検証を実施している。

エッジロケーション

AWSには、リージョンとは違う場所に、全世界で2024年2月現在600か所以上の**エッジロケーション**があります。エッジロケーションはリージョンのない国、都市にもあります。エッジロケーションは主に2つの用途で利用されます。

- コンテンツの低レイテンシー配信
- 可用性と拡張性の高いDNSの実現

コンテンツの低レイテンシー配信

CDN（Contents Delivery Network）サービスである**Amazon CloudFront**がエッジロケーションで利用されます。ユーザーに対して最も低レイテンシーのエッジロケーションからコンテンツキャッシュを配信できます。CloudFrontについて詳しくは7-2節で解説します。

オンプレミスで世界中にCDNを構築することを考えると気が遠くなりますが、AWSではエッジロケーションを利用することで簡単に実現できます。

可用性と拡張性の高いDNSの実現

DNSサービスである**Amazon Route 53**がエッジロケーションで利用されます。全世界のロケーションを使用し、高い可用性でDNSサービスを提供します。DNSクエリでは、たとえば「www.example.com」に対して、「203.0.113.5」というIPアドレスにルーティングします。設定しておいたレコードで名前解決をします。Route 53について詳しくは7-3節で解説します。

エッジロケーションの分散サービス妨害攻撃からの保護

Route 53とCloudFrontは、DDoS攻撃に対する保護サービス（AWS Shield Standard）の対象です。AWS Shield Standardは追加料金なしで、Route 53とCloudFrontの通信レイヤーへの攻撃の保護に適用されます。Route 53とCloudFrontには、さらに高度なレベルの保護を適用するために、AWS Shield Advancedを適用することもできます。CloudFrontについては、AWS WAFによってアプリケーションへの攻撃もブロックできます。

▶▶▶重要ポイント

- リージョンのない国、都市も含め600以上のエッジロケーションがある。
- エッジロケーションではAmazon Route 53とAmazon CloudFrontを利用できる。
- ユーザーは最も低レイテンシーのエッジロケーションにアクセスできる。
- Amazon Route 53とAmazon CloudFrontは、AWS ShieldによってDDoS攻撃から保護される。

その他の多様な選択肢

AWS Local Zones

リージョンがない地域で低レイテンシーの接続が必要な場合に、**AWS Local Zones**が使用できる都市もあります。Local Zonesは、リージョンに関連付けられてはいますが、リージョンとは違う場所に設置されたデータセンタークラスタです。東京リージョンには台北のLocal Zonesがあります。バージニア北部リージョンには、マイアミ、シカゴ、ニューヨークなど、リージョンのない主要都市のLocal Zonesがあります。

AWS Wavelength

5Gネットワーク内のアプリケーション向けに**AWS Wavelength**があります。WavelengthもLocal Zonesのように追加で使用できるゾーンですが、通信プロバイダのネットワーク内に存在します。Wavelengthを使うと、5Gネットワークから外に出ない構成でシステム構築ができます。5Gモバイル端末からアクセスするアプリケーションの構築などに使用されます。

AWS Outposts

AWSデータセンターで使用しているのと同じラックやハードウェアをユーザーが指定したデータセンターに設置できるのが、**AWS Outposts**です。データの所在を明確にしなければならない要件などによりユーザーのデータセンターから移動できないシステムを思い浮かべてください。このようなときにOutpostsを使えば、ユーザーのデータセンターでありながら、一部のAWSサービスを使ったシステムを構築できます。

▶▶▶重要ポイント

- リージョンがない地域で低レイテンシー接続が必要な場合はAWS Local Zonesが使える場合がある。
- 5Gアプリケーションサービスへの接続にはAWS Wavelengthを使う。
- ユーザーが指定したデータセンターでAWSのサービスを使用するにはAWS Outpostsを使う。

AWS Artifact

責任共有モデルにおいてAWSの守備範囲に含まれるグローバルインフラストラクチャとAWSサービスそのものは、私たちがコントロールできるものではありません。AWSのデータセンターがどこに、いくつあるか分かりませんし、そこで使われているハードウェアも私たちが触れる機会はありません。

しかしそれらをAWSが正しい手段で守っていることを証明するために、AWSは様々な外部監査やコンプライアンス認証を受けています。AWS外の独立監査人によって監査されたレポートやコンプライアンス認証を、私たちはダウンロードできます。これらをダウンロードできるサービスが**AWS Artifact**です。

❏ AWS Artifact

ISO、SOC、PCI-DSSなど、AWS上に構築するシステムに対してコンプライアンス要件が求められた場合、AWSの守っている範囲に関してレポートをダウンロードして確認できます。ユーザーがコントロールする範囲については、それぞれの要件に基づいてユーザーが基準に準拠します。

▶▶▶重要ポイント

- AWS Artifactでコンプライアンスレポートをダウンロードできる。

Column

重要な作業に集中する

AWSのメリットに「重要な作業に集中できる」があります。ドキュメントによっては「インフラストラクチャではなく、ビジネスを差別化するプロジェクトに集中」「運用負荷軽減と生産性の向上」などと表現されています。

データセンターやハードウェア、OSの運用は、私たちのお客様に価値を提供するビジネスの差別化にはつながりにくい作業です。もちろん安全に運用されている必要があります。だからこそ、Amazonをはじめ、世界中の多くの企業のビジネスインフラストラクチャを運用しセキュリティを守ってきたノウハウを持っているAWSにアウトソーシングすることに価値を見いだせます。

外部の第三者による監査レポートをArtifactからダウンロードして、私たちは評価して判断ができます。そして、私たちユーザーはデータセンターの入館申請や記録、ハードウェアのランプチェックや交換、作業レポートの作成などをすることなく、直接的にビジネスに影響する設計や開発に注力できます。

私はAWSをこれから使い始める組織で「セキュリティは大丈夫か？」と問われた際に、「私が運用するよりも安全です」と答えていました。

4-4 AWSサービスの使い方

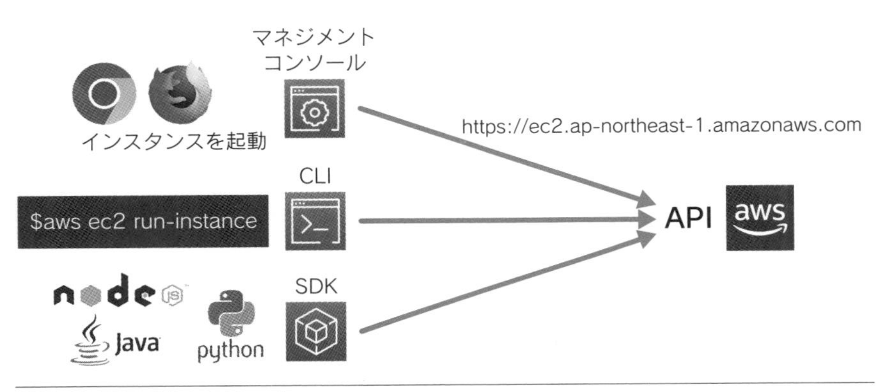

❏ AWSサービスの使い方

AWSの各サービスはAPI（Application Programming Interface）に対してリクエストして操作します。第5章で解説するEC2というサービスは仮想サーバーのサービスですが、新たなサーバーを起動するときはEC2サービスの**APIエンドポイント**にリクエストします。エンドポイントは主に次のような形式です。

```
https://<サービス名>.<リージョンコード>.amazonaws.com
```

東京リージョンのEC2のAPIエンドポイントは次のようになります。

```
https://ec2.ap-northeast-1.amazonaws.com
```

HTTPSまたはHTTPプロトコルを用いて、POSTなどのリクエストをします。

このように直接APIリクエストを実行することもできますが、もっと実行しやすい方法として、マネジメントコンソール、CLI、SDKが用意されています。

マネジメントコンソール

マネジメントコンソールは、Google ChromeやMozilla FirefoxなどのWebブラウザからアクセスして、GUIで操作ができます。たとえばEC2インスタンスを新たに起動する場合は、EC2の画面で「インスタンスを起動」というボタンをクリックします。ボタンをクリックすると、APIエンドポイントにリクエストが送られます。

マネジメントコンソールへは、AWSアカウントID、IAMユーザー名とパスワードでサインインします。MFA（多要素認証）も使用できます。

AWS CLI

AWS CLIは、Linux、macOSのターミナルやWindowsコマンドプロンプトで実行できるコマンドラインインターフェイスです。インストールした上で使用します。使用する際にはアクセスキーIDとシークレットアクセスキーが必要になります。

CLIは、LinuxのシェルスクリプトやWindowsのバッチコマンドとして、作業を自動化するのに使えます。また、コマンド操作に慣れている人にとっては、日々の運用で使うのに便利です。

コマンドの例を見てみましょう。たとえばEC2インスタンスを起動するときは、次のようなコマンドを実行します。<パラメータ>には、どのようなサーバーを起動するかなどを指定します。

```
$ aws ec2 run-instances <パラメータ>
```

マネジメントコンソールから**AWS CloudShell**というサービスを使うと、Webブラウザでコマンドを実行することもできます。

AWS SDK

Python、Java、Node.js、Ruby、Go、PHPなどの言語向けの**SDK**（Software Development Kit）がAWSには用意されています。開発者は使い慣れた言語をそのまま使いながら、AWSサービスの操作ができます。AWSサービスをアプリケーションへ組み込む際に、SDKを使ってすばやく開発ができます。

CLI同様にアクセスキーIDとシークレットアクセスキーが必要です。

IaC

AWSはCLIやSDK、APIを通してプログラムから直接呼び出せるので、自動化ができます。サーバー、ストレージ、データベース、ネットワークなどのインフラストラクチャをコードで定義して自動化できるということです。このようなアプローチを一般的に**IaC**（Infrastructure as Code）と言います。IaCによって構築、運用を自動化できるのもAWSの強力なメリットです。IaCを実現するサービスとして**AWS CloudFormation**などがあります（第10章で解説します）。

▶▶▶**重要ポイント**

- AWSのサービスはAPIリクエストで実行できるので自動化できる。
- APIリクエストを簡単に実行できるように、マネジメントコンソール、CLI、SDKなどが用意されている。

4-5 AWSサービスへの認証とアクセスの管理

ここではAWSのアカウント管理や認証（アイデンティティ）の仕組みについて解説します。

AWSアカウントの保護

AWSアカウントは、WebのサインアップページからEメールアドレス、パスワード、クレジットカード、住所、電話番号などを登録して作成します。12桁の**アカウントID**が発行されて、そこで使用したAWSサービスに請求が発生します。

まずは、AWSアカウントへ他人が侵入しないよう保護します。AWSアカウントへのアクセスには大きく分けて2つの方法があります。ルートユーザーによるアクセスと、IAM（ユーザー、ロール、ポリシー）を使用したアクセスです。ここではルートユーザーの保護について解説します（IAMはこの後の項で取り上げます）。

ルートユーザーの保護

ルートユーザーは、AWSアカウントのサインアップ時に設定したEメールアドレスとパスワードでサインインするユーザーです。ルートユーザーはAWSアカウント内でのすべての操作が可能で、制限できません。もしもルートユーザーの権限で侵入されてしまうと、アカウントを完全に乗っ取られます。気づかないうちに継続的かつ自由にリソースを使われるかもしれません。そのため、ルートユーザーを保護することは非常に重要です。最低限次の2点を実行します。

- ○ 強固なパスワードで保護する
- ○ MFAを設定する

✱強固なパスワードで保護する

初回のサインアップ時に設定する際も、簡単には想定できない複雑で桁数の多いパスワードを設定します。

✱MFAを設定する

MFAは「Multi Factor Authentication」の略で、**多要素認証**とも呼ばれます。AWSだけでなく、世界中の様々なサービスで採用されている認証方法です。IDとパスワードだけでなく、もう1つの要素を追加してアカウントを守ります。

IDとパスワードが認証された後に、アカウントに紐付けられているMFAデバイスに一時的に発行されるワンタイムパスワードを入力することで、サインインが完了します。より強固にアカウントが守られます。

AWSがサポートしているMFAデバイスのうちよく使われているものとしては、Google Authenticator、Microsoft Authenticatorなどのモバイルアプリケーション（仮想MFAデバイス）や、YubiKeyなどのFIDOセキュリティキーというUSBキーが挙げられます。

AWSアカウントを作成した後は、**必ずルートユーザーにMFAを設定しましょう**。ルートユーザーのMFAを設定した後は、**IAMユーザーを作成して、ルートユーザーの使用をやめます**。ルートユーザーを普段の運用では使用しないのがベストプラクティスです。

前述のとおり、ルートユーザーの権限で侵入されてしまったときの被害は非常に大きいことが予想されます。パスワードなどのアカウント情報が漏洩しないようにするためには、日常的には使わないことです。日常的に使わないのであれば、複雑なパスワードを敬遠することもないでしょう。いろいろなところにパスワードを書き留めたり、誰かとパスワードを共有したりすることもないでしょう。また、日常的な使用に加えて、ルートユーザーのアクセスキーIDとシークレットアクセスキーを作成することも避けてください。

▶▶▶重要ポイント

- ルートユーザーは強固なパスワードとMFAで保護する。
- ルートユーザーは通常運用では使用しない。

AWS IAM

AWS IAM（「IAM」はIdentity and Access Managementの略）は、**認証**（Identity）と**認可**（Access Management、アクセス制限）を管理します。

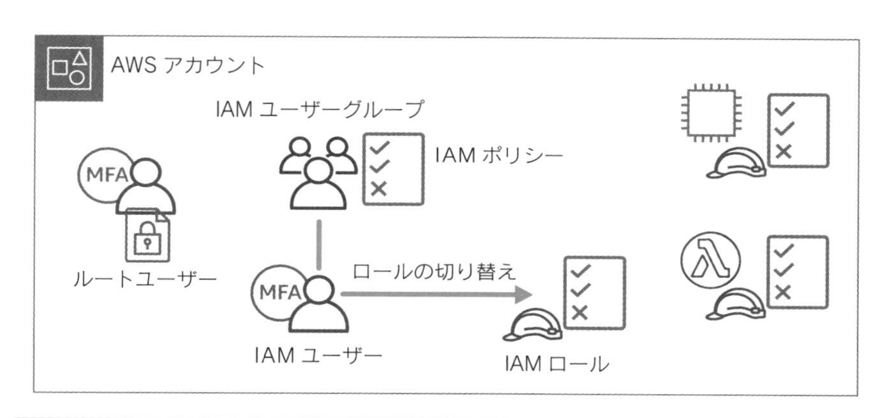

❑ AWS IAM

IAMを構成する要素には、**IAMユーザー**、**IAMユーザーグループ**、**IAMロール**、**IAMポリシー**があります。IAMユーザーとIAMロールが認証を担い、この主体が誰であるかという情報を示します。IAMポリシーが認可を担い、この主体は何ができるかを制御します。IAMユーザーグループは、複数のIAMユーザーを効率的に扱うためにIAMユーザーをひとまとめにしたグループです。

IAMユーザーとIAMポリシー

ルートユーザーと違い、IAMユーザーにはIAMポリシーをアタッチしてできることを制限できます。最小権限の原則に基づいて、余計な権限を与えずに必要な権限のみを与えるようにします。

❏ IAMポリシーの例

```
{
    "Version": "2012-10-17",
    "Statement": [
        {
            "Effect": "Allow",
            "Action": [
                "ec2:Describe*",
                "s3:List*"
            ],
            "Resource": "*"
        }
    ]
}
```

IAMポリシーはこのようにJSONで記述されます。EffectにはAllow（許可）かDeny（拒否）を設定します。Actionには「サービス:APIアクション名」を記述します。そしてResourceに対象のリソースを指定します。このとき「*」（ワイルドカード）を使用することもできます。

クラウドプラクティショナーの試験対策としては、IAMポリシーの書き方まで細かく覚える必要はありません。しかしこのような書式のIAMポリシーによってアクセス許可を与えているという概要は、把握しておいてください。

IAMポリシーには次の3種類があります。

- AWS管理ポリシー
- カスタマー管理ポリシー
- インラインポリシー

AWS管理ポリシーはAWSが作成、管理しているポリシーで、AWSアカウントにはじめから用意されています。**カスタマー管理ポリシー**はユーザーが作成、管理しているポリシーです。どちらのポリシーも複数のIAMユーザーにアタッチできます。これらに対して、特定のIAMユーザーにだけ直接設定するのが**インラインポリシー**です。

✱IAMポリシーのアタッチ

たとえばIAMユーザーが100人いるとします。このとき、1人1人にIAMポリシーを個別にアタッチすることもできますが、それでは管理が煩雑になります。そこでIAMユーザーグループを利用します。IAMユーザーグループにIAMポリシーをアタッチして、同じ権限を与えたい複数のIAMユーザーをそのグループのメンバーにするのです。

IAMユーザーグループ経由であれ直接のアタッチであれ、ポリシーをアタッチされたIAMユーザーは、そのポリシーで許可されている操作のみを行えます。

✱IAMユーザーの認証情報

IAMユーザーの認証情報は2種類あります。IAMユーザーには、どちらか一方のみを与えることも、両方を与えることもできます。

- マネジメントコンソールにサインインしてAWSリソースを操作するための「IAMユーザー名＋パスワード」
- CLIやSDKなどのプログラムでAWSリソースを操作するための「アクセスキーID ＋シークレットアクセスキー」

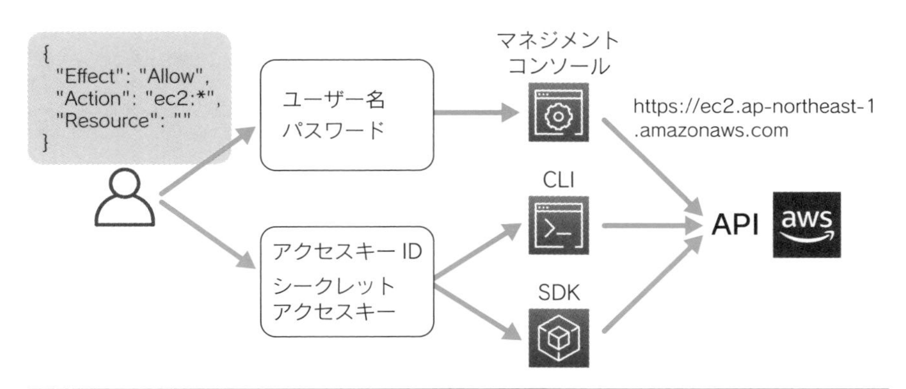

❑ IAMユーザーの認証情報

IAMユーザーのパスワード、アクセスキーがそれぞれ最後にいつ何のサービスに使用されたかを、**IAMユーザーの認証情報レポート機能**によって、CSV形式でダウンロードできます。この情報をもとに、長期間使用されていない認証情報（アカウント）を削除するなどの検討ができます。

▶▶▶重要ポイント

- IAMユーザーには、最小権限の原則に基づいてIAMポリシーをアタッチする。
- 複数のIAMユーザーをIAMユーザーグループにまとめ、そのグループにIAMポリシーをアタッチすることで、効率的に管理できる。
- IAMポリシーには、AWS管理ポリシー、カスタマー管理ポリシー、インラインポリシーがある。
- IAMユーザーの認証情報には、マネジメントコンソールにアクセスするための「ユーザー名+パスワード」と、プログラムアクセスのための「アクセスキーID +シークレットアクセスキー」の2種類がある。
- IAMユーザーの認証情報レポート機能によって、パスワード、アクセスキーの使用状況をCSV形式で出力できる。

IAMロール

IAMロールは、IAMポリシーをアタッチしてあらかじめ作成しておく"役割"です。これを付与することで、付与対象には一時的な認証が与えられ、アクセス権限が許可されます。IAMロールの主な使い方としては次の3つがあります。

- AWSサービスにアクセス権限を与える
- IAMユーザーに一時的なアクセス権限を与える
- 外部で認証されたユーザーに一時的なアクセス権限を与える(フェデレーション)

✱ AWSサービスにアクセス権限を与える

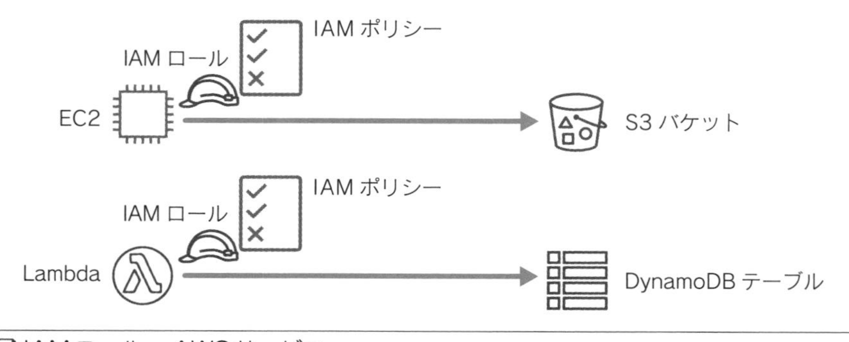

❑ IAMロールー AWSサービス

EC2インスタンスやLambda関数などで、SDKを使ったPythonやJavaのプログラムコードを実行して、S3バケットやDynamoDBへアクセスするとします。

このアクセスは、S3バケットやDynamoDBテーブルにアクセスできる権限を持ったIAMユーザーを作成したのち、アクセスキーIDとシークレットアクセスキーを発行して、それをプログラムから使用すれば実現できます。しかし、アクセスキーIDとシークレットアクセスキーが万が一漏洩してしまうと、不正アクセスの原因になります。そこで、IAMロールを使用します。

まずは、S3バケットやDynamoDBテーブルにアクセスできるIAMポリシーをアタッチしたIAMロールを作成しておきます。そしてこのIAMロールをEC2インスタンスやLambda関数に設定します。そうすると、EC2インスタンスやLambda関数で実行したSDKのプログラムコードは、IAMロールから内部的に引き受けた一時的な認証情報を使って、S3バケットやDynamoDBテーブルへ安全にアクセスできます。

このように、AWSサービスに安全にアクセス権限を与えるためにIAMロールが使用できます。

✱ IAMユーザーに一時的なアクセス権限を与える

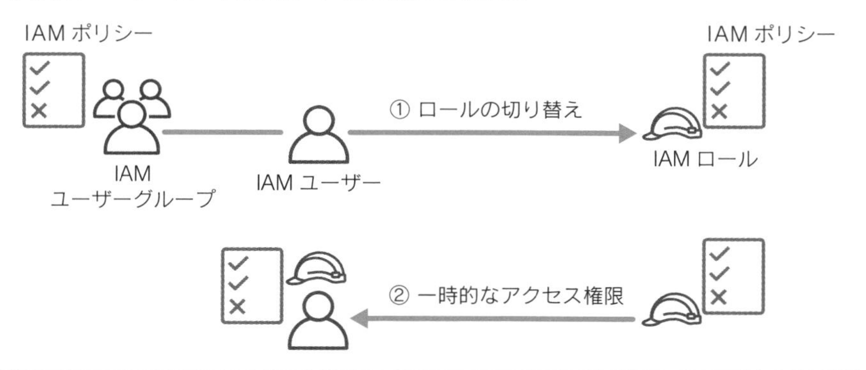

❏ IAMロール－IAMユーザーの一時的アクセス権限

IAMロールを使えば、IAMユーザーに一時的なアクセス権限を与えることができます。

たとえば、普段は開発向けのEC2インスタンスにのみアクセスできるIAMユーザーがいるとします。このユーザーはときどき本番環境のメンテナンスも行いますが、メンテナンス時に限って一時的に、あらかじめ用意しておいたIAMロールに切り替えます。こうすれば、普段の開発作業時に誤って本番環境を操作してしまうようなミスは起きません。

✱ 外部で認証されたユーザーに一時的なアクセス権限を与える（フェデレーション）

フェデレーションとは、複数のサービスやシステムでの認証を連携させて、シングルサインオンを実現することです。外部で認証されたユーザーに、IAMロールを使って一時的なアクセス権限を与えることで、フェデレーションを行えます。

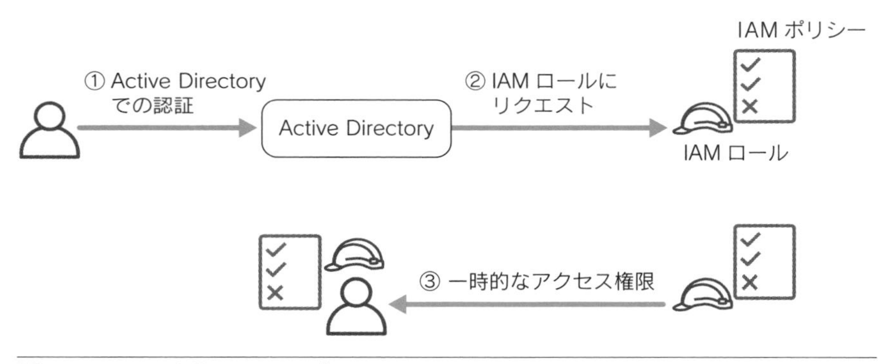

❑ IAMロールを使ったフェデレーション

Active DirectoryやOneLoginなど、AWS以外のID認証サービスで認証が行われた際に、IAMロールへリクエストが送られます。これにより、外部で認証されたアカウントはAWSへの一時的な認証情報を取得します。その認証情報がマネジメントコンソールへリダイレクトされて、シングルサインオンが完了します。

▶▶▶ 重要ポイント

- IAMロールは、一時的な権限を与える役割として作成しておく。
- IAMロールを使えば、EC2インスタンスやLambda関数にアクセス権限を安全に与えられる。
- IAMロールを使えば、IAMユーザーに一時的なアクセス権限を与えられる。
- AWSの外部で認証されたユーザーにアクセス権限を与えることでフェデレーションを実現できる。

AWS Directory Service

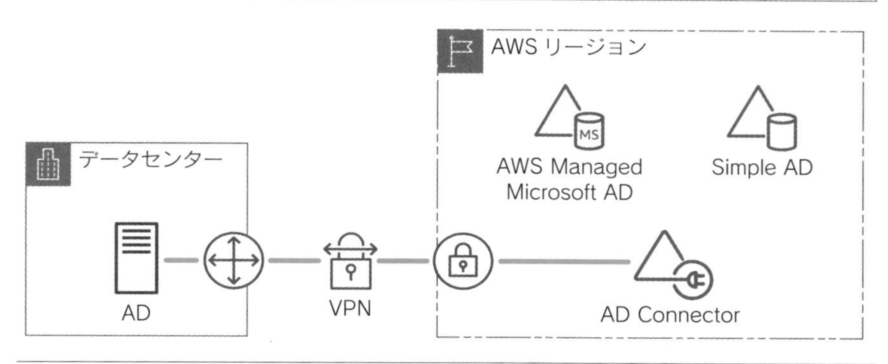

❑ AWS Directory Service

AWS Directory Serviceは、Active Directoryのマネージドサービスです。3つの選択肢があります。

- **AWS Managed Microsoft AD**：Microsoft Active Directoryのマネージドサービスです。インストール、日次のバックアップ、パッチ適用などはAWSが処理します。ユーザーは複数アベイラビリティゾーンにまたがった高可用性のActive Directoryを、余計な作業なしに使用できます。
- **Simple AD**：最大5,000ユーザーまでをサポートするSamba 4 Active Directoryです。Managed Microsoft ADのいくつかの機能は使用できないため、最低限の機能でActive Directoryを使用する場合に選択します。
- **AD Connector**：オンプレミスのActive Directoryに接続します。オンプレミスにある既存のActive Directoryを運用したまま、AWSサービスとの連携のための接続先としてAD Connectorを使用できます。

重要ポイント

- Managed Microsoft ADは、マネージドなMicrosoft Active Directory。
- Simple ADは、機能制限のあるActive Directory。
- AD Connectorでは、オンプレミスのActive Dirctoryがそのまま使用できる。

AWS IAM Identity Center

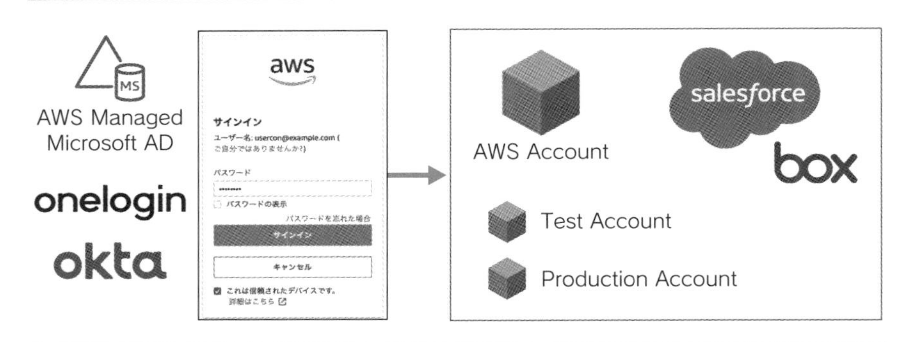

❏ AWS IAM Identity Center

IAMロールを使ったフェデレーションをAWSアカウントごとに個別に設定することはできますが、AWSアカウントが多いと設定作業も大変ですし、管理も煩雑になります。さらに、組織ではAWSアカウントだけでなく、様々なSaaSサービスも使用しているので、そこへのシングルサインオンも必要になり、フェデレーションの実装はより一層複雑になります。

この課題を解決しているのが**AWS IAM Identity Center**です。IAM Identity Centerを使用すると、認証にAWS Directory Serviceや外部IDプロバイダを使用できる、シングルサインオンポータルが構築できます。AWS Organizationsで管理している複数のAWSアカウントと、SalesforceやBoxなどの様々なSaaSサービスへのシングルサインオンを一元管理して設定できます。

▶▶▶重要ポイント

- IAM Identity Centerによって、シングルサインオンポータルを簡単に構築できる。
- IAM Identity Center使用時の認証には、AWS Directory Serviceや外部IDプロバイダを使用できる。
- IAM Identity Centerを使うと、複数のAWSアカウント、および様々なSaaSサービスへシングルサインオンできる。

本章のまとめ

AWS のコンセプト

- 「そのサービスは何ができ、どんな課題を解決するか」といった視点を持ってサービスを理解する。
- AWSはユーザーの運用負荷を下げ、ユーザーは本来やるべき開発や運用改善に注力できる。

AWS のサービス

- AWSは要件に応じた様々なサービスを提供しているので、最適なサービスを選択できる。
- AWSでは、要件ごとに複数のサービスを組み合わせてシステムを構築する。

グローバルインフラストラクチャ

- AWSのグローバルインフラストラクチャは、リージョン、アベイラビリティゾーン、エッジロケーションなどの総称。

リージョン

- リージョンは全世界に展開されているため、数分で世界中にシステムをデプロイできる。
- ユーザーが選択したリージョンから他のリージョンへ、勝手にデータがコピーされることはない。
- リージョンによって、利用できるサービスやコストが異なる。

アベイラビリティゾーン

- 各リージョンにはアベイラビリティゾーンが3つ以上ある。
- 複数のアベイラビリティゾーンで障害が同時に影響しないよう、各アベイラビリティゾーンは地理的に十分離れた場所にある。
- 同一リージョン内のアベイラビリティゾーンは、低レイテンシーの高速なプライベートネットワークで接続されている。
- 複数のアベイラビリティゾーンを使うことで、耐障害性、可用性の高いアーキテクチャを実装できる。
- データセンターは、第三者による、セキュリティ、コンプライアンス上の様々な監査検証を実施している。

▶▶▶エッジロケーション

- リージョンのない国、都市も含め600以上のエッジロケーションがある。
- エッジロケーションではAmazon Route 53とAmazon CloudFrontを利用できる。
- ユーザーは最も低レイテンシーのエッジロケーションにアクセスできる。
- Amazon Route 53とAmazon CloudFrontは、AWS ShieldによってDDoS攻撃から保護される。

▶▶▶その他の多様な選択肢

- リージョンがない地域で低レイテンシー接続が必要な場合はAWS Local Zonesが使える場合がある。
- 5GアプリケーションサービスへのAWS接続にはAWS Wavelengthを使う。
- ユーザーが指定したデータセンターでAWSのサービスを使用するにはAWS Outpostsを使う。

▶▶▶ AWS Artifact

- AWS Artifactでコンプライアンスレポートをダウンロードできる。

▶▶▶ AWS サービスの使い方

- AWSのサービスはAPIリクエストで実行できるので自動化できる。
- マネジメントコンソール、CLI、SDKなどからAWSサービスへのリクエストを実行できる。

▶▶▶ AWS アカウントの保護

- ルートユーザーは強固なパスワードとMFAで保護する。
- ルートユーザーは通常運用では使用しない。

▶▶▶ IAM ユーザー、IAM ポリシー

- IAMユーザーには、最小権限の原則に基づいてIAMポリシーをアタッチする。
- 複数のIAMユーザーをIAMユーザーグループにまとめ、そのグループにIAMポリシーをアタッチすることで、効率的に管理できる。
- IAMポリシーには、AWS管理ポリシー、カスタマー管理ポリシー、インラインポリシーがある。
- IAMユーザーの認証情報には、マネジメントコンソールにアクセスするための「ユーザー名＋パスワード」と、プログラムアクセスのための「アクセスキーID＋シークレットアクセスキー」の2種類がある。
- IAMユーザーの認証情報レポート機能によって、パスワード、アクセスキーの使用状況をCSV形式で出力できる。

▶▶▶ IAM ロール

- IAMロールは、一時的な権限を与える役割として作成しておく。
- IAMロールを使えば、EC2インスタンスやLambda関数にアクセス権限を安全に与えられる。
- IAMロールを使えば、IAMユーザーに一時的なアクセス権限を与えられる。
- AWSの外部で認証されたユーザーにアクセス権限を与えることでフェデレーションを実現できる。

▶▶▶ AWS Directory Service

- Managed Microsoft ADは、マネージドなMicrosoft Active Directory。
- Simple ADは、機能制限のあるActive Directory。
- AD Connectorでは、オンプレミスのActive Dirctoryがそのまま使用できる。

▶▶▶ AWS IAM Identity Center

- IAM Identity Centerによって、シングルサインオンポータルを簡単に構築できる。
- IAM Identity Center使用時の認証には、AWS Directory Serviceや外部IDプロバイダを使用できる。
- IAM Identity Centerを使うと、複数のAWSアカウント、および様々なSaaSサービスへシングルサインオンできる。

練習問題

練習問題1

AWSを使うメリットは次のどれですか。1つ選択してください。

A. 必要なハードウェアを事前に確保して数年間使い続けられる。
B. 予測以上にリクエストが発生したときに、リソースを柔軟かつ迅速に増やして対応できる。
C. データセンターを見学して安全性を確認できる。
D. 毎月定額料金が発生するので、経費処理業務がやりやすい。

練習問題2

AWSでサービスを使う方法として最適な考え方は次のうちどれですか。1つ選択してください。

A. エンジニアが得意なリレーショナルデータベースのみをどんな要件でも使い続ける。
B. OSを管理できたほうが何かあったときに対応しやすいのでなるべく仮想サーバーを使用する。
C. 要件に応じて最適なサービスを選択する。
D. 1つのサービスだけを選択してシステムを構築する。

練習問題3

リージョンにはアベイラビリティゾーンがいくつありますか。1つ選択してください。

A. 3
B. 1
C. 3以上
D. 1以上

練習問題4

リージョンについて正しく説明している文はどれですか。2つ選択してください。

A. 各リージョンは地理的に離れた場所に位置する。
B. デフォルトでは、データはすべてのリージョンにわたって安全にレプリケートされる。
C. すべてのリージョンは1つの特定の国の特定の都市に位置する。
D. 複数のAZが配置されている物理的な場所である。
E. ユーザーが所有する物理的な場所である。

練習問題5

アベイラビリティゾーンについて正しく述べている文はどれですか。1つ選択してください。

A. 同一リージョンのAZ同士は高速なプライベートネットワークで接続されている。
B. 他のリージョンのAZとも高速なプライベートネットワークで接続されている。
C. AZを1つ使えば耐障害性、可用性は十分に高められる。
D. AZは1つのデータセンターから構成される。

練習問題6

AWSのデータセンターについて正しく述べている文はどれですか。1つ選択してください。

A. データセンターの場所は公開されていて、AWSに確認すれば教えてもらえる。
B. 視察が必要な場合は見学ツアーを申請する必要がある。
C. セキュリティについて、第三者の監査検証を実施している。
D. 物理デバイスであるAWS Snowballを送るときには、データセンターの住所が提供される。

練習問題7

Amazon CloudFrontはAWSグローバルインフラストラクチャのどのコンポーネントを使用して、低レイテンシー配信を実現していますか。1つ選択してください。

A. リージョン

B. エッジロケーション

C. アベイラビリティゾーン

D. VPC

練習問題8

エッジロケーションで利用できるサービスは次のうちどれですか。2つ選択してください。

A. Amazon CloudFront

B. Amazon RDS

C. Amazon S3

D. AWS Shield

E. AWS Outposts

練習問題9

シカゴにオフィスがある企業が、低いレイテンシーでクライアントとサーバーを接続する必要に迫られています。どのサービスを使用しますか。1つ選択してください。

A. AWS Local Zones

B. Amazon CloudFront

C. AWS CLI

D. AWS Wavelength

練習問題10

5Gアプリケーションを開発しています。バックエンドサーバーのデプロイには何を使用しますか。1つ選択してください。

A. Amazon Route 53

B. AWS SDK

C. AWS Wavelength

D. AWS Outposts

練習問題11

AWSが保護しているデータセンターや提供しているAWSサービスについて、コンプライアンス要件を満たしているか検証するためのレポートが必要です。どうしますか。1つ選択してください。

A. AWSサポートに連絡する。
B. AWS Systems Managerからダウンロードする。
C. AWS Artifactからダウンロードする。
D. IAM認証情報レポートからダウンロードする。

練習問題12

ルートユーザーの推奨運用を次から2つ選択してください。

A. 複数の管理者で共有して使用する。
B. 管理者ごとにルートユーザーを作成する。
C. ルートユーザーは使用せずに管理者用のIAMユーザーを作成する。
D. MFAを設定する。
E. アクセスキーを作成する。

練習問題13

IAMユーザーの推奨運用を次から2つ選択してください。

A. 汎用的に使用できるようすべてのIAMユーザーにフルアクセス権限を設定する。
B. 必要なアクションとリソースのみを許可して最小権限の原則のもと設定する。
C. 複数のIAMユーザーをIAMユーザーグループにメンバーとしてまとめてIAMポリシーをアタッチする。
D. 複数のIAMユーザーをIAMロールにメンバーとしてまとめてIAMポリシーをアタッチする。
E. 必要なときにすぐ使えるようにマネジメントコンソールパスワードとプログラムアクセス用のアクセスキーを常に作成しておく。

練習問題14

IAMポリシーの正しい説明を次から2つ選択してください。

A. インラインポリシーは複数のIAMユーザーやIAMユーザーグループにアタッチできる。
B. AWS管理ポリシーはAWSが作成、管理しているのですぐに使用できる。
C. IAMポリシーは許可のみ設定できる許可リストである。
D. *（ワイルドカード）によりすべてのリソース、すべてのアクションが許可できるので、管理を容易にするためにフルアクセスを積極的に設定する。
E. カスタマー管理ポリシーはユーザーが作成、管理できて、複数のIAMユーザーやIAMユーザーグループにアタッチできる。

練習問題15

IAMロールの正しい説明を次から2つ選択してください。

A. IAMユーザーをメンバーとして登録して効率的にまとめる。
B. IAMユーザーに一時的に特権など別の役割を与える。
C. AWSアカウントのすべての操作が可能なので、普段は使わない。
D. JSON形式で記述して、許可と拒否でアクションを制限できる。
E. AWS外部で認証されたユーザーにアクセス権限を与えるフェデレーションができる。

練習問題16

データセンターのActive Directoryをそのまま使用して複数のAWSアカウントとSaaSサービスにシングルサインオンしたいです。どれを使用しますか。1つ選択してください。

A. AWS Managed Microsoft AD
B. Amazon Cognito
C. IAM Identity Center
D. AWS KMS

練習問題の解答

✓練習問題１の解答

答え：B

状況に応じてサーバーなどのリソースをすばやく自動的に増減させられます。この性質を弾力性または伸縮性と言います。

- A. 事前に確保する必要はありません。必要なタイミングで増減させられます。
- C. データセンターがどこにいくつあるかは公開されていません。
- D. 使用した量や時間に対しての従量課金ですので、定額料金ではありません。

✓練習問題２の解答

答え：C

AWSには課題を解決する数多くのサービスが用意されているので、解決したい課題、実現したい要件に応じて最適なサービスを選択できます。

- A. 様々なデータベースサービスがあるので、要件に応じて最適なデータベースを選択します。
- B. OSを管理する必要のないサービスも多数あるので、より運用負荷の低いサービスを選択します。
- D. 1つのシステムにも様々な要件があるので、要件に応じて最適なサービスを選択して組み合わせます。

✓練習問題３の解答

答え：C

リージョンにはアベイラビリティゾーンが3つ以上あります。

- A. AZが3つのリージョンもありますが、すべてのリージョンがそうではありません。

✓練習問題４の解答

答え：A、D

- A. 正しい。リージョンは各地域にあるのでリージョン同士は離れています。
- B. 指定していないリージョンにデータが勝手にコピーされることはありません。
- C. 世界の様々な場所に配置されています。
- D. 正しい。各リージョンにはAZが3つ以上存在しています。
- E. リージョン、AZ、エッジロケーションは、ユーザーではなくAWSが所有し運用しています。

✓習問題５の解答

答え：A

A. 正しい。AZ同士を高速なプライベートネットワークで接続することで低レイテンシーが実現されています。
B. リージョン間の距離が離れている場合もあるため、必ず高速であるとは限りません。
C. AZは自然災害やデータセンター単位の障害で利用できなくなる可能性があります。
D. AZは複数のデータセンターから構成されています。

✓練習問題6の解答

答え：C

A. データセンターの場所は公開されていません。
B. 見学はできません。
C. 正しい。第三者機関による監査検証が行われています。
D. AWS Snowballを送る際にも住所は公開されません。AWS Snowballは特定運送業者によって配送されます。

✓練習問題7の解答

答え：B

Amazon CloudFrontは、世界に600以上あるエッジロケーションから配信することで低レイテンシー配信を実現しています。

D. VPC（7-1節参照）はリージョンで使用するネットワークサービスです。

✓練習問題8の解答

答え：A、D

Amazon CloudFrontはエッジロケーションを使用してコンテンツキャッシュを配信するサービスです。AWS ShieldはCloudFrontを防御します。

B. RDSはリージョンのデータベースサービスです。
C. S3はリージョンのストレージサービスです。
E. Outpostsは、ユーザーが指定したデータセンターにAWSのラックやハードウェアを設置してAWSサービスを使用できるようにするサービスです。

✓練習問題9の解答

答え：A

リージョンのない地域にAWS Local Zonesがある場合は、これを使用して低レイテンシー接続を実現できます。

B. CloudFrontはエッジロケーションからコンテンツキャッシュを配信できるサービスです。
C. CLIはコマンドラインインターフェイスの略で、Linux、macOSのターミナルやWindowsのコマンドプロンプト、CloudShellでコマンドを使うことでAWSサービスを操作するものです。
D. Wavelengthは5Gネットワークを使用するアプリケーションで使用します。

✓練習問題10の解答

答え：C

モバイルデバイスなどから5Gネットワークを出ることなく、EC2などのAWSサービスで構築したサービスに接続するには、AWS Wavelengthを使用します。

- A. Route 53はエッジロケーションを使用したDNSサービスです。
- B. SDKは「Software Development Kit」の略で、Python、Java、Node.js、Ruby、Go、PHPなどのプログラミング言語による開発を手助けするライブラリなどを提供するものです。
- D. Outpostsは、ユーザーが指定したデータセンターにAWSのラックやハードウェアを設置してAWSサービスを使用できるようにするサービスです。

✓練習問題11の解答

答え：C

Artifactのレポート画面からコンプライアンスレポートをダウンロードできます。

- A. サポートへ連絡する必要はありません。
- B. Systems ManagerはEC2などを統合管理するサービスです。
- D. IAM認証情報レポートでは、IAMユーザーのパスワードとアクセスキーの使用情報をダウンロードできます。

✓練習問題12の解答

答え：C、D

通常の運用にはルートユーザーではなく、IAMユーザーを使用します。また、ルートユーザーには、不正アクセスを防ぐためにMFAを設定します。

- A. 漏洩するリスクが増すので推奨されません。
- B. ルートユーザーは1つのAWSアカウントに1つです。
- E. ルートユーザーのアクセスキーを作成することはできますが、漏洩すると不正アクセスの原因となります、そのため、ルートユーザーのアクセスキーを作成することは推奨されません。

✓練習問題13の解答

答え：B、C

IAMユーザーグループにIAMポリシーをアタッチして、IAMユーザーをそのグループのメンバーとして登録できます。IAMポリシーは、必要最小限のアクションとリソースだけを許可する「最小権限の原則」のもとに運用します。

- A. 余計な権限を与えていると、不正アクセスされた場合のリスクが高まります。また、不適切な予期せぬユーザーによって脆弱性のある設定をされる危険性も高まります。
- D. IAMロールには、IAMユーザーをメンバーとして登録できません。そのためのものではありません。

E. マネジメントコンソールのパスワードも、アクセスキーIDとシークレットアクセスキーも必要に応じて作成できます。使うかどうか分からないのであれば、作っておくべきではありません。

✓練習問題14の解答

答え：B、E

複数のIAMユーザー、IAMユーザーグループ、IAMロールにアタッチできる管理ポリシーは、AWS管理ポリシーとカスタマー管理ポリシーの2種類です。AWS管理ポリシーはAWSが作成、管理、更新します。カスタマー管理ポリシーはユーザーが作成、管理、更新します。

A. インラインポリシーは、個別のIAMユーザー・IAMユーザーグループ・IAMロールに直接設定するポリシーで、複数のIAMユーザー・IAMユーザーグループ・IAMロールへはアタッチできません。

C. IAMポリシーのEffectにはAllow（許可）とDeny（拒否）が設定できます。

D. 余計なアクション、リソースを許可しないという、最小権限の原則のもとに運用すべきです。

✓練習問題15の解答

答え：B、E

IAMロールはAWSサービスに安全にアクセス権限を与える他、IAMユーザーに一時的な特権などの権限を与えたり、AWS外部で認証されたユーザーにアクセス権限を与えること（フェデレーション）ができます。

A. 複数のIAMユーザーをメンバーとして登録して効率的に管理するのはIAMユーザーグループです。

C. ルートユーザーの説明です。

D. IAMポリシーの説明です。

✓練習問題16の解答

答え：C

AD Connectorを使ってデータセンターのActive Directoryに接続します。そして、IAM Identity Centerの認証元になるIDストアにAD Connectorを選択します。これで、複数のAWSアカウントやSaaSサービスへのシングルサインオンが設定できます。

A. AWS Managed Microsoft ADはAWS上に構築して運用するマネージドなActive Direcotryです。データセンターのActive Directoryをそのまま使用するサービスではありません。

B. CognitoはWebアプリケーション、モバイルアプリケーションのエンドユーザーのサインアップ、サインインを実現するユーザープールと、AWSサービスへの安全なアクセス権限のためにアプリケーションと連携するIDプールです。

D. KMSは暗号化キーを管理するサービスです。

第5章 コンピューティングサービス

第5章では、AWSのコンピューティングサービスについて解説します。主なサービス・機能としてEC2、ELB、Auto Scaling、Lambdaを取り上げます。これらの他に、ECS、EKS、ECR、Fargate、SNS、SQS、Step Functions、Batch、Lightsailについても概要を紹介します。それぞれのサービスが何のためのサービスで、何に向いているのかという特徴を知ることは、AWSでシステムを設計する上で重要です。

5-1 Amazon EC2

自前のデータセンターおよびハードウェアを使用する従来のシステム構築では、サーバーを使ってシステムを構築しました。これに対してAWSでは、EC2、ELB、Auto Scaling、Lambdaといった各サービスを利用してシステムを構築します。本節ではまず、EC2について解説します。

EC2の概要とユースケース

「EC2」は「Elastic Compute Cloud」の略で、頭文字がEと2つのCなのでEC2と呼ばれます。このサービスの名称については、省略形のAmazon EC2と、フルネームのAmazon Elastic Compute Cloudの両方を覚えておいてください。認定試験ではどちらも使われる可能性があります。

AWSのサービスには「Elastic」という言葉が数多く出てきます。これは「弾力性がある」「伸縮自在な」という意味です。EC2では、仮想サーバーがサービスとして提供されますが、**需要の変化に応じて性能も台数も伸縮自在に柔軟に使うことができます**。この特徴はサービスを理解する上でも重要です。

EC2を使用する主なユースケースは次のとおりです。

- Window、LinuxなどのOSを指定されるケース
- パッケージソフトウェアをインストールして使用するケース
- OSS（オープンソースソフトウェア）をインストールして使用するケース
- オンプレミスからの移行に際して、なるべくそのまま使用するケース

ユーザーが扱う範囲

オンプレミスではデータセンターの電源、ネットワークの確保、ラッキング、サーバーハードウェアの管理、OSのインストールもユーザーの責任範囲になります。これに対してEC2では、OSのインストールまでが完了した状態からス

タートできます。運用開始後も電源、物理的なネットワークメンテナンス、ラックやハードウェアの管理は必要ありません。

しかし、EC2ではWindowsやLinuxなどのOSを管理者権限で操作できて、自由にソフトウェアをインストールできます。このように完全な管理者権限を持つということは、裏を返せば管理しないといけないということです。OSやソフトウェアのパッチ適用、設定などのメンテナンス、バックアップ、高可用性の実現、増減させるスケール、アプリケーションを最適に実行させる構成などはユーザーの責務です。

AWSでは使用するサービスごとに、ユーザーの対応する範囲が変わってきます。その中でもEC2はユーザーの扱う範囲が広いサービスです。

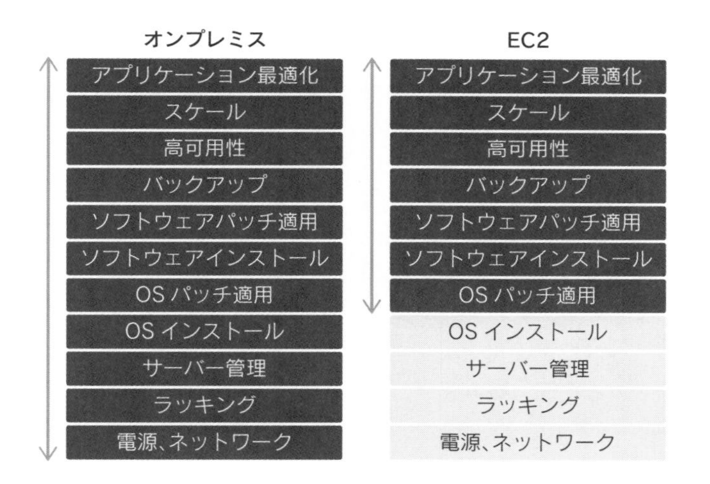

❑ EC2のユーザーが扱う範囲

EC2の特徴

ユーザーの扱う範囲が広いということは、その分自由度が高いという特徴に繋がります。この他に、オンプレミスでの仮想サーバーとは違う、クラウドならではのメリットとなる特徴もあります。EC2には主に次の特徴があります。

- 必要なときに必要なだけの量を使用する
- 使用した分にだけコストが発生する

- 変更可能なインスタンスタイプから性能を選択できる
- 数分でサーバーを調達して起動できる
- 世界中のリージョンから起動場所を選択できる
- AMIからいくつでも同じサーバーを起動できる
- セキュリティグループでトラフィックを制御できる
- OSを管理者権限で操作できる
- ユースケースに応じた料金オプションが提供されている

必要なときに必要なだけの量を使用する

ピーク時に10台のサーバーが必要と推測されているシステムがあるとします。オンプレミスでは、ピークに合わせてサーバーを調達し、常時稼働させていますが、このやり方では、実際にはサーバー機能が使われていない無駄な時間が発生しています。

これに対してEC2では、必要なときに必要なだけの**インスタンス**を稼働させることができます。1インスタンスというのは仮想サーバー1台を意味します。

たとえば、最低でもインスタンスが2つ必要なシステムを考えます。日中にはアクセスが増えるので、朝になると10インスタンスに増やします。正午にはピークを迎えてインスタンス数が自動的に15になります。その後、ピークが過ぎて夜になるにつれてアクセス数も減ってきたので、最終的に2インスタンスだけが起動している状態になります。

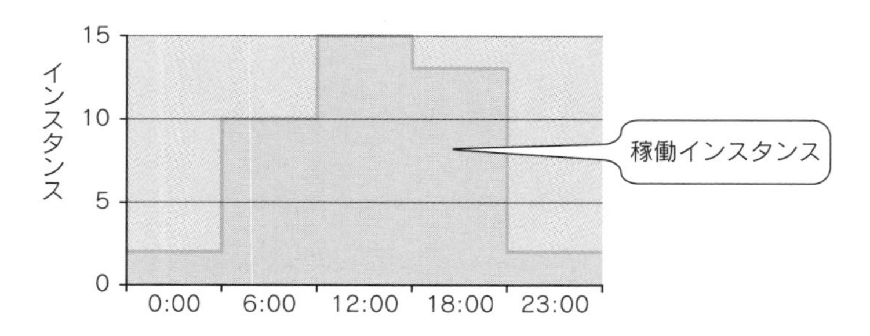

❑ EC2の柔軟性

このように、必要でないときには、稼働しているインスタンスの数を減らすことができます。使われていない、無駄になっているリソースが減るということです。

これがもし、サーバーを10台しか所有していないオンプレミスの構成であれば、ピークに耐えることができません。ページロードが遅くなるなど、ユーザーにとって使いにくい状態になっていたでしょう。最悪、システムが使えずに機会損失となったり、信頼を失うことになるかもしれません。その点EC2では、適切に設定していれば、需要の変化に応じて必要なインスタンスを起動させることができるので、予測できていない需要にも対応できます。

EC2を使うことにより、これまでのように予測できない範囲まで推測する必要がなくなります。事前に予測できないものを推測しようとするのではなく、状態を観測しながら柔軟に対応するということです。

▶▶▶重要ポイント

- EC2インスタンスは、必要なときに必要なだけ起動できる。
- 必要なEC2インスタンスの数を事前に予測する必要はない。

使用した分にだけコストが発生する

EC2の料金は主に次の3種類から構成されています。

- EC2インスタンスの稼働に対しての料金
- データ転送料金
- ストレージ料金

✱EC2インスタンスの稼働に対しての料金

OS、リージョン、インスタンスタイプによって料金が異なります。Amazon Linux、Ubuntu、Windowsの場合は1秒単位(最短1分)で請求されます。その他一部のOSは1時間ごとに請求が発生します。EC2インスタンスが起動中の時間が課金対象となり、停止中は課金が停止しています。

インターネットで「EC2 オンデマンド 料金」などで検索するとEC2インスタンスのオンデマンド料金ページにアクセスできます。

Amazon EC2オンデマンド料金

URL https://aws.amazon.com/jp/ec2/pricing/on-demand/

このWebページでリージョンやOSを指定すると、その構成の料金が表示されます。

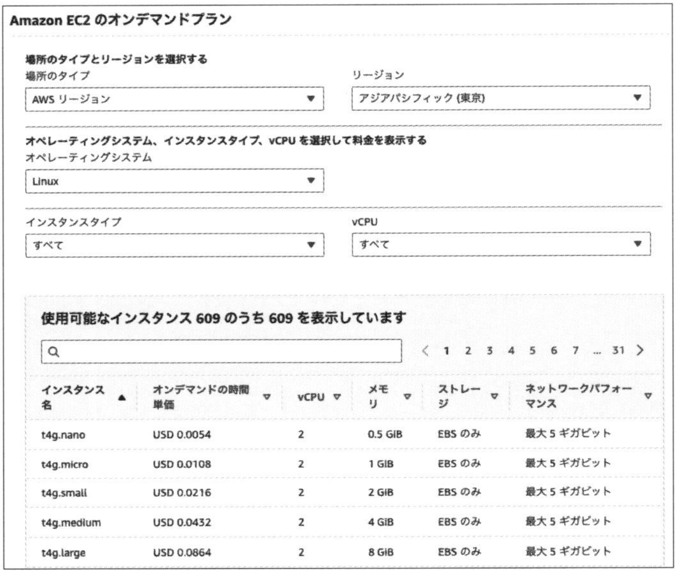

Amazon EC2 のオンデマンドプラン

場所のタイプとリージョンを選択する

場所のタイプ: AWS リージョン ▼

リージョン: アジアパシフィック (東京) ▼

オペレーティングシステム、インスタンスタイプ、vCPU を選択して料金を表示する

オペレーティングシステム: Linux ▼

インスタンスタイプ: すべて ▼

vCPU: すべて ▼

使用可能なインスタンス 609 のうち 609 を表示しています

〈 1 2 3 4 5 6 7 ... 31 〉

インスタンス名 ▲	オンデマンドの時間単価 ▽	vCPU ▽	メモリ ▽	ストレージ ▽	ネットワークパフォーマンス ▽
t4g.nano	USD 0.0054	2	0.5 GiB	EBS のみ	最大 5 ギガビット
t4g.micro	USD 0.0108	2	1 GiB	EBS のみ	最大 5 ギガビット
t4g.small	USD 0.0216	2	2 GiB	EBS のみ	最大 5 ギガビット
t4g.medium	USD 0.0432	2	4 GiB	EBS のみ	最大 5 ギガビット
t4g.large	USD 0.0864	2	8 GiB	EBS のみ	最大 5 ギガビット

❏ Amazon EC2のオンデマンドプラン

次の図は実際の請求書の一部です。インスタンスタイプによって異なる料金がそれぞれの起動時間によって計算されています。

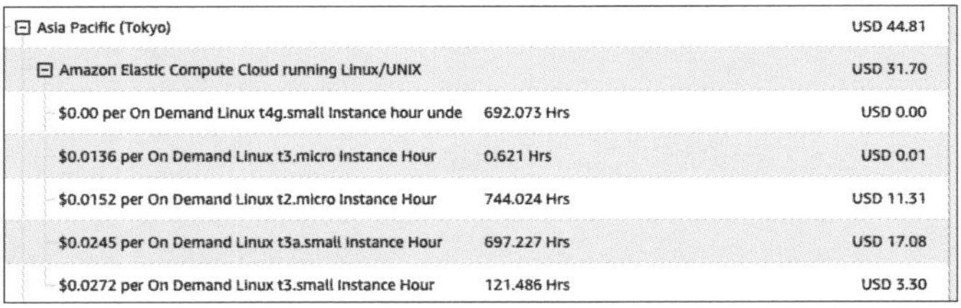

項目	使用量	料金
⊟ Asia Pacific (Tokyo)		USD 44.81
⊟ Amazon Elastic Compute Cloud running Linux/UNIX		USD 31.70
$0.00 per On Demand Linux t4g.small Instance hour unde	692.073 Hrs	USD 0.00
$0.0136 per On Demand Linux t3.micro Instance Hour	0.621 Hrs	USD 0.01
$0.0152 per On Demand Linux t2.micro Instance Hour	744.024 Hrs	USD 11.31
$0.0245 per On Demand Linux t3a.small Instance Hour	697.227 Hrs	USD 17.08
$0.0272 per On Demand Linux t3.small Instance Hour	121.486 Hrs	USD 3.30

❏ 請求書の一部

✱ データ転送料金

リージョンの外または異なるAZにデータを転送した場合に、データ転送料金が発生します。データ転送料金はリージョンによって異なります。インターネットへ転送した場合と他リージョンへ転送した場合でも料金が異なります。

次の図の公式ページにも記載があるように、「インターネットからAmazon EC2へのデータ転送受信(イン)」には課金されません。

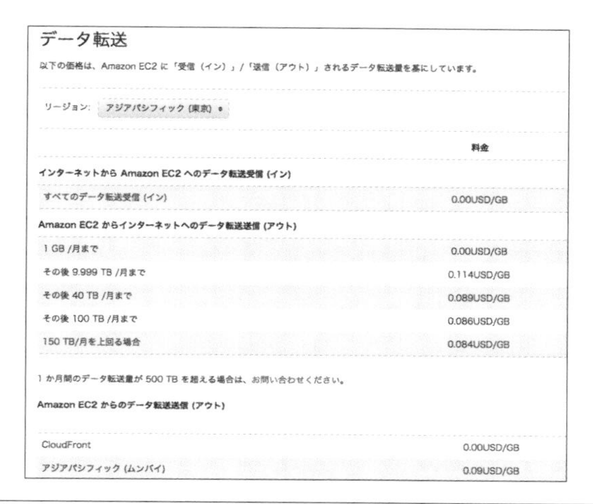

データ転送

以下の価格は、Amazon EC2 に「受信（イン）」/「送信（アウト）」されるデータ転送量を基にしています。

リージョン: アジアパシフィック (東京)

	料金
インターネットから Amazon EC2 へのデータ転送受信 (イン)	
すべてのデータ転送受信 (イン)	0.00USD/GB
Amazon EC2 からインターネットへのデータ転送送信 (アウト)	
1 GB /月まで	0.00USD/GB
その後 9.999 TB /月まで	0.114USD/GB
その後 40 TB /月まで	0.089USD/GB
その後 100 TB /月まで	0.086USD/GB
150 TB/月を上回る場合	0.084USD/GB

1 か月間のデータ転送量が 500 TB を超える場合は、お問い合わせください。

Amazon EC2 からのデータ転送送信 (アウト)

CloudFront	0.00USD/GB
アジアパシフィック (ムンバイ)	0.09USD/GB

❏ EC2データ転送料金

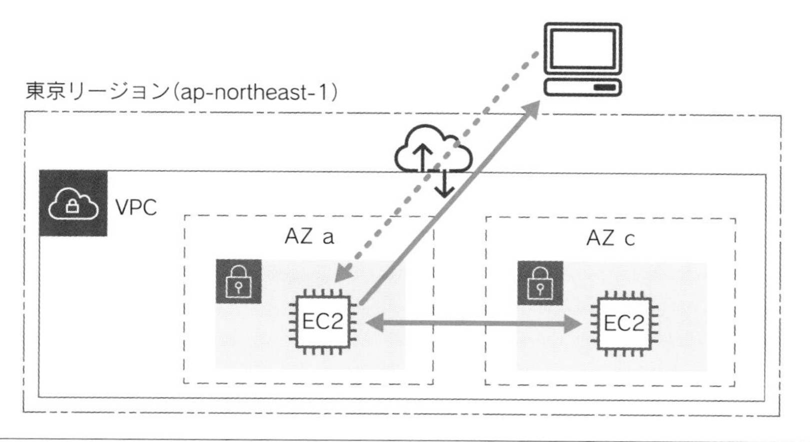

❏ EC2データ転送の仕組み

アプリケーションに対してインとなる通信には転送料金は発生せず、アウトとなる通信に転送料金が発生します。また、同じリージョン内の他のEC2へデータを転送したときは、AZが異なる場合、転送料金が発生します。

✱ ストレージ料金

これは厳密にはEC2の料金ではなく、6-1節で解説するAmazon EBS(Amazon Elastic Block Store)の料金です。EC2を使用する際に意識しておく必要があるので、ここで解説しています。

EBSに対する課金は、1GBあたりの、プロビジョニングした料金です。**プロビジョニング**というのは、ボリュームのサイズとして容量を確保することです。次の例では8GBをプロビジョニングしています。

ボリューム (2) 情報

Name	ボリューム ID	タイプ	サイズ	IOPS	スループット
BlogWeb	vol-0655bd70bd6c0d55d	gp3	8 GiB	3000	125
BlogWeb	vol-0a0b57dc212fb5f48	gp3	8 GiB	3000	125

❏ プロビジョニング

✱ 従量課金

先ほどのインスタンス数の変動の図をもう一度見てみましょう。

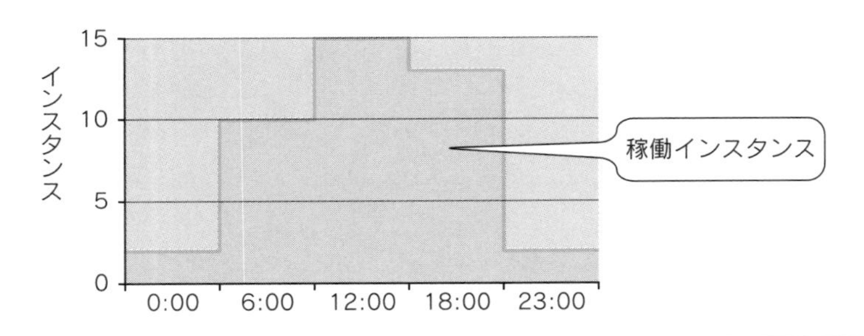

❏ EC2の柔軟性

15インスタンスが稼働している時間は15インスタンス分、2インスタンスしか稼働していない時間は2インスタンス分の課金が発生します。常に10インスタンスとか15インスタンスの課金が発生するわけではないので、コスト効率良くインスタンスを使うことができます。EC2を使用することによって、従来は固定費として考えられていたインフラストラクチャの費用を、必要に応じて変わる変動費として考えることができるようになります。

▶▶▶重要ポイント

- EC2は、使った分にだけ料金が発生する。
- EC2では、秒単位（一部時間単位）で課金される。
- EC2では、主にアウト通信に転送料金が発生する。

変更可能なインスタンスタイプから性能を選択できる

EC2では、処理能力、メモリ、ストレージなどの能力が異なる様々な**インスタンスタイプ**が提供されており、ユーザーは自由に選択できます。さらに、最初に決めたインスタンスタイプをそのまま使い続けるのではなく、使い始めてから他のインスタンスタイプに変更することもできます。使い始める前にどれくらいの能力が必要かを予測してしまうのではなく、使いながら状態をモニタリングして変更していくことができます。インスタンスタイプは運用開始後でも、インスタンスを停止することで変更できます。

インスタンスタイプを比較

Amazon EC2 では、異なるユースケースに合わせて最適化されたさまざまなインスタンスタイプが用意されています。インスタンスとは、アプリケーションを実行できる仮想サーバーです。インスタンスはさまざまな CPU、メモリ、ストレージ、ネットワークキャパシティの組み合わせによって構成されているので、使用するアプリケーションに合わせて適切なリソースの組み合わせを柔軟に選択できます。インスタンプタイプおよびそれをコンピューティングのニーズに適用する方法に関する詳細は、こちらです。

現在選択中: t3.micro (2 vCPU、1024 メモリ、EBS のみ)

インスタンスタイプ (1/648) Get advice

Find resources by attribute or tag

< 1 2 3 4 5 6 7 ... 13 >

インスタン...	vCPU	アーキテク...	メモリ (GiB)	ストレージ (...	ストレージタイプ	ネットワークパフォーマンス
t1.micro	1	i386, x86_64	0.612	-	-	Very Low
t2.nano	1	i386, x86_64	0.5	-	-	Low to Moderate
t2.micro	1	i386, x86_64	1	-	-	Low to Moderate
t2.small	1	i386, x86_64	2	-	-	Low to Moderate
t2.medium	2	i386, x86_64	4	-	-	Low to Moderate
t2.large	2	x86_64	8	-	-	Low to Moderate
t2.xlarge	4	x86_64	16	-	-	Moderate
t2.2xlarge	8	x86_64	32	-	-	Moderate
t3.nano	2	x86_64	0.5	-	-	Up to 5 Gigabit
t3.micro	2	x86_64	1	-	-	Up to 5 Gigabit

❑ EC2インスタンスタイプの比較

インスタンスタイプは次のように表記されます。

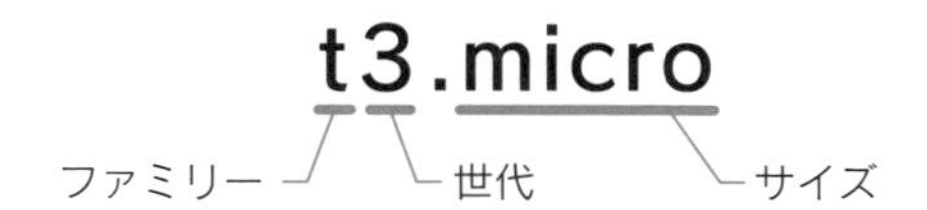

❑ EC2インスタンスタイプの表記

以下のWebページにEC2インスタンスタイプの詳細が記されています。

📖 インスタンスタイプ－ Amazon EC2

URL https://aws.amazon.com/jp/ec2/instance-types/

✱ ファミリー

EC2インスタンスを何に使用するか、用途（ユースケース）によってファミリーを選択します。ファミリーごとに最も適した構成のハードウェアが使用されます。主なものを右の表に示します。

❑ インスタンスタイプのファミリー例

ファミリー	ユースケース
T、M	一般用途（汎用）
C	コンピューティング
R、X	メモリ最適化
P、G、Trn、Inf、F	高速コンピューティング
I、D, H	ストレージ最適化
Hpc	HPC最適化

✱ 世代

世代はバージョンを表します。たとえばファミリー「T」であれば、現在はバージョン3、4にあたる「T3」「T4」が使用できます。新しいバージョンを使用することで、コンピューティング効率が良くなるなど、改善や機能追加がなされます。一般に、新しい世代にはコストとパフォーマンスの両面でメリットがあります。インスタンスタイプを見直せるということは、時間の経過に伴って発展していく新しい技術を利用できることでもあります。

✱ サイズ

サイズは性能のレベルを表します。サイズを変更することにより、vCPU、メモリ、ネットワーク、ストレージ性能、使用できるストレージなどが決まります。

インスタンスタイプを決める際にはまずファミリーを選択し、その後サイズを選択、そして状態に応じてサイズを変更しながら調整していくというアプローチが一般的です。

✱ インスタンスタイプの選び方

インスタンスタイプによってインスタンスの稼働時間の課金単価は変わります。性能の低いほうがコストとして低くなる傾向があります。だからといって、低いコストのインスタンスを利用することが最適なコスト効率化ではありません。**必要としているコンピューティング処理が最も早く完了するインスタンスタイプを選択する**ことがベストプラクティスです。

EC2は一時的なコンピューティングリソースとして使い捨てできます。処理が終わったところでインスタンスを捨ててしまえば、それ以上請求は発生しません。処理に長い時間をかけてその分の課金を発生させるよりも、処理を迅速に終わらせたほうが、トータルコストが下がる可能性があります。

コストだけではなく、処理が早く完了することは、遅いことよりも多大なメリットをもたらします。ただし、当然のことながら、過剰なスペックを持つインスタンスタイプを選択する必要はありません。

最適なインスタンスタイプを選択する最も確実な方法は、机上の計算による予測ではありません。モニタリングしながら適切なインスタンスタイプを選択し、そしてまたモニタリングすることが重要です。

▶▶▶重要ポイント

- EC2インスタンスタイプは運用を開始した後でも柔軟に変更できる。
- EC2には多種多様なインスタンスタイプが用意されているので、用途に応じて適切に選択できる。

数分でサーバーを調達して起動できる

EC2インスタンスを手動で起動する場合に必要なステップを以下に示します。

1. リージョンを選択する。
2. AMIを選択する。
3. インスタンスタイプを選択する。
4. 起動するネットワークを選択する。
5. ストレージを選択する。

上記以外にも様々なオプションがありますが、選択しない場合はデフォルト値が適用されますので、設定をスキップできます。上記の手順で、ものの数分で起動できます。一度に複数台を自動起動することも可能です。

これらのステップをあらかじめ設定しておくことで、調達・起動を自動化できます。従来の、発注してからハードウェアが納品されるまでに数週間かかっていたプロセスに比べると、サーバーの調達時間を飛躍的に短縮できます。リソースの調達が早いと、そのリソースを使用したサービスを顧客に提供するスピードも速くなります。企業は顧客からのフィードバックを早く得ることができるようになり、経営の俊敏性が向上します。

▶▶▶重要ポイント

- 数分でEC2を起動できることにより、経営の俊敏性が増す。

世界中のリージョンから起動場所を選択できる

EC2を起動する場所は世界中のリージョンから選択できます。どこのリージョンで起動しても時間の差はほぼありません。日本国内にいながら、東京リージョンでも、地球の裏側のサンパウロリージョンでも、ほとんど同じスピードでインスタンスを起動できます。グローバル化を考えたとき、数分で世界中にインスタンスをデプロイできるということは非常に大きなメリットだと言えます。

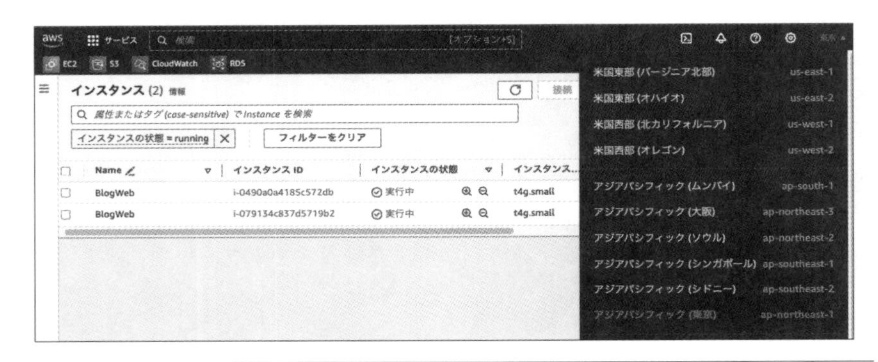

❑ リージョンの選択

▶▶▶重要ポイント

- 数分で世界中にEC2インスタンスをデプロイできる。

AMIからいくつでも同じサーバーを起動できる

EC2インスタンスは**AMI（Amazon Machine Image）**から起動します。

❑ EC2インスタンスはAMIから起動する

1つのAMIからいくつでもインスタンスを起動できます。AMIにより、同じ構成を持ったEC2インスタンスを複数起動できます。AMIはEC2インスタンスのテンプレートであり、OS、アプリケーション、データなど様々な情報を

EC2に提供します。

AMIは大きく分けて4種類あります。

- クイックスタートAMI
- 自分のAMI
- AWS Marketplace AMI
- コミュニティ AMI

✱クイックスタートAMI

AWSがあらかじめ用意しているAMIです。Amazon Linux、Windows、macOS、Ubuntu、RedHat、SUSEなどのOSとモジュールがインストール済みで用意されています。ディープラーニング向けのクイックスタートAMIもあります。クイックスタートAMIの中に要件に合致したAMIがある場合はそれを選択します。

❑ クイックスタートAMI

✱自分のAMI

ユーザーが作成するAMIです。AMIの作成は非常に簡単です。起動中のEC2を選択して、イメージを作成するだけです。

たとえば、クイックスタートAMIから起動したEC2インスタンスに独自のアプリケーションをデプロイし、そこからAMIを作成します。そのAMIから新しいインスタンスを起動することで、同じアプリケーション構成を持ったインスタンスを複数起動できます。

稼働中のアプリケーションサーバーのバックアップとしてAMIを定期的に作成することもできます。自分のAMIは他のアカウントと共有することも、公開することも可能です。なお、AMIの対象範囲はリージョンですので、作成したリージョンとは異なるリージョンで使用する場合は、そのリージョンへAMIをコピーします。

✱ AWS Marketplace AMI

ソフトウェアやミドルウェアがすでにインストールされている構成済みのAMIです。パートナーベンダーが提供しています。

使用予定のソフトウェアがAWS Marketplaceにある場合は、それを使うことが、最も早くシステムを構築する方法です。ソフトウェアは提供ベンダーによってテスト済みの状態で提供されます。

ソフトウェアによっては、ライセンス料金が、EC2の従量課金に加算される場合もあります。運用を開始したからといって、そのソフトウェアを1年間など長いスパンで使い続けなければならないのではなく、必要に応じて他のソフトウェアを選択していくことも容易になります。ハードウェアだけでなく、ソフトウェアの利用についても柔軟に対応していくことができます。

1-Click Launch（1-Click起動）オプションを使用することで、推奨オプションを使用してすばやく起動できます。

✱ コミュニティ AMI

一般公開されているAMIです。クイックスタートAMI、自分のAMI、AWS Marketplace AMIに適したAMIがない場合はコミュニティAMIから選択します。たとえばWindowsのJapaneseエディションなどもコミュニティAMIから選択できます。

▶▶▶重要ポイント

- AMIから同じ構成のEC2インスタンスを何台でも起動できる。
- AWS Marketplaceから簡単にソフトウェア構成済みのEC2インスタンスを起動できる。

セキュリティグループでトラフィックを制御できる

EC2インスタンスへのネットワークトラフィックは、セキュリティグループで制御できます。

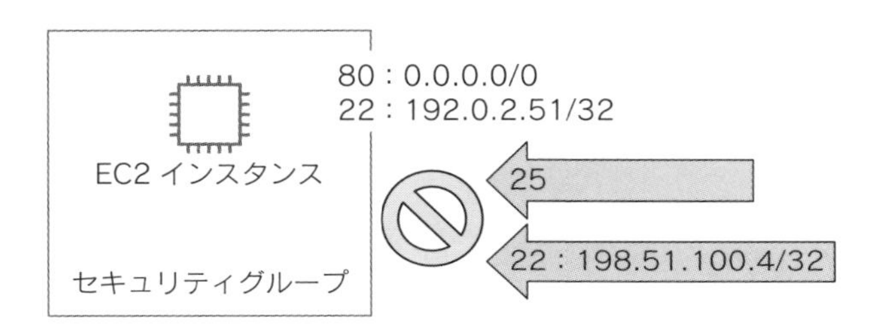

❏ セキュリティグループで制御

この図では、80番ポート（HTTP）への任意の場所からのアクセスと、22番ポート（SSH）への特定のIPアドレスからのアクセスを許可しています。こうすることで、たとえば25番ポートへのアクセスや、22番ポートへの許可していない送信元からのアクセスをブロックできます。1つのセキュリテグループを複数のインスタンスに設定できます。

▶▶▶重要ポイント

- EC2インスタンスへのネットワークトラフィックはセキュリティグループで制御する。

OSを管理者権限で操作できる

起動したEC2インスタンスでは、AWS Systems Managerのセッションマネージャや SSHで接続することで、OSを管理者権限で操作できます。Linuxは、sudoを使用してrootユーザーと同等の権限でコマンドを実行できます。Windowsは、Administrator権限でリモートデスクトップ（Remote Desktop Protocol、RDP）やPowerShellターミナルで操作できます。

✱ Systems Managerのセッションマネージャーを使用する場合

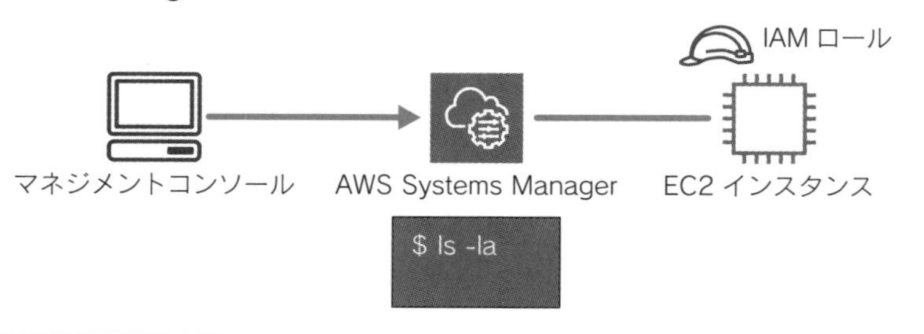

□ セッションマネージャーを使用する場合

AWSのサービスに**Systems Manager**があります。Systems Managerはもともと主にEC2インスタンスのOSを効率的に管理するためのサービスで、最初はEC2 Simple Systems Managerという名前でした。ここから発展し、現在ではEC2インスタンスを管理する数多くの機能を備えています。そのような機能の1つに**セッションマネージャー**があります。

セッションマネージャーを使用すると、マネジメントコンソールからEC2インスタンスのターミナルでコマンド操作ができます。セッションマネージャーはSSH接続ではないので、セキュリティグループで22番ポートを許可する必要はありませんし、秘密鍵の管理も必要ありません。

セッションマネージャーは次の3つの前提条件のもとで使用できます。

1. SSM AgentがOSにインストールされている。
2. EC2インスタンスがSystems Managerで管理できるようにIAMロールを引き受けている。
3. EC2インスタンスからのリクエスト送信がSystems Managerのエンドポイントに到達できる。

1.の**SSM Agent**は、代表的なクイックスタートAMIのほぼすべてにプリインストールされていますし、されていない場合は個別にインストールできます。

2.のIAMロールについては、AWS管理ポリシーをアタッチしたIAMロールを設定します。

3.のSystems Managerのエンドポイントは、たとえば「https://ssm.ap-northeast-1.amazonaws.com」のように、インターネット上にあるAPIの接続先です。

セッションマネージャーで接続すると**ssm-user**というユーザーで操作でき

ます。Linuxの場合は、sudoコマンドを使うことでrootユーザーの権限で各コマンドを実行できます。WindowsサーバーでPowerShellで操作できます。また、**RDP Connect**という機能を使えば、Systems Managerから、Webブラウザを通じてWindowsのリモートデスクトップをAdministrator権限で操作できます。

Systems Managerを使用してOSへアクセスすることは、この後紹介するキーペアを使う方法よりも、次の理由により安全です。

- セキュリティグループでSSH、RDPのインバウンドを許可しなくてよい。
- キーペアを作成しなくてよいのでキーペアの漏洩がない。

✱SSH、RDPで接続する場合

❑ LinuxはSSH、WindowsはRDP

SSH接続では、公開鍵と秘密鍵の2つの鍵ファイルをペアにして認証します。ユーザーは、ユーザー名と秘密鍵ファイルを使ってログインします。

ユーザーはまずリージョンでキーペアを作成します。公開鍵はリージョンに保管され、秘密鍵は作成したタイミングでダウンロードされます。ユーザーはこの秘密鍵を、OSの管理者だけがアクセスできる場所で管理します。

EC2インスタンスを作成する際にキーペアを選択します。リージョンに保管されている公開鍵がEC2インスタンスにコピーされます。OSの管理ユーザーはあらかじめダウンロードしている秘密鍵とユーザー名でEC2インスタンスにログインできます。

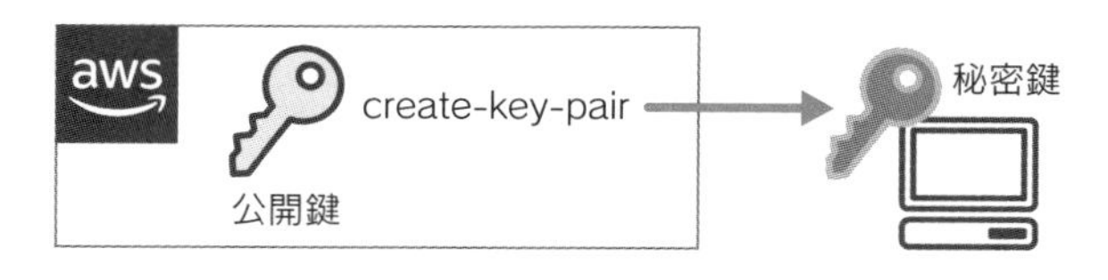

❑ キーペアの選択イメージ

▶▶▶重要ポイント

- セッションマネージャーを使えばOSに安全に接続でき、管理者権限でOSコマンドを実行できる。

ユースケースに応じた料金オプションが提供されている

EC2インスタンスの使用料金にはいくつかの料金オプションが用意されています。この料金オプションをユースケースに応じて使い分けることで、ユーザーはコスト効率良くEC2を使用できます。

EC2の料金オプションは13-2節で解説します。

EC2インスタンスの脆弱性検出

Inspector ×

ダッシュボード
▼ 検出結果
脆弱性
インスタンス別
コンテナイメージ別
コンテナリポジトリ別
Lambda 関数別
すべての検出結果
Export SBOMs
抑制ルール

	重大性	タイトル	タイプ	経過...	ステータス
○	■ Critical	CVE-2022-3520 - vim, xxd and	Package Vulnerability	5 days	Active
○	■ Critical	CVE-2023-38408 - openssh-clie	Package Vulnerability	5 days	Active
○	■ Critical	CVE-2022-48174 - busybox-sta	Package Vulnerability	5 days	Active
○	■ High	CVE-2023-35788 - linux-image-	Package Vulnerability	5 days	Active
○	■ High	CVE-2022-3491 - vim, xxd and	Package Vulnerability	5 days	Active
○	■ High	CVE-2023-35001 - linux-image-	Package Vulnerability	5 days	Active
○	■ High	CVE-2022-4292 - vim, xxd and	Package Vulnerability	5 days	Active
○	■ High	CVE-2023-35828 - linux-image-	Package Vulnerability	5 days	Active

❑ Amazon Inspectorの脆弱性検出結果

EC2インスタンスのみならず、この章の後半で紹介するLambda関数やECRコンテナイメージについても脆弱性をスキャンしてレポートしてくれるサービスが**Amazon Inspector**です。

特にEC2インスタンスのOSについては、ユーザーがセキュリティパッチを適用したり、OSやソフトウェアの設定をします。運用を開始した時点では問題がなくても、後々脆弱性が発生する可能性もあります。Inspectorを活用すれば、自動的かつ定期的にスキャン結果がレポートされるので、定期的な脆弱性確認ができます。

▶▶▶**重要ポイント**

- Inspectorにより、EC2インスタンスの脆弱性は自動的かつ定期的にスキャンされ、レポートされる。

EC2インスタンスの起動

ここでは、EC2インスタンスの起動を、マネジメントコンソールの画面で手順を追いながら確認します。仮想サーバーの起動が簡単な手順でできることを確認してください。

まずは、マネジメントコンソールにサインインして、サービスからEC2を選択します。EC2のダッシュボードにアクセスできます。次にリージョンを選択します。起動中のインスタンスやサービスの状況、イベントが表示されます。[インスタンスの起動]ボタンからインスタンスの起動を始めます。まず名前を入力して、次にAMIを選択します。クイックスタートAMI、自分のAMI、AWS Marketplace AMI、コミュニティ AMIから選択できます。今回はクイックスタートAMIの[Amazon Linux 2023 AMI]を選択します。

❑ AMIの選択

次にインスタンスタイプを選択します。vCPU、メモリ、選択できるストレージ、ストレージの最適化有無、ネットワーク性能がインスタンスタイプごとに異なります。今回はテストですので、コストを抑えるために[t3.micro]を選択します。

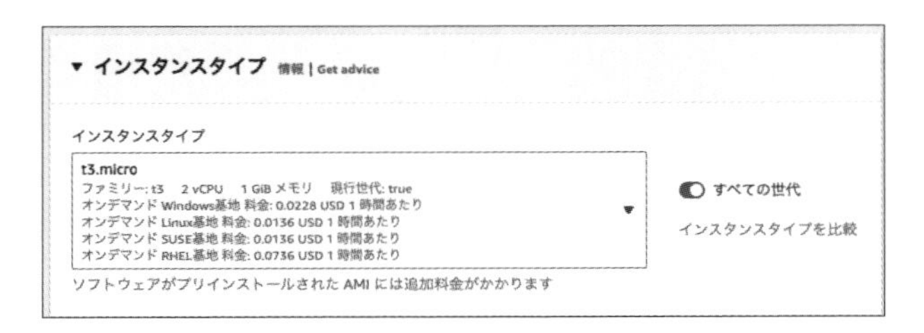

❑ インスタンスタイプの選択

次にキーペアを選択します。この例ではSSHを使用しないので［キーペアなしで続行（推奨されません）］を選択します。

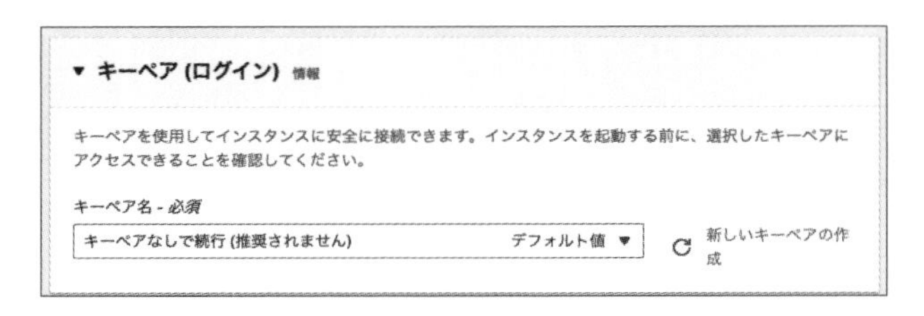

❑ キーペアの選択

次にネットワークの設定などを行います。7-1節で解説するVPCを選択します。AWSによってデフォルトVPCが用意されていますので、選択するだけで簡単に検証ができます。

続いてセキュリティグループの設定です。たとえばAmazon Linux 2023にSSHでログインする場合は、インバウンドにSSHの22番ポートを許可するセキュリティグループを選択または作成します。このEC2インスタンスへの他のポート番号でのアクセスは拒否されます。また、送信元（ソース）として自分のIPを選択すると、他のIPアドレスからのアクセスを拒否します。こうしてOSの管理者からのSSHアクセスだけを許可できます。

このようにセキュリティグループは許可するものだけを設定します。この例では、インバウンドでネットワークトラフィックを受け付ける必要はないので、デフォルトVPCにあらかじめ作成されている［default］という名前のセキュリティグループを選択します。

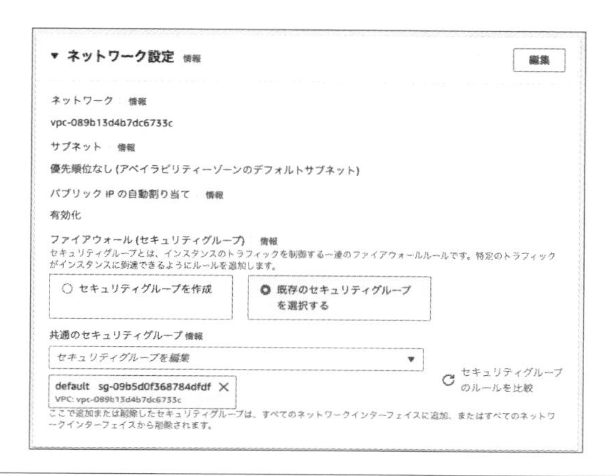

❏ ネットワーク設定

続いて、使用するストレージボリュームの容量を設定します。ここでは起動だけを試したいので、デフォルト値のまま次に進みます。

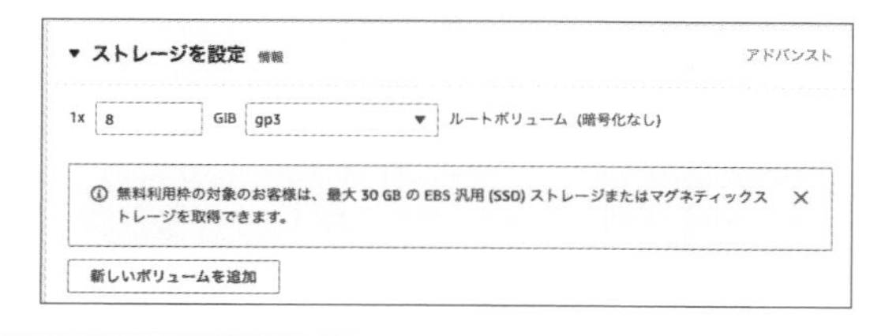

❏ ストレージの設定

画面上でこれまで設定した内容が確認できるので、問題がなければ[インスタンスを起動]ボタンをクリックします。するとインスタンスが作成され、[running(実行中)]の状態になります。EC2インスタンスを簡単に起動できることが確認できたと思います。

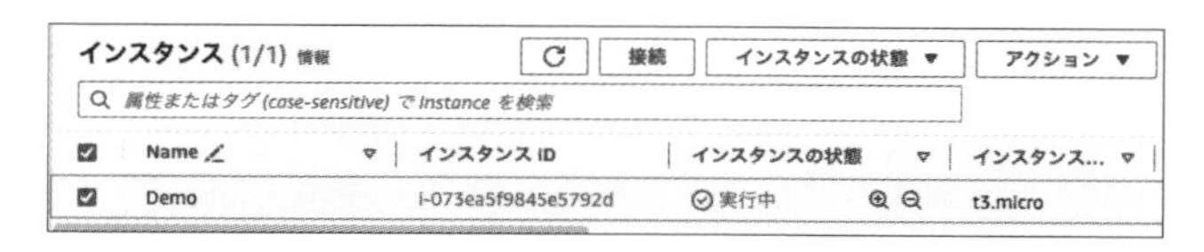

❏ インスタンスが作成され、実行中となった

EC2インスタンスへの接続

EC2インスタンスの起動に引き続き、OSへの接続も試してみたい方は、IAMロールをアタッチしてセッションマネージャーでの接続を確認してみましょう。なお、この例では、後からIAMロールを作成してEC2インスタンスにアタッチすることになりますが、IAMロールを事前に作成しておいてEC2インスタンス起動時の高度な詳細でIAMロールを設定することもできます。

✱IAMロールの作成

マネジメントコンソールでサービスからIAMを選択します。ロールを選択して、[ロールを作成]ボタンをクリックしてIAMロールの作成を開始します。信頼されたエンティティにはAWSのサービスを選択して、ユースケースで[EC2-EC2 Role for AWS Systems Manager]を選択します。

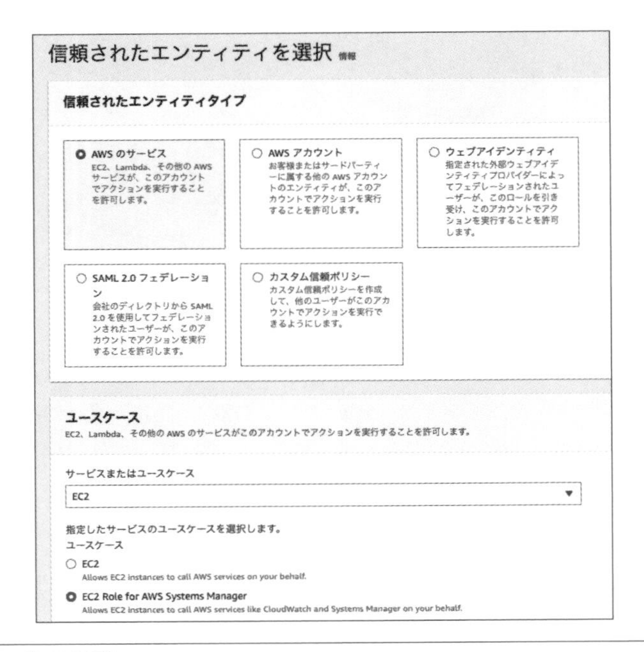

❑ IAMロールの作成

必要なIAMポリシーである[AmazonSSMManagedInstanceCore]がすでにアタッチされているので、[次へ]をクリックして、ロール名を入力してIAMロールを作成します。

✱IAMロールをEC2インスタンスへアタッチ

マネジメントコンソールのEC2画面で、対象のEC2インスタンスを選択して、[アクション]-[セキュリティ]-[IAMロールを変更]を選択します。

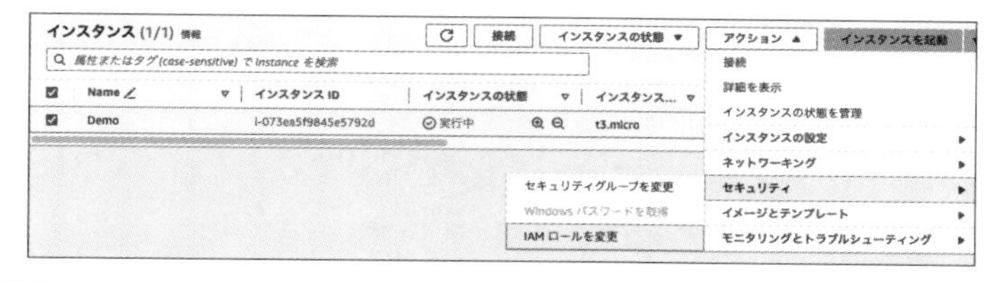

❑ IAMロールを変更

作成したIAMロールを選択して[IAMロールの更新]をクリックします。

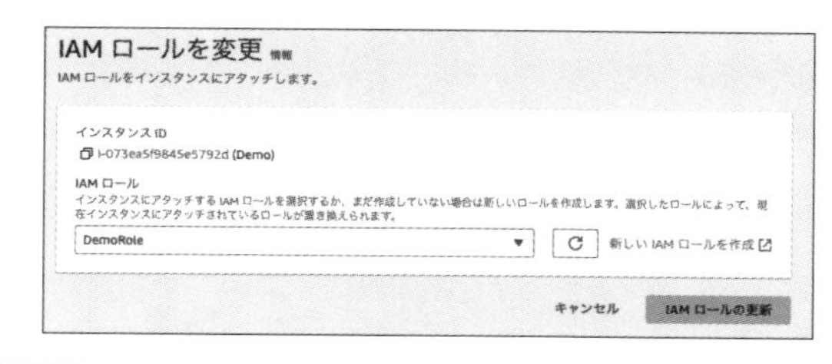

❑ IAMロールの更新

✱EC2インスタンスへ接続

10分ほど待てば接続できますが、すぐに接続したい場合はEC2インスタンスを再起動させて、SSM AgentをすぐにSystems Managerサービスへ接続させます。

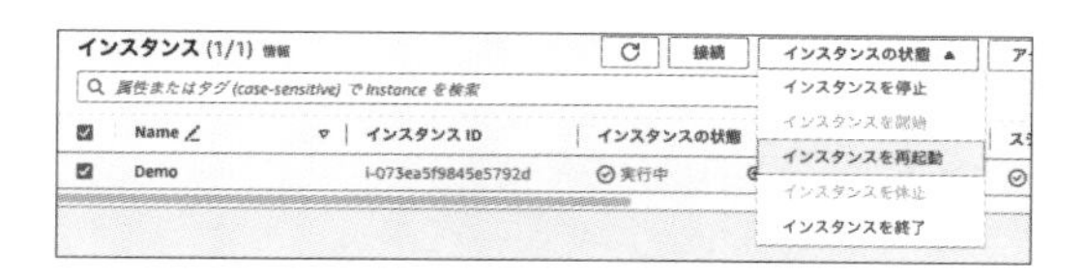

❑ EC2インスタンスの再起動

対象のEC2インスタンスを選択して[接続]ボタンをクリックし、インスタンスの接続メニューへアクセスします。[セッションマネージャー]タブで[接続]ボタンをクリックすると、セッションマネージャーで接続できます。sudoが使用できる**ssm-user**というユーザーで接続しています。

❑ セッションマネージャー

EC2インスタンスの削除

この例では、EC2インスタンスを起動してセッションマネージャーでの接続を確認する、という目的でEC2インスタンスを起動しました。目的が完了したので、EC2インスタンスを削除して請求を止めましょう。対象のEC2インスタンスを選択して、[インスタンスの状態]-[インスタンスを終了]を選択すると、インスタンスが削除されます。

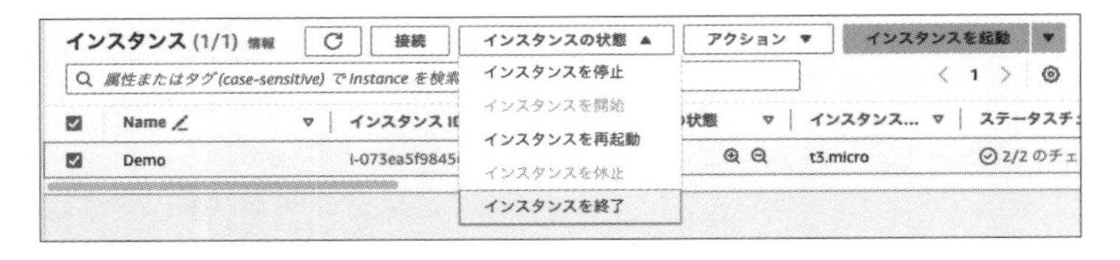

❑ EC2インスタンスの終了

必要に応じて起動し、必要なくなれば削除できるという一連の操作を確認しました。作成したIAMロールも不要であれば削除してください。

5-2

ELB

ELBの概要

たとえば、EC2にWebアプリケーションをデプロイして、外部からのアクセスができる状態にすることを考えます。

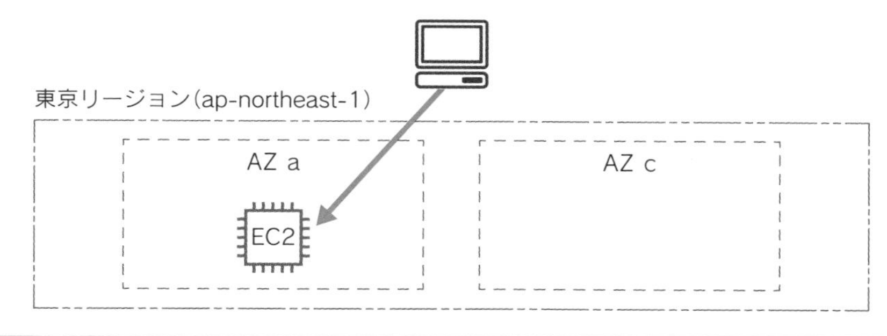

❑ シングルAZのEC2構成

この構成において、AZ aが使えなくなった場合や、EC2に何らかの障害が発生した場合、どうなるでしょうか。もちろん、EC2にデプロイしているWebアプリケーションはユーザーからのリクエストを受け付けられなくなります。4-3節の「アベイラビリティゾーン」の項で解説した、「すべてのものはいつ壊れてもおかしくない」という前提に立つDesign for Failure（故障に備えた設計）の原則を思い出してください。上図のように1つのインスタンスで構成しているアーキテクチャは、Design for Failureのアンチパターンだと言えます。これでは、このシステムがいつ停止してもおかしくない状態です。

では、EC2インスタンスを複数のアベイラビリティゾーンに配置して、ユーザーからの単一アクセスを受け付けるようにするにはどうすれば良いでしょうか。そのために使うことのできるサービスが**Elastic Load Balancing**、略して**ELB**です。

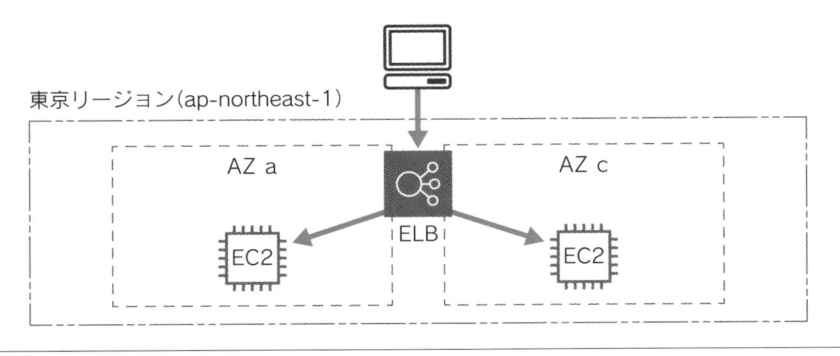

❏ マルチAZのEC2構成

ELBを使用することで、同じ構成を持った2つのEC2インスタンスを別々のアベイラビリティゾーンに配置できます。そしてELBはその2つのEC2インスタンスに、ユーザーからのリクエストトラフィックを分散させます。

このようなマルチアベイラビリティゾーン構成にすることで、EC2の障害だけではなく、アベイラビリティゾーン単位で障害が発生した場合でも、システムを継続できます。これで可用性、耐障害性を向上できました。

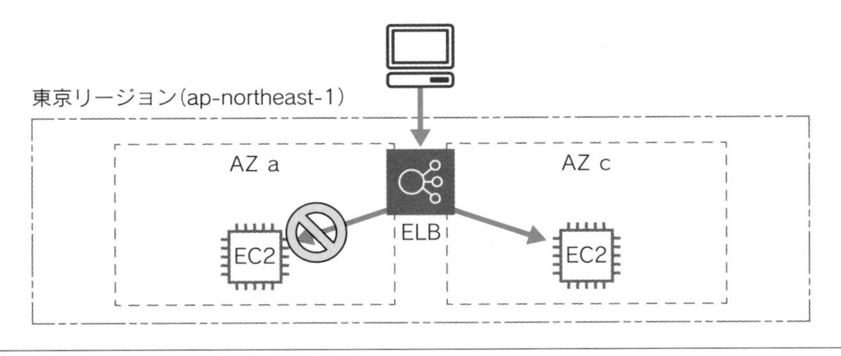

❏ マルチAZのEC2構成ー障害時

▶▶▶**重要ポイント**

- EC2インスタンスの可用性、耐障害性を高めるためにELBを使用できる。

ELBの特徴

ELBの主な特徴を解説します。

- ○ ロードバランサータイプ
- ○ ヘルスチェック
- ○ インターネット向け／内部向け
- ○ 高可用性のマネージドサービス
- ○ クロスゾーン負荷分散

ロードバランサータイプ

ELBには4つのタイプがあります。ただしGateway Load Balancerは試験範囲から大きく外れていると思われるので、本書では解説しません。

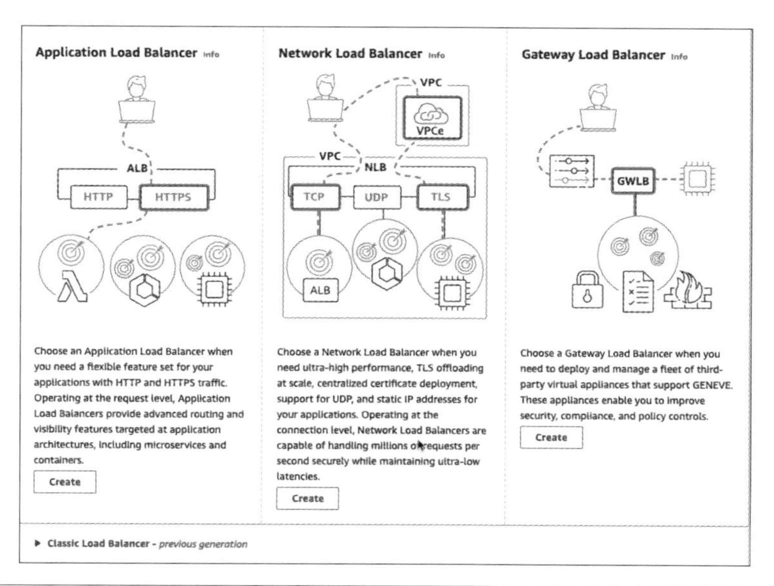

❏ ELBのタイプ

- ○ Application Load Balancer：HTTPまたはHTTPSのリクエストを負荷分散する用途で選択します。本書では詳しくは触れませんが、ターゲットとするインスタンスやコンテナを複数設定し、リクエストパスや送信元のホストによってルーティングする機能や、SSL証明書を設定する機能、リダイレクトする機能、ターゲットのインスタンスに対してセッションを維持する機能など、Webアプリケーションに対して高度な機能が提供されます。

- **Network Load Balancer**：HTTP、HTTPS以外の場合に選択します。Application Load Balancerにはない主な機能としては、静的なIPアドレスを使用できる点が挙げられます。1秒あたり数百万のリクエストを処理できます。
- **Classic Load Balancer**：古いタイプのロードバランサーです。以前の構成との互換性のために、このタイプは残されています。これから構築する新しい環境では、Application Load BalancerかNetwork Load Balancerを選択すれば問題ありません。

▶▶▶重要ポイント

- HTTP/HTTPSではApplication Load Balancerを使い、それ以外ではNetwork Load Balancerを使う。

ヘルスチェック

ELBは、ターゲットとしているインスタンスが正常かどうかのヘルスチェックを行い、正常なインスタンスのみにリクエストを送るように動作します。そうすることでユーザーが異常なインスタンスにアクセスしてしまうことを防いでいます。

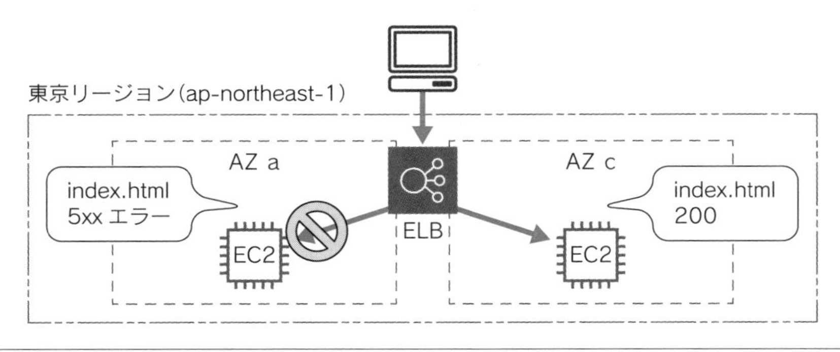

❏ ELBのヘルスチェック

ヘルスチェックは、対象として指定されたパス（index.htmlなど）への接続試行で状態を確認します。

ターゲット | モニタリング | ヘルスチェック | 属性 | タグ

ヘルスチェックの設定　編集

プロトコル	パス	ポート	正常のしきい値
HTTP	/check.php	トラフィックポート	3 ヘルスチェックの連続的な成功
非正常のしきい値	タイムアウト	間隔	成功コード
2 ヘルスチェックの連続的な失敗	20 秒	30 秒	200

❏ ELBのヘルスチェック

上の画面では、/check.phpというパスにHTTPプロトコルで3回接続試行をして、200番の成功コードが返ってくればヘルシーとしています。この接続試行は[間隔]の項目で設定された30秒おきに行われます。逆に2回連続で200番以外のコードが返る、またはタイムアウトで設定した20秒の間レスポンスがない場合はアンヘルシーとなり、リクエストを送信する対象から外されます。

▶▶▶重要ポイント

- ELBには、正常なインスタンスのみにトラフィックを送るためのヘルスチェック機能がある。

インターネット向け／内部向け

ELBはインターネット向けに作ることも、内部向けに作ることもできます。作成するときにどちら向けかを選択します。

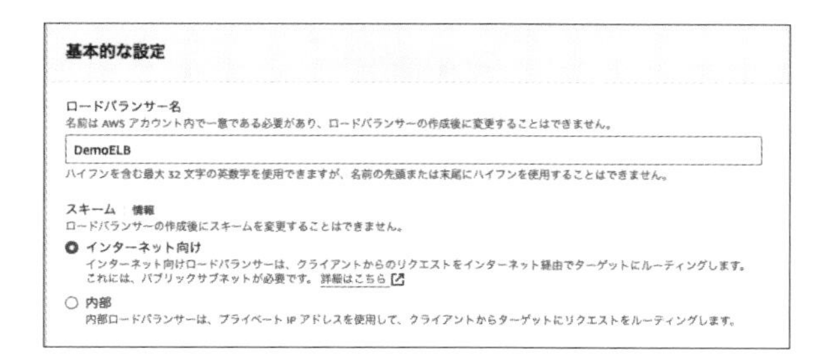

❏ ELBのスキーム

ELBを作成すると、設定したELBの名前を含むDNS名が付与されます。

DNS名:	DemoALB-480812712.ap-northeast-1.elb.amazonaws.com (A レコード)

❑ ELBのDNS名

このDNS名にパブリックIPアドレスが紐付くか、プライベートIPアドレスが紐付くかの選択によって設定結果が変わります。

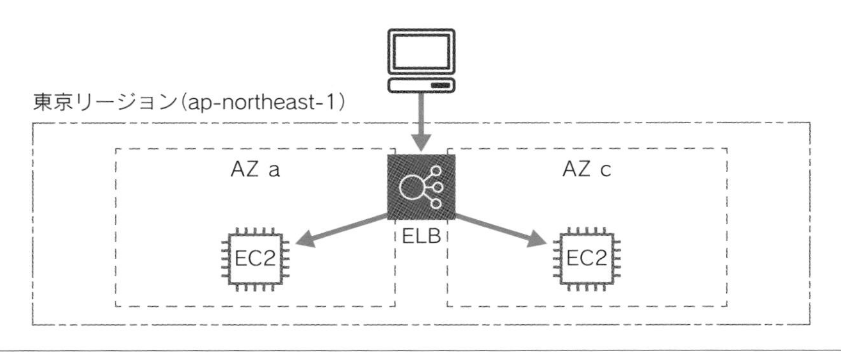

❑ インターネット向けELB

インターネット向けのELBのDNSにはパブリックIPアドレスが付与されます。外部からインターネット経由でアクセスできます。

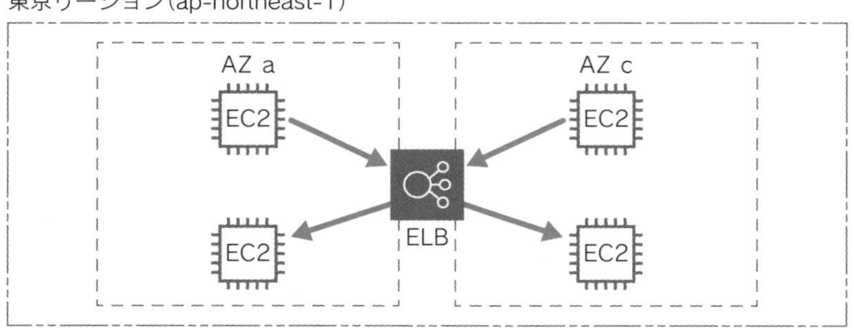

❑ 内部向けELB

内部向けのELBのDNSにはプライベートIPアドレスが付与されます。外部からのアクセスは受け付けずに、内部でのアクセスを許可します。

ELBに対するトラフィックはEC2と同様に、セキュリティグループで制御できます。

重要ポイント

- ELBはインターネット向けにも内部向けにも対応している。
- インターネット向けだけではなく内部にもELBを挟むことによって、システムの可用性をさらに高めることができる。

高可用性のマネージドサービス

ELBを使うことでEC2の高可用性を実現できるということについて繰り返し見てきました。では、ELB自体が**単一障害点**（Single Point Of Failure、**SPOF**）とはなりえないのでしょうか。ELBも壊れる前提で考えて、障害が発生したときのために複数設定しておいたほうが良いのでしょうか。この答えはNoです。理由は、**ELB自体が高い可用性を持つマネージドサービスだから**です。

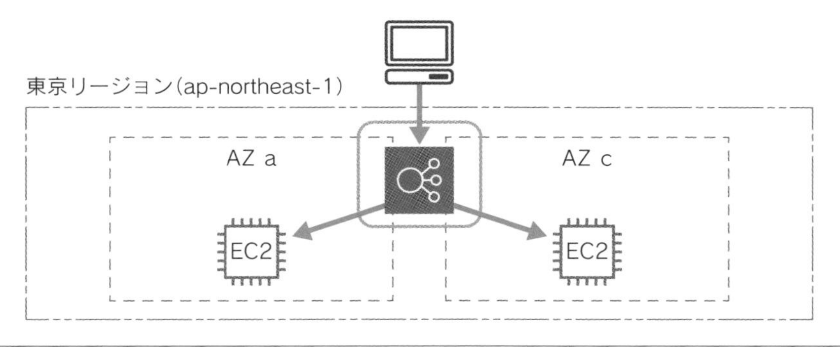

❏ 複数のアベイラビリティゾーンにELBを配置

たとえば上の図のように複数のアベイラビリティゾーンに配置するようにELBを設定しているとします。このとき、内部的にはELBのノードと呼ばれるインスタンスが複数起動して、ユーザーからのリクエストを受け付けて負荷分散しています。ELBを通過するトラフィックが増えれば自動的・水平的にこのELBのノードも増えてリクエストに対応します。ですので、ELBは単一障害点とはなりません。

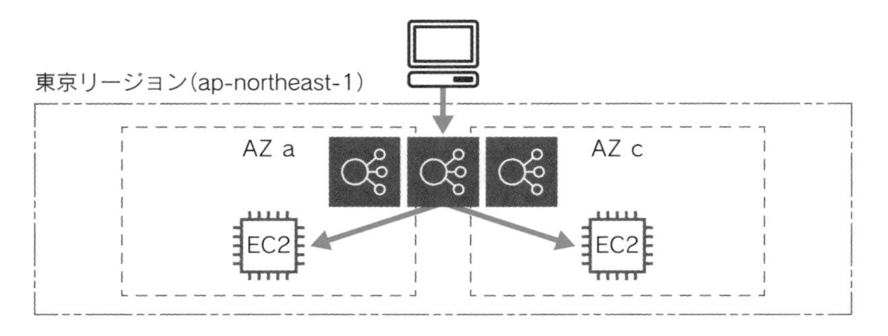

❏ ELBのノードが複数起動する

▶▶▶ **重要ポイント**

- ELB自体が高可用性のマネージドサービスなので、ELBは単一障害点とはならない。

Column

マネージドサービス

EC2の場合は、ユーザーがOSに必要なソフトウェアのインストールや構成をして、複数のアベイラビリティゾーンに配置し、ELBなどと組み合わせてリクエストを分散します。

それに対してELBの場合は、リクエストはELBのDNSで受け付けて、複数のアベイラビリティゾーンを選択して作成され、自動的にノードが増減します。OSの設定やソフトウェアのインストールも必要ありません。実現したい要件がリクエストを複数のターゲットに分散させるロードバランシングということが明確なので、必要な機能が標準機能として提供されています。このようなサービスを**マネージドサービス**と呼びます。

要件が実現できるのであれば積極的にマネージドサービスを選択することで、構築や運用の負荷を軽減できます。

5-3

Auto Scaling

Auto Scalingの概要

必要なEC2インスタンス数が、状況や時間によって変化するシステムは珍しくありません。**Auto Scaling**を使用すると、EC2インスタンスがどの時点でいくつ必要かを予測する必要がなくなります。

業務アプリケーションでは、業務時間内の利用が多く、業務時間外の利用が減るか、もしくは利用がなくなります。コンシューマー向けのサービスでは、昼間の利用が多く、夜間の利用は減る傾向があります。また、コンシューマー向けのサービスの場合、提供者の推測を超えた利用量が発生する場合もあります。このようなオーバーキャパシティの場合、気づいたタイミングでインスタンスを慌てて用意しても間に合わないことがあります。その逆に、予想に反してあまり使われない場合もあります。使われていないインスタンスを起動し続けることは、無駄なコストを発生させていることになります。

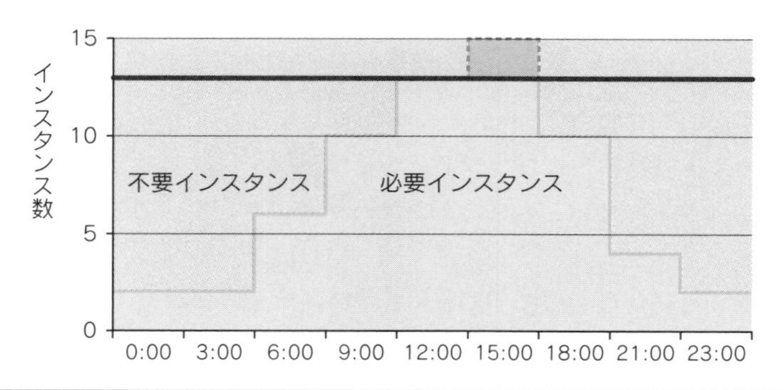

❑ 必要なEC2インスタンス数のイメージ

上の図は、夜間は2、昼間は13のインスタンスが必要なシステムの例です。このシステムで13のインスタンスを常時稼働していることをイメージしてください。必要のないインスタンスの稼働率が非常に多く、無駄なコストが発生していることが分かります。予想を超えて15必要になった場合に、その状況に気づいたとしても、追加が間に合わない可能性もあります。

このように、必要なEC2インスタンス数が状況や時間によって変化する場合、どのようにインスタンス数を調整するのでしょうか。オペレーターが待機して、モニタリングしながらインスタンス数を調整するのでしょうか。

この課題を解決してくれるサービスがAuto Scalingです。Auto Scalingによって、必要なタイミングで必要なインスタンス数を柔軟に用意できます。需要に応じて必要なインスタンスだけが起動しているということは、EC2インスタンスを最もコスト効率良く使うということです。たとえばEC2インスタンスのCPU使用率が高騰することによる障害が発生しそうだとしても、そうなる前に新しいEC2インスタンスを自動追加することができ、CPU使用率の高騰を抑えられるので、エンドユーザーは意識することなく使い続けられます。Auto Scalingにより耐障害性、可用性も高くなります。

▶▶▶**重要ポイント**

- Auto ScalingによってEC2インスタンスを必要なときに自動で増減できる。
- Auto Scalingのメリットは、高可用性、耐障害性、コスト効率化。

垂直スケーリングと水平スケーリング

Auto Scalingのように数の増減でスケーリングすることを**水平スケーリング**と言います。これに対して、インスタンスそのものの性能を変更してスケーリングすることを**垂直スケーリング**と言います。

垂直スケーリングでは、インスタンスのサイズを変更することによって、スケールアップ／スケールダウンを行います。垂直スケーリングの場合、影響がないかの検証も事前に必要ですし、変更時にはサーバー単位での停止も発生します。また、上限はインスタンスタイプの最大サイズに限定されます。

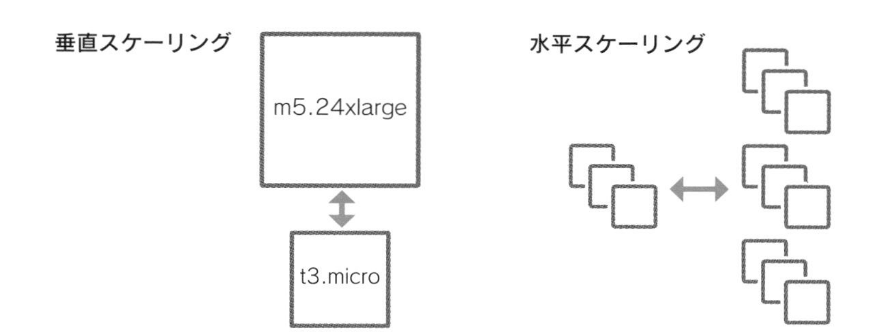

❏ スケーリングのタイプ

水平スケーリングでは、インスタンス数を変更することによってスケールアウト／スケールインを行います。水平スケーリングすることを前提としてシステムを設計するので、設計変更ではありません。変更時にシステム全体に対しての影響はありません。システムの停止もありません。上限は理論的には無限です。

比較すると以下のとおりです。

❏ 垂直スケーリングと水平スケーリング

	垂直スケーリング	水平スケーリング
スケール方法	サイズを変更	インスタンス数を変更
影響	あり、検証や停止が必要	なし、事前に設計
上限	インスタンスの最大サイズ	なし

この比較を見ると分かるように、水平スケーリングのほうがスケールしやすいと言えます。Auto Scalingでは水平スケーリングを自動化します。AWSには「スケーラビリティを確保する」というベストプラクティスがあります。Auto Scaling機能を使うことでこのベストプラクティスが簡単に実現できます。

▶▶▶重要ポイント

- 垂直スケーリングよりも水平スケーリングのほうがスケーラビリティを確保しやすい。

Auto Scalingの設定

Auto Scalingを実現するためには3つの要素を設定します。「何を」「どこで」「いつ」の設定です。

- 「何を」　=「起動テンプレート」
  =どのようなEC2インスタンスを起動するか
- 「どこで」=「Auto Scalingグループ」
  =どこでEC2インスタンスを起動するか
- 「いつ」　=「Auto Scalingポリシー」
  =どのタイミングで起動／終了するか

起動テンプレート（何を）

起動テンプレートでは主に以下を設定できます。

- AMI
- インスタンスタイプ
- IAMロール
- ユーザーデータ
- ストレージ
- セキュリティグループ

EC2インスタンスを起動するために設定した内容とほぼ同じです。どのようなEC2インスタンスを起動するのかをあらかじめ設定しておくのが起動テンプレートです。起動テンプレートでは、テンプレートのバージョン管理もできます。

Auto Scalingグループ（どこで）

Auto Scalingグループでは以下を設定します。

- 起動テンプレートとバージョン
- アベイラビリティゾーン（サブネット）
- ELBのターゲットグループ

- ○ 最小／最大／希望するインスタンス数
- ○ 通知

アベイラビリティゾーンとVPC（7-1節参照）のサブネットを選択します。複数のアベイラビリティゾーンを選択することで、一方のアベイラビリティゾーンが仮に地域災害などで使えなくなったとしてもシステムは継続できます。Auto Scalingグループではインスタンスの最小数、最大数、そして今起動したい希望数を設定できます。希望数はAuto Scalingポリシーで動的に増減します。

Auto Scalingポリシー（いつ）

Auto Scalingポリシーには動的スケーリング、予測スケーリング、スケジュールされたスケーリングがあります。

✱動的スケーリング

動的スケーリングには次の3つのタイプがあります。

- ○ **ターゲット追跡スケーリング**：Auto ScalingグループのEC2インスタンスの平均CPU使用率などを決めておくことで、AWSが自動的に最小数と最大数の間でEC2インスタンスを調整します。最も簡単な設定方法です。CloudWatch（11-1節参照）のアラームは自動で作成され、調整はできません。

動的スケーリングポリシーを作成する

ポリシータイプ
ターゲット追跡スケーリング ▼

スケーリングポリシー名
Target Tracking Policy

メトリクスタイプ Info
リソース使用率が低すぎるか高すぎるかを判別する監視対象メトリクス。EC2 メトリクスを使用する場合は、スケーリングパフォーマンスを向上させるために詳細モニタリングを有効にすることを検討してください。
平均 CPU 使用率 ▼

ターゲット値
50

インスタンスのウォームアップ Info
300 秒

☐ スケールインを無効にしてスケールアウトポリシーのみを作成する

❑ ターゲット追跡スケーリング

◯ **ステップスケーリング**：CloudWatchのアラームに基づいて、複数段階でのインスタンスの追加、削除を設定できます。[インスタンスのウォームアップ]は、インスタンスが頻繁に追加されることを防ぎ、必要な数に満たなければ追加されます。ステップスケーリングは、ターゲット追跡スケーリングよりも柔軟に設定したい場合や、CloudWatchアラームとAuto Scalingアクションをコントロールしたい場合に使用します。

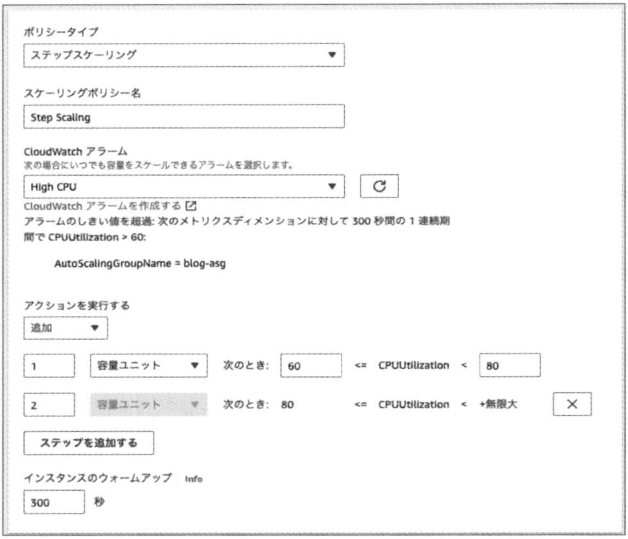

ポリシータイプ
ステップスケーリング
スケーリングポリシー名
Step Scaling
CloudWatch アラーム
次の場合にいつでも容量をスケールできるアラームを選択します。
High CPU
CloudWatch アラームを作成する
アラームのしきい値を超過: 次のメトリクスディメンションに対して 300 秒間の 1 連続期間で CPUUtilization > 60:
AutoScalingGroupName = blog-asg
アクションを実行する
追加
1 容量ユニット 次のとき: 60 <= CPUUtilization < 80
2 容量ユニット 次のとき: 80 <= CPUUtilization < +無限大
ステップを追加する
インスタンスのウォームアップ Info
300 秒

❑ ステップスケーリング

◯ **シンプルなスケーリング**：CloudWatchのアラームに基づいて、単一のAuto Scalingアクションを実行します。**クールダウン**と呼ばれる機能で、Auto Scalingアクションの後、指定時間待機してインスタンスが頻繁に起動／終了されることを防ぎます。シンプルなスケーリングはステップスケーリングとターゲット追跡スケーリングが追加される前からあるスケーリングポリシーで、現在では積極的に使用することはありません。

✱ 予測スケーリング

予測スケーリングは過去の実績をもとに必要なインスタンス数を予測し、事前に起動できます。

予測スケーリングでは対象のメトリクスを決めます。ここまではターゲット追跡スケーリングと同じです。ターゲット追跡スケーリングは、CloudWatchアラームによってメトリクスが指定された状態になったことをトリガーとしてスケーリングさせます。これとは違って、予測スケーリングは名前のとおり、対象のメトリクスの将来値を予測します。その予測値に基づいて、必要になる時間の数分前にインスタンスをスケールさせます。

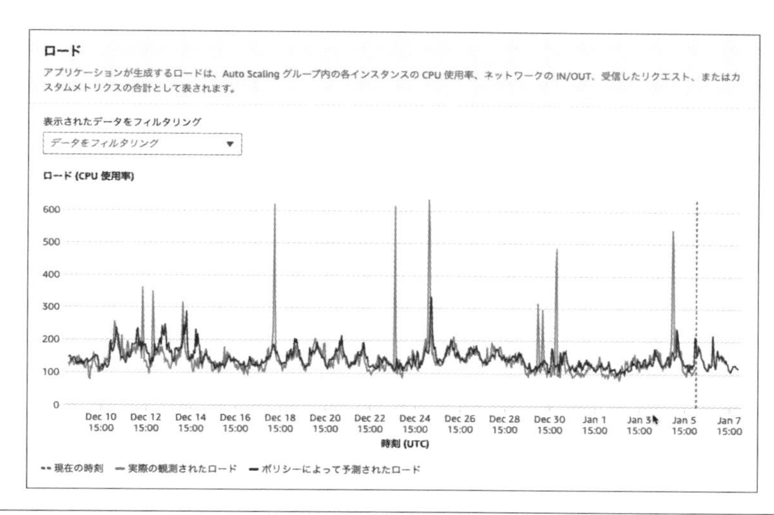

❑ 予測スケーリングの予測と実績

この図は予測スケーリングが予測したロードと実績値のグラフです。予測スケーリングではAWSが用意している機械学習推論モデルを使用して、履歴に基づいて将来を予測します。予測の時間の何分前にEC2インスタンスを自動起動させるかも、設定できます。予測スケーリングは、リクエストや負荷の増減にある程度のサイクルがあるケースなどに有効です。

✱ スケジュールされたスケーリング

スケジュールされたスケーリングでは、特定の時間に、Auto Scalingグループの希望数、最大値、最小値を変更できます。1回限りの実行も定期的な実行も可能です。予測スケーリングよりも確実に時間が決まっているケースに有効です。たとえば、毎日の営業時間が決まっている問い合わせシステムや、特定の日に受付を開始するチケットシステムなどです。

▶▶▶ **重要ポイント**

- Auto Scalingでは起動テンプレート(何を)、Auto Scalingグループ(どこで)、スケーリングポリシー(いつ)を設定する。
- リクエストや負荷に対して自動的にインスタンスを増減させるスケーリングポリシーがある。
- 予測スケーリングでは、過去の実績をもとに機械学習で予測した将来値を使用して事前に準備できる。

アプリケーションデプロイの自動化

先述のとおり、Auto Scalingでは起動テンプレートをあらかじめ用意しておきます。そしてスケーリングポリシーによってEC2インスタンスを起動します。AMIをもとに同じ構成のEC2インスタンスが起動するので、再現性が非常に高いと言えます。

必要なくなればスケールインし、インスタンスは削除されます。EC2インスタンスは削除されるので、EC2インスタンスに情報や状態を持たせない設計が必要です。このようなEC2インスタンスの構成を**ステートレス**と言います。

起動しているアプリケーションのバージョンアップやプログラムの改修が発生した場合、AMIの再作成、起動テンプレートの新バージョンの作成が必要です。そしてもし複数リージョンで同じ設定をしている場合は、各リージョンでも同じ作業が必要になります。

これを解決する手段の1つとして、**ブートストラップ**という設計パターンがあります。

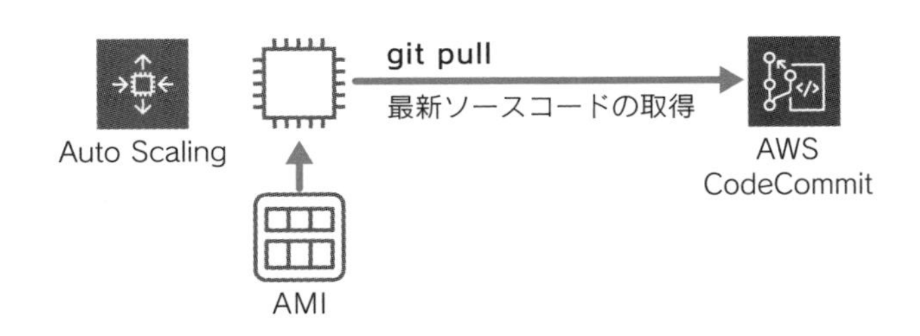

❏ ブートストラップ

Auto Scalingによって、AMIをもとに起動したインスタンスの起動時にコマンドスクリプトを実行して、たとえばソースコードを最新にします。EC2には、初回起動時に自動実行してデプロイを自動化できる**ユーザーデータ**という機能があります。もしもユーザーデータの処理の中でインスタンス固有の情報が必要な場合は、**メタデータ**の利用もできます。ユーザーデータとメタデータについて解説します。

✱ユーザーデータ

たとえばEC2インスタンスをAmazon LinuxのAMIを使って起動するとします。このインスタンスはWebアプリケーションを稼働するインスタンスにするよう、担当者はSSHでログインしてデプロイ作業をします。ここで必要なデプロイ作業は2つあるとします。

- 最新バージョンのプログラムをダウンロードする。
- EC2インスタンスのパブリックIPアドレスを取得して設定ファイルに書き込む。

このような作業をEC2インスタンスの初回起動時に自動実行するのが、ユーザーデータです。

❏ユーザーデータの例

```
#!/bin/bash
dnf -y update
cd /var/www/html
git pull
TOKEN=`curl -X PUT "http://169.254.169.254/latest/api/token"
➥ -H "X-aws-ec2-metadata-token-ttl-seconds: 21600"`
IP_ADDRESS=`curl -H "X-aws-ec2-metadata-token: $TOKEN"
➥ -v http://169.254.169.254/latest/meta-data/public-ipv4`
echo $IP_ADDRESS >> /etc/app.conf
```

このユーザーデータでは、インストール済みモジュールをアップデートし、/var/www/htmlに配置しているアプリケーションの最新バージョンを取得して、パブリックIPアドレスを設定ファイルに書き込んでいます。

Linuxではシェルスクリプトが、WindowsではコマンドまたはPowerShellスクリプトが利用できます。

✱ メタデータ

ユーザーデータのサンプル処理では、パブリックIPアドレスを取得するために特定のURLにアクセスしていました。このURLにアクセスして取得することができる情報がメタデータです。

EC2インスタンスにセッションマネージャーかSSHでログインして次のコマンドを実行すると、取得できる情報が表示されます。

❏ メタデータで取得できる情報の表示（一部除く）

```
TOKEN=`curl -X PUT "http://169.254.169.254/latest/api/token"
➥ -H "X-aws-ec2-metadata-token-ttl-seconds: 21600"`
curl -H "X-aws-ec2-metadata-token: $TOKEN" -v
➥ http://169.254.169.254/latest/meta-data/
（中略）
ami-id
block-device-mapping/
hostname
iam/
identity-credentials/
instance-id
instance-type
mac
network/
placement/
public-hostname
public-ipv4
reservation-id
security-groups
```

パブリックIPアドレスやインスタンスIDなど、EC2インスタンスが起動しないと生成されない情報を起動直後に取得できます。

▶▶▶重要ポイント

- EC2のユーザーデータを使うことでコマンドを自動実行し、デプロイ処理を自動化できる。
- EC2の情報（IPアドレスやインスタンスID）はメタデータから取得できる。

スケーラブルなWebアプリケーション

ELBのApplication Load BalancerとAmazon CloudWatchのアラーム、それにAuto Scalingを使ったスケーラブルなWebアプリケーションを構築してみます。構築の詳細な手順がAWS認定クラウドプラクティショナーの試験で問われることはほぼありませんが、AWSのメリットである自動化、スケーラビリティの確保、高可用性の実現を体験、実感するために、ここで構築手順を紹介します。

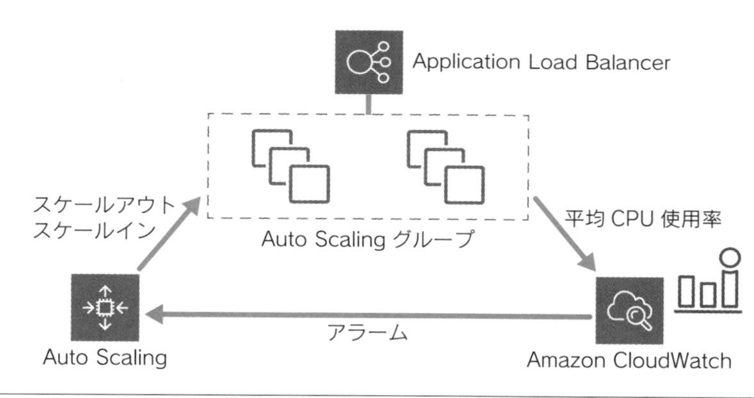

❏ スケーラブルなWebアプリケーション

✱ IAMロールの作成

マネジメントコンソールで[サービス]からIAMを選択します。ロールを選択して、[ロールを作成]ボタンをクリックしてIAMロールの作成を開始します。信頼されたエンティティには[AWSのサービス]を選択して、ユースケースで[EC2-EC2 Role for AWS Systems Manager]を選択します。

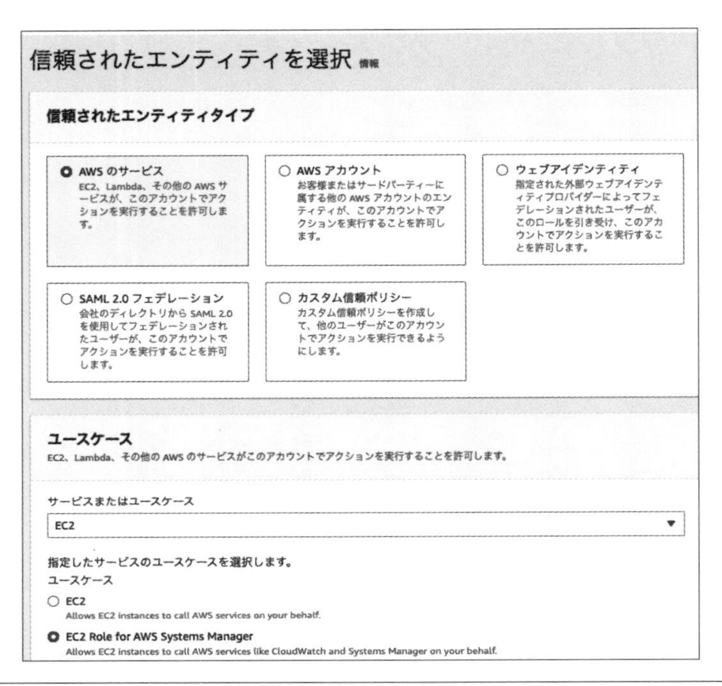

❑ IAMロールの作成

必要なIAMポリシーである［AmazonSSMManagedInstanceCore］がすでにアタッチされているので、［次へ］をクリックして、ロール名を入力してIAMロールを作成します。

✱ セキュリティグループの作成

検証用に使用するセキュリティグループをあらかじめ作成しておきます。デフォルトVPCに、Application Load Balancer用とEC2インスタンス用の2つを作成します。EC2コンソールの左ペインでセキュリティグループを選択して、［セキュリティグループを作成］ボタンをクリックすることで作成します。セキュリティグループ名と説明は、後で見て分かるように任意の値を設定します。

- **Application Load Balancer用**：インバウンドルールに次を追加します。
  - **タイプ**：HTTP（TCP 80が設定されます）
  - **ソース**：Anywhere-IPv4（0.0.0.0/0が設定されます）

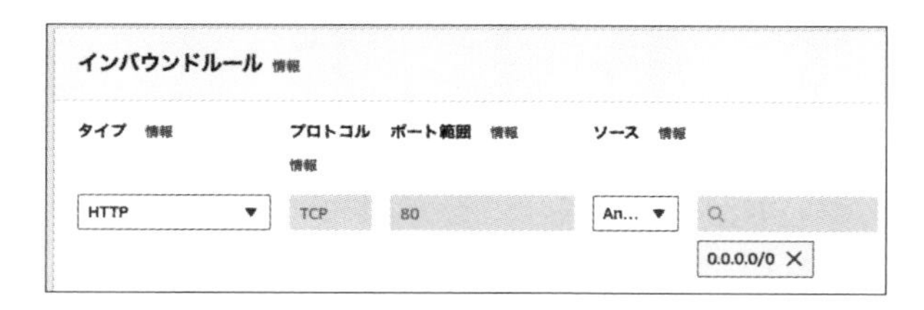

❑ Application Load Balancer用のセキュリティグループ

送信元を設定するソースに［0.0.0.0/0］が設定されたので、インターネット上のすべてのIPv4アドレスからHTTPアクセスを受け付けます。

- **EC2インスタンス用**：インバウンドルールに次を追加します。
  - **タイプ**：HTTP（TCP 80が設定されます）
  - **ソース**：カスタムを選択して、Application Load Balancer用のセキュリティグループを選択します。

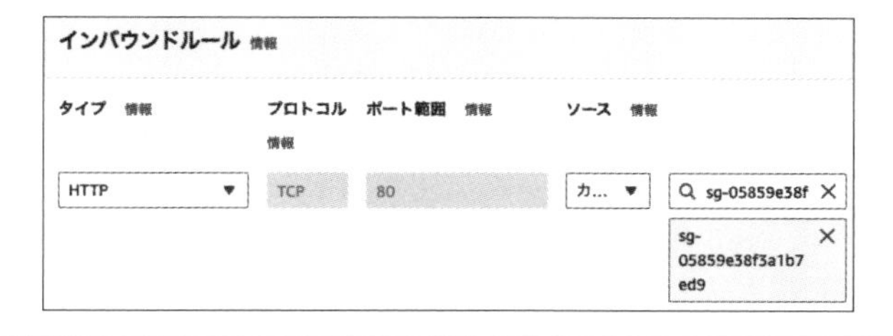

❑ EC2インスタンス用のセキュリティグループ

ソースにはIPアドレス範囲以外に、セキュリティグループIDの設定もできます。こうすることで、EC2インスタンスはApplication Load BalancerからのみHTTPアクセスを受け付けます。

✱ Application Load Balancerの作成

今回構築する環境では、複数のEC2インスタンスで同じWebアプリケーションを起動します。Webアプリケーションへの入り口としてApplication Load Balancer（ALB）を作成します。

マネジメントコンソールでEC2を選択して、EC2ダッシュボードでは左ペインからロードバランサーを選択します。次に［ロードバランサーの作成］をクリックします。

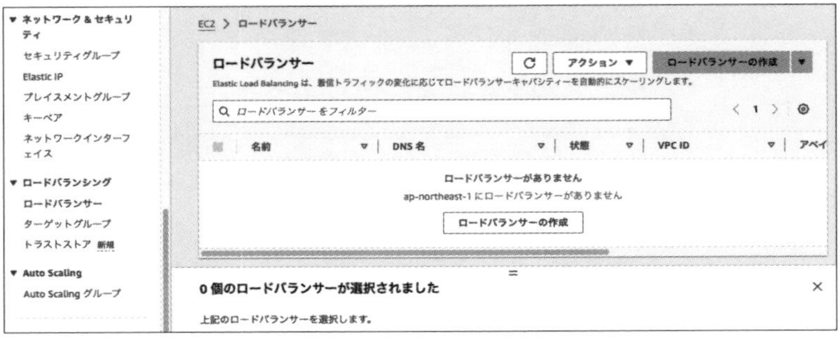

❑ ALBの作成１ －［ロードバランサーの作成］をクリック

ロードバランサーの種類にはApplication Load Balancerを選択しました。

まずロードバランサーの名前を入力します。ここで入力するロードバランサーの名前が、ロードバランサーのDNS名にも反映されます。スキームはデフォルトのインターネット向けで、リスナーもデフォルトのHTTPとしました。アベイラビリティゾーンについては、2つのアベイラビリティゾーンに配置するよう設定しました。このとき7-1節で解説するVPCも選択しますが、とりあえず試すだけであればデフォルトのVPCでも実行できます。

これで一方のアベイラビリティゾーンが地理的な災害などで万が一使えなくなったとしても、今回構築しているアプリケーションは継続して提供できます。

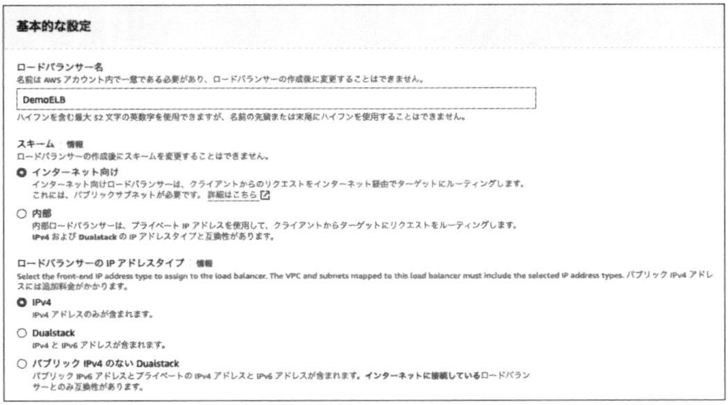

❑ ALBの作成２ －ロードバランサーの設定

ネットワークマッピングで複数のアベイラビリティゾーンを含むよう設定できます。

❏ ALBの作成3 －ネットワークマッピング

次に［セキュリティグループの設定］です。今回はあらかじめ作っておいたセキュリティグループを選択しました。

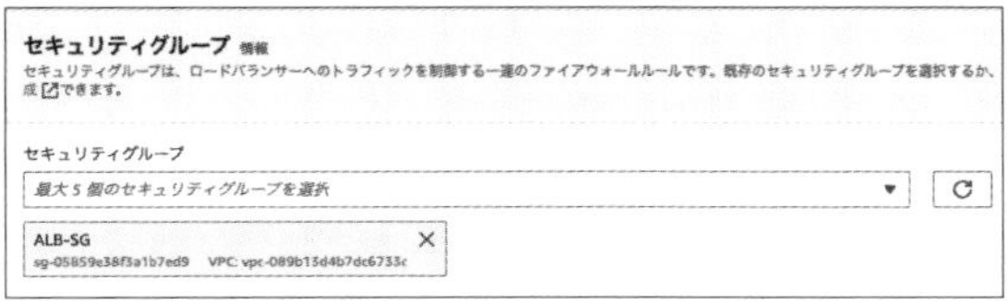

❏ ALBの作成4 －セキュリティグループの設定

続いて［リスナーとルーティング］です。ここではターゲットとなる対象とヘルスチェックを設定します。今回、ターゲットグループは［ターゲットグループの作成］リンクから新たに作成します。

ターゲットグループのターゲットタイプはインスタンスにして、ターゲットグループ名に任意の名前を入力し、プロトコルはHTTPにしています（この後のコラム「SSLターミネーション」も参照）。他はデフォルト値で進めます。

ヘルスチェックのパスはデフォルトのままで、検証をスムーズに進めるために間隔を10秒に変更しました。

［ターゲットを登録］では、ターゲットグループにEC2インスタンスを登録できます。今回はターゲットをAuto Scalingグループとするため、ここではインスタンスは何も登録しません。

ターゲットを確認
ターゲット (0)
保留中のものをすべて削除
ターゲット をフィルター
保留中のみ表示
インスタンス ID 名前 ポート 状態 セキュリティグループ ゾーン
インスタンスはまだ追加されていません
上記のインスタンスを指定するか、後でターゲットを追加する場合はグループを空のままにします。
0 個を保留中
キャンセル 戻る ターゲットグループの作成

❏ ALBの作成5 ーターゲットを確認

横の更新ボタンをクリックして、作成したターゲットグループを選択します。

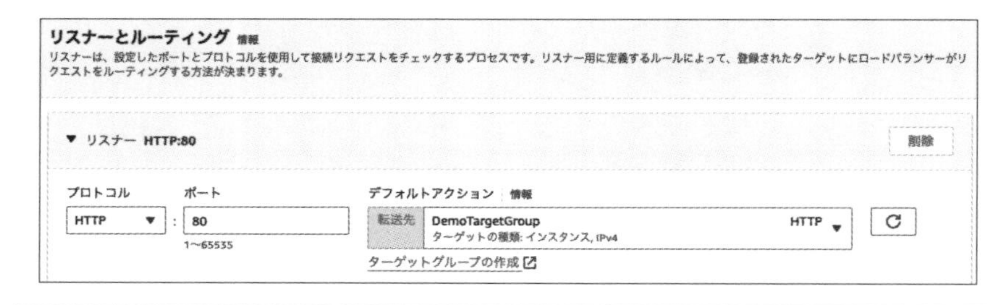

❏ ALBの作成6 ールーティングの設定

問題なければ作成ボタンをクリックして、Application Load Balancerを作成します。

❏ ALBの作成7 ー作成状況

Column

SSLターミネーション

Application Load Balancer（ALB）のリスナーをHTTPSにし、AWS Certificate ManagerのSSL証明書を設定して、ターゲットをHTTPでアクセスする構成ができます。こうすることで、ユーザーがアクセスするドメインに対する証明書のみの管理となり、ターゲットとなっているインスタンス1つ1つに対して証明書を管理しなくてもよくなります。

＊起動テンプレートの作成

Auto Scalingでどのようなインスタンスを起動させるかを設定します。EC2ダッシュボードでは左ペインから起動テンプレートを選択し、［起動テンプレートを作成］をクリックします。

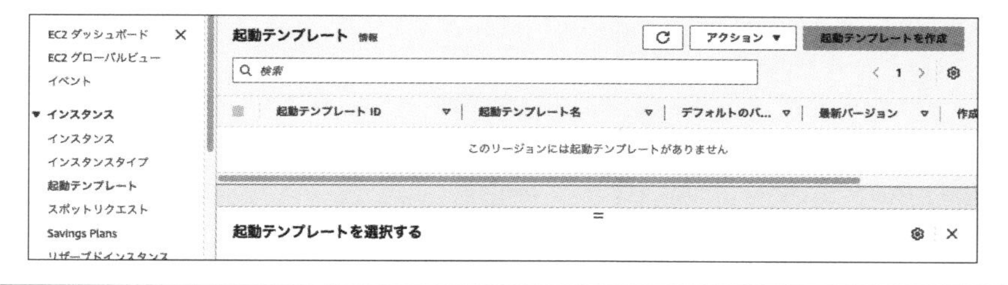

❏ 起動テンプレートの作成１ －［起動テンプレートを作成］をクリック

起動テンプレート名を入力して、クイックスタートAMI（Amazon Machine Image）を選択します。今回は［Amazon Linux 2023 AMI］を選択しました。

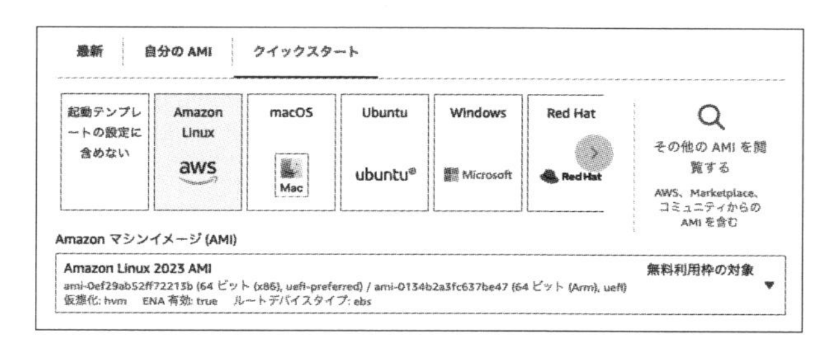

❏ 起動テンプレートの作成２ － AMIの選択

インスタンスタイプを選択します。今回起動するWebアプリケーションは、静的なHTMLを1ページ表示するだけです。t3.nanoでも十分ですが、無料利用枠の期間中であればt3.microを選択します。

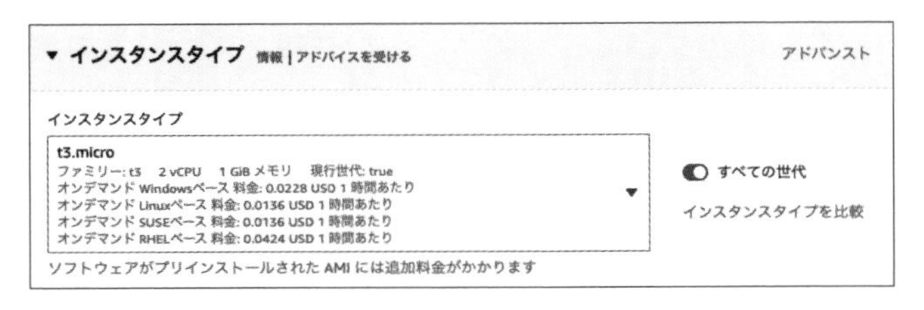

❑ 起動テンプレートの作成3 －インスタンスタイプの選択

ネットワーク設定で、事前作成しておいたセキュリティグループを選択します。VPCサブネットはAuto Scalingで設定するので、起動テンプレートでは設定しません。

▼ ネットワーク設定 情報
サブネット 情報
起動テンプレートの設定に含めない
新しいサブネットを作成
サブネットを指定すると、ネットワークインターフェイスがテンプレートに自動的に追加されます。
ファイアウォール (セキュリティグループ) 情報
セキュリティグループとは、インスタンスのトラフィックを制御する一連のファイアウォールルールです。特定のトラフィックがインスタンスに到達できるようにルールを追加します。
既存のセキュリティグループを選択する
セキュリティグループを作成
セキュリティグループ 情報
セキュリティグループを編集
EC2-SG sg-0693634b09d986a37
VPC: vpc-089b13d4b7dc6733c
セキュリティグループのルールを比較
▶ 高度なネットワーク設定

❑ 起動テンプレートの作成4 －セキュリティグループの設定

IAMロールを起動するEC2インスタンスにアタッチします。[高度な詳細]セクションを展開し、作成したIAMロールをIAMインスタンスプロフィールに選択します。

▼ 高度な詳細 情報

IAM インスタンスプロフィール 情報

ScalableApplicationDemo
arn:aws:iam::570019109389:instance-profile/ScalableApplicationDemo

新しい IAM プロファイルの作成

❑ 起動テンプレートの作成5 － IAMロールの設定

Auto Scalingアクションによって起動されたEC2インスタンスで、Webアプリケーションを自動デプロイするために、[高度な詳細]セクションを展開してユーザーデータを設定しておきます。ユーザーデータに設定したのは次のコマンドです。このコマンドは以下のGitHubで公開しています。

URL https://github.com/yamamanx/clf/blob/master/asg-userdata.txt

❑ ユーザーデータのコマンド

```
#!/bin/bash

dnf -y update
dnf -y install httpd
systemctl enable httpd.service
systemctl start httpd.service

TOKEN=`curl -X PUT "http://169.254.169.254/latest/api/token"
➥ -H "X-aws-ec2-metadata-token-ttl-seconds: 21600"`
AZ=`curl -H "X-aws-ec2-metadata-token: $TOKEN"
➥ -v http://169.254.169.254/latest/meta-data/placement/
➥availability-zone`
INSTANCE_ID=`curl -H "X-aws-ec2-metadata-token: $TOKEN"
➥ -v http://169.254.169.254/latest/meta-data/instance-id`
IP_ADDRESS=`curl -H "X-aws-ec2-metadata-token: $TOKEN"
➥ -v http://169.254.169.254/latest/meta-data/public-ipv4`

echo $AZ¥<br¥> >> /var/www/html/index.html
echo $INSTANCE_ID¥<br¥> >> /var/www/html/index.html
echo $IP_ADDRESS >> /var/www/html/index.html
```

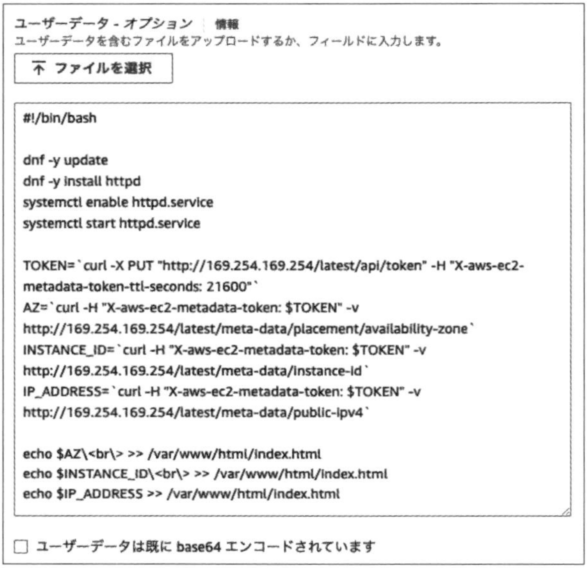

ユーザーデータ - オプション　情報
ユーザーデータを含むファイルをアップロードするか、フィールドに入力します。

ファイルを選択

```
#!/bin/bash

dnf -y update
dnf -y install httpd
systemctl enable httpd.service
systemctl start httpd.service

TOKEN=`curl -X PUT "http://169.254.169.254/latest/api/token" -H "X-aws-ec2-
metadata-token-ttl-seconds: 21600"`
AZ=`curl -H "X-aws-ec2-metadata-token: $TOKEN" -v
http://169.254.169.254/latest/meta-data/placement/availability-zone`
INSTANCE_ID=`curl -H "X-aws-ec2-metadata-token: $TOKEN" -v
http://169.254.169.254/latest/meta-data/instance-id`
IP_ADDRESS=`curl -H "X-aws-ec2-metadata-token: $TOKEN" -v
http://169.254.169.254/latest/meta-data/public-ipv4`

echo $AZ\<br\> >> /var/www/html/index.html
echo $INSTANCE_ID\<br\> >> /var/www/html/index.html
echo $IP_ADDRESS >> /var/www/html/index.html
```

☐ ユーザーデータは既に base64 エンコードされています

❑ 起動テンプレートの作成6 －ユーザーデータの設定

このユーザーデータでは、Apacheをインストール・起動して、index.htmlにEC2インスタンスが起動しているアベイラビリティゾーン、インスタンスID、パブリックIPアドレスを書き込んでいます。アベイラビリティゾーン、インスタンスID、パブリックIPアドレスはメタデータから取得しています。Webブラウザからアクセスするとアベイラビリティゾーン、インスタンスID、パブリックIPアドレスが表示されます。

キーペア、ストレージはデフォルトのままで［起動テンプレートの作成］ボタンをクリックして作成します。

✱ Auto Scalingグループの作成

マネジメントコンソールのEC2画面左ペインでAuto Scalingグループを選択して、［Auto Scalingグループを作成する］ボタンをクリックします。Auto Scalingグループの名前を入力して、起動テンプレートを選択します。バージョンは［Default］にします。

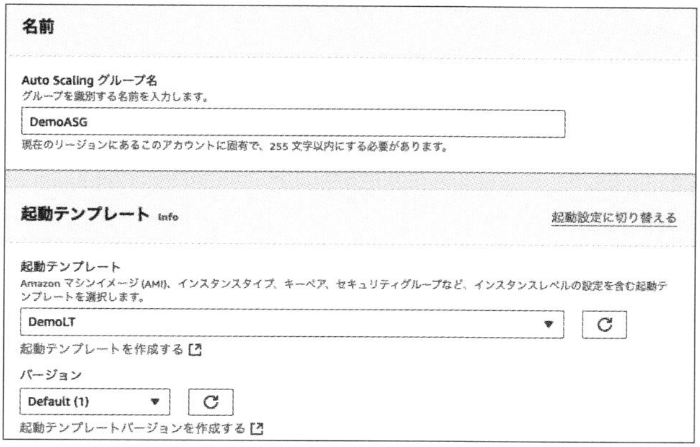

名前

Auto Scaling グループ名
グループを識別する名前を入力します。
DemoASG
現在のリージョンにあるこのアカウントに固有で、255 文字以内にする必要があります。

起動テンプレート Info 起動設定に切り替える

起動テンプレート
Amazon マシンイメージ (AMI)、インスタンスタイプ、キーペア、セキュリティグループなど、インスタンスレベルの設定を含む起動テンプレートを選択します。
DemoLT
起動テンプレートを作成する
バージョン
Default (1)
起動テンプレートバージョンを作成する

❑ Auto Scalingグループの作成1 －名前の入力

ネットワークの設定でApplication Load Balancerと同じデフォルトVPCとデフォルトサブネットを選択しました。VPC、サブネットについては第7章で解説します。

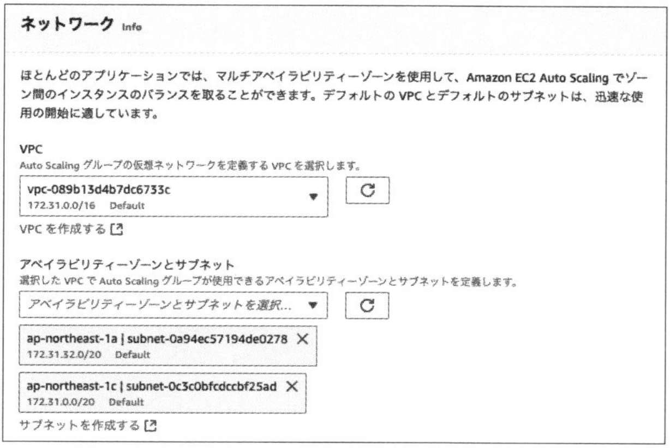

ネットワーク Info

ほとんどのアプリケーションでは、マルチアベイラビリティーゾーンを使用して、Amazon EC2 Auto Scaling でゾーン間のインスタンスのバランスを取ることができます。デフォルトの VPC とデフォルトのサブネットは、迅速な使用の開始に適しています。

VPC
Auto Scaling グループの仮想ネットワークを定義する VPC を選択します。
vpc-089b13d4b7dc6733c
172.31.0.0/16 Default
VPC を作成する

アベイラビリティーゾーンとサブネット
選択した VPC で Auto Scaling グループが使用できるアベイラビリティーゾーンとサブネットを定義します。
アベイラビリティーゾーンとサブネットを選択...
ap-northeast-1a | subnet-0a94ec57194de0278
172.31.32.0/20 Default
ap-northeast-1c | subnet-0c3c0bfcdccbf25ad
172.31.0.0/20 Default
サブネットを作成する

❑ Auto Scalingグループの作成2 －ネットワークの設定

Application Load Balancerのターゲットグループを指定します。これでApplication Load Balancerのターゲットとして Auto Scalingグループ内のEC2インスタンスが自動登録されます。

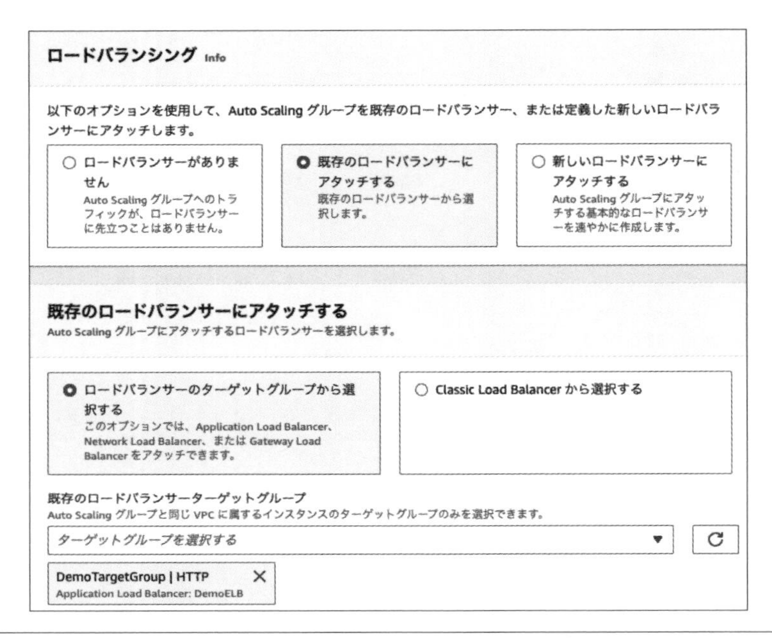

❏ Auto Scalingグループの作成3 ーターゲットグループの設定

Auto Scalingポリシーを設定します。希望するキャパシティを[2]、最小キャパシティを[2]、最大キャパシティを[4]にします。スケーリングポリシーにはターゲット追跡スケーリングポリシーを選択して、平均CPU使用率を20%にします。これにより起動しているEC2インスタンスの平均CPU使用率を20%に保つようにCloudWatchアラームが自動で作成され、2と4の間でEC2インスタンスが自動で増減します。20%にしたのは閾値を下げてスケールさせやすくするためで、実際の本番環境では50%など、アプリケーションに応じて最適な使用率を指定します。

スケーリング Info
Auto Scaling グループのサイズは、需要の変化に合わせて手動または自動で変更できます。

スケーリング制限
希望する容量をどれだけ増減できるかに制限を設定します。
最小の希望する容量 2 希望する容量と同じかそれ以下
最大の希望する容量 4 希望する容量と同じかそれ以上

自動スケーリング - 省略可能
ターゲットの追跡ポリシーを使用するかどうかを選択する Info
Auto Scaling グループを作成した後に、他のメトリクスベースのスケーリングポリシーとスケジュールされたスケーリングを設定できます。
○ スケーリングポリシーなし
Auto Scaling グループは初期サイズのままとなり、需要に合わせて動的にサイズ変更されることはありません。
● ターゲット追跡スケーリングポリシー
CloudWatch メトリクスとターゲット値を選択し、スケーリングポリシーがメトリクスの値に比例して必要な容量を調整できるようにします。

スケーリングポリシー名
Target Tracking Policy

メトリクスタイプ Info
リソース使用率が低すぎるか高すぎるかを判別する監視対象メトリクス。EC2 メトリクスを使用する場合は、スケーリングパフォーマンスを向上させるために詳細モニタリングを有効にすることを検討してください。
平均 CPU 使用率

ターゲット値
20

インスタンスのウォームアップ Info
300 秒

❏ Auto Scalingグループの作成4 －スケーリングポリシー

次に通知の設定がありますが、今回は設定せずに進みました。設定するとスケールアウト（増やす）やスケールイン（減らす）の際にEメールへ通知されます。

❏ Auto Scalingグループの作成5 －通知の設定

Auto Scalingグループによって起動したEC2インスタンスにタグをつけられます。EC2ダッシュボードで見分けがつきやすいように、「Name」キーに［DemoASG］と設定しました。

タグ (1)
キー
値 - オプション
新しいインスタンスをタグ付けする
Name
DemoASG
削除
タグを追加する
49 残り
キャンセル
戻る
次へ

❑ Auto Scalingグループの作成6 －タグの設定

設定を確認して作成します。無事作成できたら一連の設定は完了です。

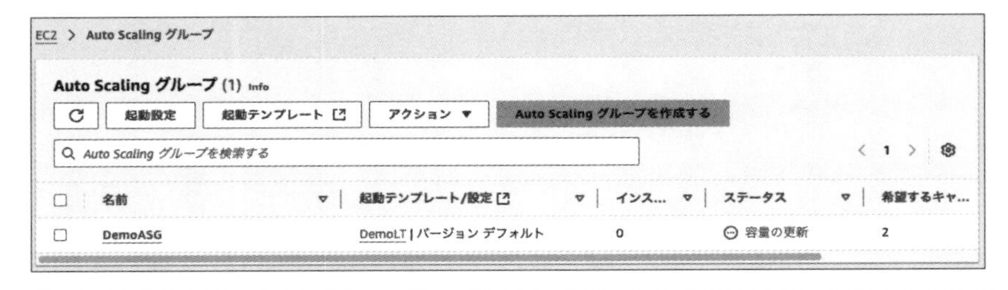

❑ Auto Scalingグループの作成7 －作成完了

✱動作確認

EC2インスタンスの一覧を見ると、DemoASGのタグの付いたEC2インスタンスが2つのアベイラビリティゾーンで1つずつ起動していることが確認できます。

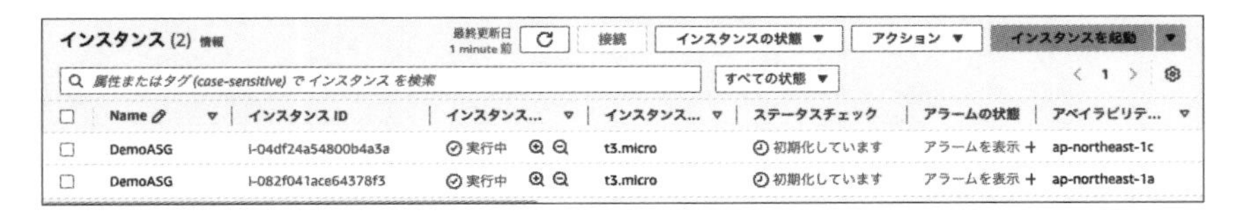

❑ 動作確認1 － EC2インスタンスの一覧

ELBのターゲットグループを見ると、2つのインスタンスが［healthy］ステータスになっていることが確認できます。

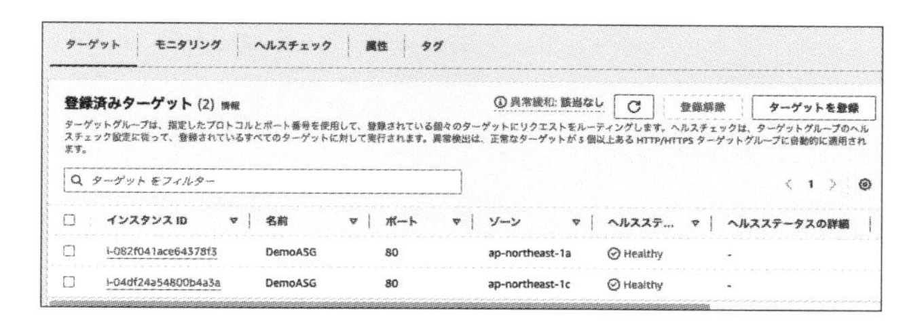

❑ 動作確認２ – ELBのターゲットグループ

Auto Scalingグループを見ると、インスタンス数が［2］になっています。そして［インスタンス管理］タブではターゲットグループ同様に2つのインスタンスが［Healthy］ステータスになっていることが確認できます。

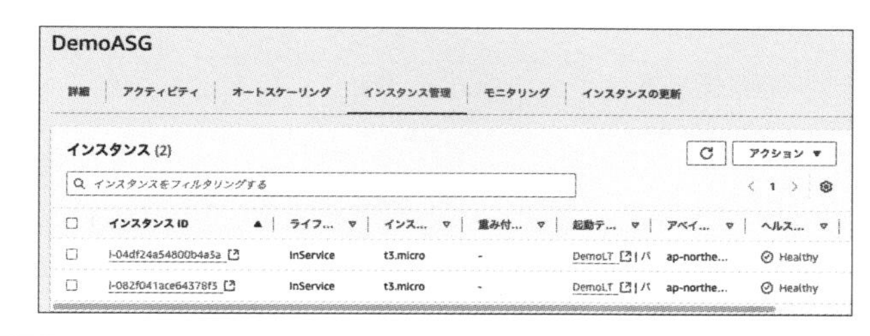

❑ 動作確認３ – Auto Scalingグループ

ELBのDNS名をコピーして、WebブラウザのURL欄に入力してアクセスしてみましょう（エラーになる場合は「http://」になっていることを確認しましょう。Webブラウザが自動で「https://」にする場合もあります）。

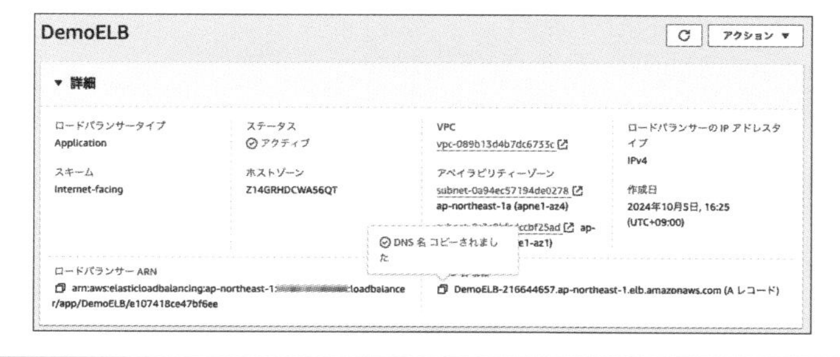

❑ 動作確認４ – ELBのDNS名をコピー

EC2インスタンスにアクセスでき、アベイラビリティゾーン、インスタンスID、パブリックIPアドレスが表示されています。

保護されていない通信　demoelb-216644657.ap-northeast-1.elb...

ap-northeast-1a
i-082f041ace64378f3
3.112.232.255

❑ 動作確認5 － EC2インスタンスにアクセス

Webブラウザの画面を更新するともう1つのインスタンスにリクエストが送信されて、アベイラビリティゾーン、インスタンスID、パブリックIPアドレスが変わったことが確認できます。つまり、負荷分散もちゃんとされています。

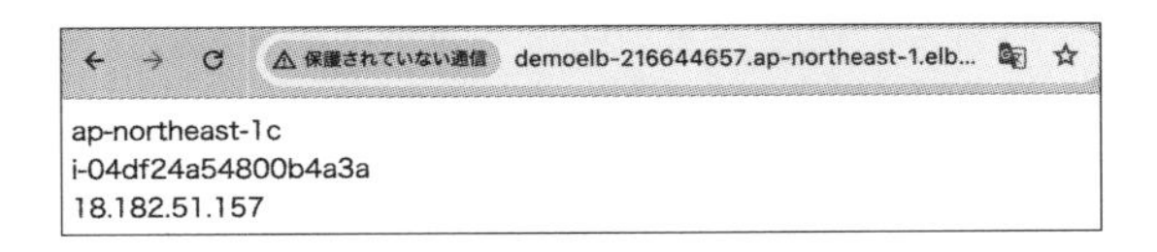

❑ 動作確認6 －画面を更新

CloudWatchのアラームを見てみましょう。2つのアラームが作成されています。CPU使用率が40%未満のアラームが「アラーム状態」でも、EC2インスタンスは最小台数の2つなので削除アクションは実行されません。

名前	状態	最終状態の更新 (ローカル)	条件
TargetTracking-DemoASG-AlarmHigh-ec9760c8-8c08-453f-ac57-24603a134b6a	OK	2024-10-05 16:43:27	3 分内の3データポイントのCPUUtilization > 50
TargetTracking-DemoASG-AlarmLow-a1f969dc-01f0-4ec7-9fe1-325d9763c977	アラーム状態	2024-10-05 16:56:44	15 分内の15データポイントのCPUUtilization < 35

❑ 動作確認7 － CloudWatchのアラーム

そこで負荷をかけてみます。Auto Scalingで起動している2つのEC2インスタンスそれぞれにセッションマネージャーで接続して、次のコマンドで負荷をかけます。

❑ 負荷をかける

```
$ yes > /dev/null
```

CloudWatchでCPU使用率が50%を超えるアラーム名を選択するとメトリクスが見えます。CPU使用率が上がっています。しばらくするとアラームの状態になります。

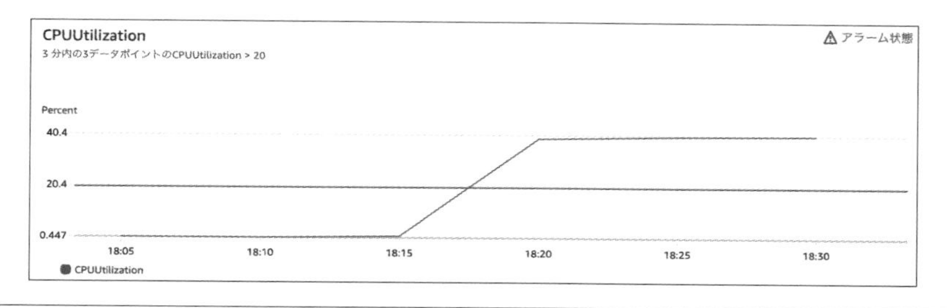

❑ 動作確認8 − CloudWatchのメトリクス

放置したままAuto Scalingグループを見ると、希望するインスタンス数が[4]になっています。

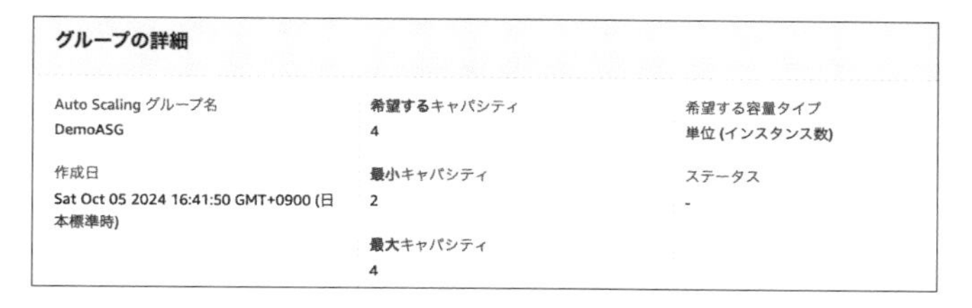

❑ 動作確認9 − Auto Scalingグループ

実際に起動しているインスタンスも4つになっています。

インスタンス (4) 情報　最終更新日 less than a minute 前　接続　インスタンスの状態 ▼　アクション ▼　インスタンスを起動 ▼

属性またはタグ (case-sensitive) で インスタンス を検索　すべての状態 ▼　1

Name	インスタンス ID	インスタンス...	インスタンス...	ステータスチェック	アラームの状態	アベイラビリテ...
DemoASG	i-080b7e42c8eecdd8d	実行中	t3.micro	初期化しています	アラームを表示 +	ap-northeast-1c
DemoASG	i-04df24a54800b4a3a	実行中	t3.micro	3/3 のチェックに合格	アラームを表示 +	ap-northeast-1c
DemoASG	i-082f041ace64378f3	実行中	t3.micro	3/3 のチェックに合格	アラームを表示 +	ap-northeast-1a
DemoASG	i-00f631ef323d0ea92	実行中	t3.micro	3/3 のチェックに合格	アラームを表示 +	ap-northeast-1a

❑ 動作確認10 −実際に起動しているインスタンス

負荷をかけているyesコマンドを[Ctrl]+[C]で停止します。しばらくすると平均CPU使用率が下がります。

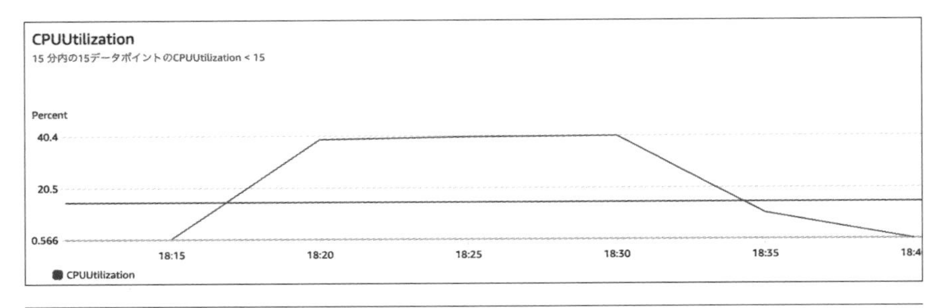

❑ 動作確認11 －平均CPU使用率が下がった

スケールインアクションによりEC2インスタンスが削除されたことを確認します。

インスタンス (4) 情報　最終更新日 less than a minute 前　接続　インスタンスの状態 ▼　アクション ▼　インスタンスを起動 ▼

属性またはタグ (case-sensitive) でインスタンスを検索　すべての状態 ▼　< 1 >

Name	インスタンス ID	インスタンス...	インスタンス...	ステータスチェック	アラームの状態	アベイラビリテ...
DemoASG	i-080b7e42c8eecdd8d	終了済み	t3.micro	–	アラームを表示 +	ap-northeast-1c
DemoASG	i-04df24a54800b4a3a	実行中	t3.micro	3/3 のチェックに合格	アラームを表示 +	ap-northeast-1c
DemoASG	i-082f041ace64378f3	実行中	t3.micro	3/3 のチェックに合格	アラームを表示 +	ap-northeast-1a
DemoASG	i-00f631ef323d0ea92	終了済み	t3.micro	–	アラームを表示 +	ap-northeast-1a

❑ 動作確認12 － EC2インスタンスが削除された

動作確認が終わったら、不要なリソースを削除します。Auto Scalingグループ、起動テンプレート、Application Load Balancer、ターゲットグループ、IAMロール、セキュリティグループを削除しておきましょう。

▶▶▶重要ポイント

- ELB、CloudWatch、Auto Scalingの3つで、自動的でスケーラブルなアプリケーションを構築できる。

5-4

AWS Lambda

AWS Lambda(ラムダ)は、ソースコードさえ用意すればそのプログラムを実行できる、サーバーレスサービスです。プログラムを実行するための環境を構築する必要も管理する必要もありません。開発者はサーバーの管理やメンテナンスから解放され、プログラム開発に注力できます。

Lambdaの概要と特徴

❏ Lambdaの責任範囲

例として、モバイルアプリケーションからリクエストがあった際にデータベースを検索して結果を返すプログラムがあるとします。このプログラムを実行するためにEC2インスタンスを使用した場合、プログラムを実行するためのランタイムや前提ソフトウェアのインストール、構築後のバックアップ、複数アベイラビリティゾーンへの配置による高可用性の実現、リクエストが増えた際のスケーリングをユーザーが構築、設定しなければなりません。長期間使用する場合には、OSやソフトウェアにセキュリティパッチなどを適用するメンテナンスも必要になります。

一方、Lambdaを使用した場合、これらの運用をAWSに任せることができ、プログラムの開発と最適化に注力できます。**サーバーレス**というのは、サーバーの構築、管理をユーザーがやらなくていいという意味です。

Lambdaの特徴としては以下が挙げられます。

- サーバーの構築が不要
- サーバーの管理が不要
- 一般的な言語のサポート
- 並行処理とスケーリング
- 柔軟なリソース設定
- ミリ秒単位の無駄のない課金
- 他のAWSサービスとの連携

サーバーの構築が不要

Lambdaでプログラムを実行するのは非常に簡単です。実行したいプログラムのランタイムを選択してソースコードをアップロードすれば、もう実行できます。これまでのように、オペレーティングシステムの用意、実行するためのミドルウェアのインストール、環境設定など、本来注力する必要のない作業は行わずに済みます。

Lambdaをマネジメントコンソールから作成する場合の手順は、名前を決め、ランタイムを選択し、権限をIAMロールから選択したら、後はソースコードをアップロードするだけです。

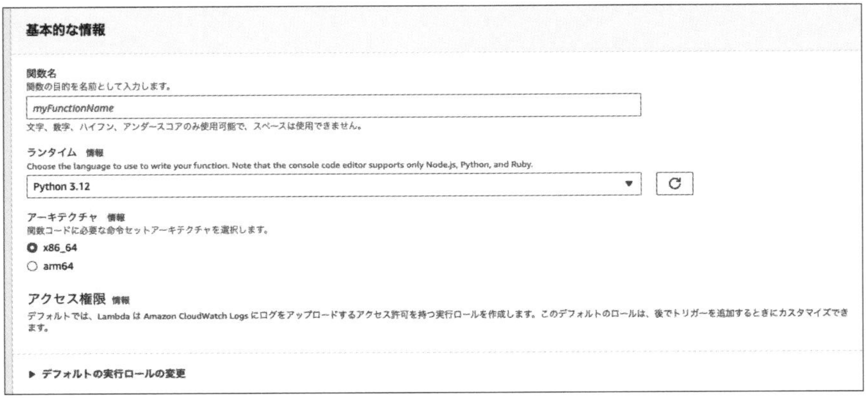

❑ Lambdaの作成画面

▶▶▶**重要ポイント**

- Lambdaでは、サーバーの構築や環境の準備をすることなく、すぐに開発を始められる。

サーバーの管理が不要

Lambdaを使用すれば、以下のようなサーバーの管理が不要です。より良いプログラムコードを開発することに集中できます。

- オペレーティングシステムの更新
- セキュリティパッチの適用
- ディスク容量の追加
- オペレーティングシステム、ミドルウェアのメンテナンス
- 冗長化、障害時の復旧
- スケーラビリティの確保
- 障害を考慮した設計
- 実行エラー時のリトライ

▶▶▶**重要ポイント**

- Lambdaを使えば、サーバーの運用から解放され、開発に注力できる。

一般的な言語のサポート

Lambdaを使うために、特定の言語を改めて勉強し直す必要はありません。コードを実行するためのランタイムは、以下の言語で用意されています。

- C#
- PowerShell
- Go
- Java
- Node.js
- Python
- Ruby

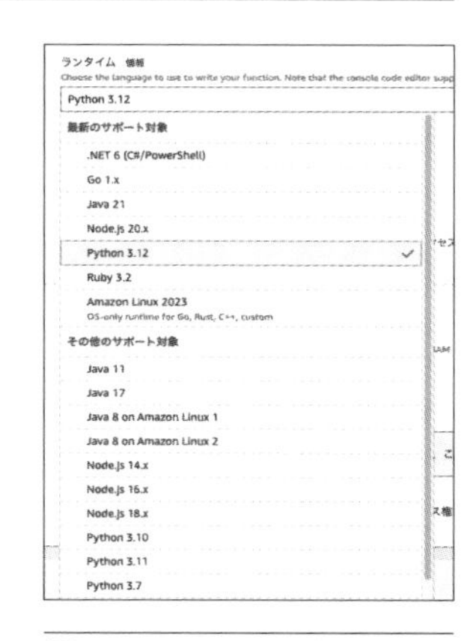

❑ Lambdaのサポート言語

これら以外の言語についても、カスタムランタイムを使用して実行することができます。

▶▶▶**重要ポイント**

- Lambdaを使うために新しい言語を勉強する必要はない。使い慣れた言語ですぐに始められる。

並行処理とスケーリング

Lambdaは、リクエストやトリガーからの実行指示がないときは実行されません。従来のサーバーのようにリクエストを待っている間に稼働し続けておく必要がありません。リクエストやトリガーによってコードが実行されます。もし2つのリクエストが同時に発生した場合は、2つのLambda関数が同時に実行されます。リクエストの数が増えれば、実行されるLambda関数の数も増えていきます。Auto Scalingの設定をしなくても、Lambdaでは、自動的にスケーラビリティが確保されているということです。

初期設定では、アカウント全体で同時実行数1000という制限はあります。これ以上の実行数が必要な場合は、同時実行数の制限引き上げをリクエストできます。また、関数ごとに同時実行数の上限を決めておくこともできます。

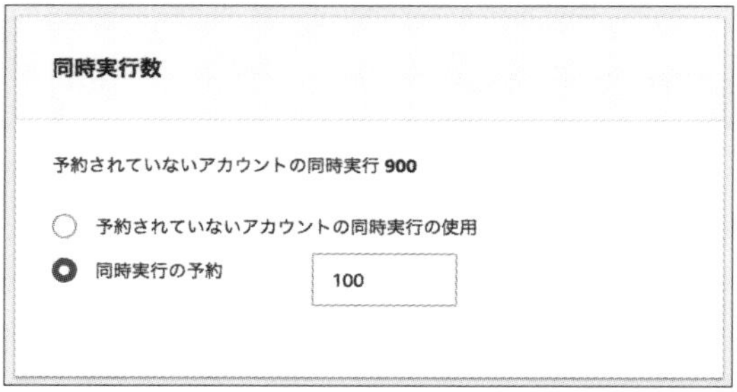

同時実行数

予約されていないアカウントの同時実行 900

○ 予約されていないアカウントの同時実行の使用

● 同時実行の予約 100

❏ Lambdaの同実行数設定

▶▶▶**重要ポイント**

- Lambdaでは、リクエストに応じて水平的にスケーリングされ、並行で関数が実行される。
- Lambdaの使用に際してAuto Scalingを構築する必要はない。

柔軟なリソース設定

Lambdaで設定する性能はメモリです。設定できる範囲は128MBから10240MBの間です。CPU性能はメモリに比例して割り当てられます。メモリの設定が課金に影響します（課金については次の項で見ていきます）。

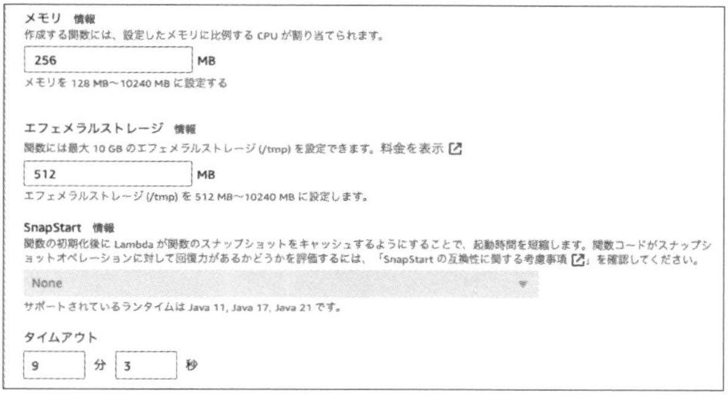

メモリ 情報
作成する関数には、設定したメモリに比例する CPU が割り当てられます。
256 MB
メモリを 128 MB～10240 MB に設定する

エフェメラルストレージ 情報
関数には最大 10 GB のエフェメラルストレージ (/tmp) を設定できます。料金を表示
512 MB
エフェメラルストレージ (/tmp) を 512 MB～10240 MB に設定します。

SnapStart 情報
関数の初期化後に Lambda が関数のスナップショットをキャッシュするようにすることで、起動時間を短縮します。関数コードがスナップショットオペレーションに対して回復力があるかどうかを評価するには、「SnapStart の互換性に関する考慮事項」を確認してください。
None
サポートされているランタイムは Java 11, Java 17, Java 21 です。

タイムアウト
9 分 3 秒

❑ Lambdaのリソース設定

タイムアウトの時間は最長15分まで設定することができます。Lambdaで実行する処理は最長15分で完了しなければならないということです。

▶▶▶重要ポイント

- Lambdaでは、メモリを割り当てるだけで性能を設定できる。

ミリ秒単位の無駄のない課金

次の実行結果は、あるLambda関数の実行レポートです。関数の実行には4671.68ミリ秒かかって、最大のメモリ使用量は43MBでした。また、この関数には128MBのメモリが割り当てられています。

❑ Lambda関数の実行結果

```
REPORT RequestId: xxxxxx Duration: 4671.68 ms BilledDuration:
➥ 4672 ms Memory Size: 128 MB Max Memory Used: 43 MB
```

課金対象となるのは、4671.68msを切り上げた4672ミリ秒と、メモリに割り当てている128MBです。この月間合計が**40万GB秒**となるまでは無料です。

たとえばメモリ1GBを割り当てているLambda関数が実行1回につき1秒で処理を終える場合、月間40万回までは無料です。それを超えた分に料金が発生します。GB秒あたりの料金表がリージョンごとに公開されています。

また、メモリ×時間の他にリクエスト数に対しても課金されますが、これも月間**100万リクエスト**までは無料です。実行結果を確認しながら、最も早く当該処理が終わるメモリを割り当てることが、最もパフォーマンス効率の良い設定です。

トリガーが発生していない時間に料金が発生しないこと、そして毎月の無料利用枠を超えても安価であることから、LambdaはEC2に比べてコストが低くなる傾向にあります。

▶▶▶**重要ポイント**

- Lambdaでは、実行されている時間に対してミリ秒単位の無駄のない課金がなされる。
- Lambdaでは、実行されていない待機時間には課金されない。

他のAWSサービスとの連携

Lambdaは、たとえば下記のようなイベントをトリガーとして実行されます。

- 特定の時間になったとき（EventBridge）
- S3にデータがアップロードされたとき
- DynamoDBに新しいアイテムが書き込まれたとき
- Auto Scalingアクションが実行されたとき
- Webページでボタンが押されたとき
- Kinesisにレコードが追加されたとき（Kinesisではリアルタイムなデータストリーミングを処理します）
- 「Alexa、〇〇について教えて」と言ったとき

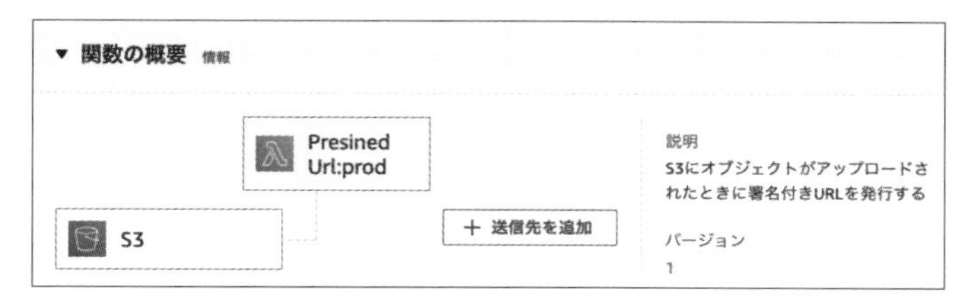

❑ Lambdaのトリガー

様々なAWSサービスがトリガーとして用意されているので、それらを組み合わせることで簡単にAWSのサービスとサービスとを繋げることができます。

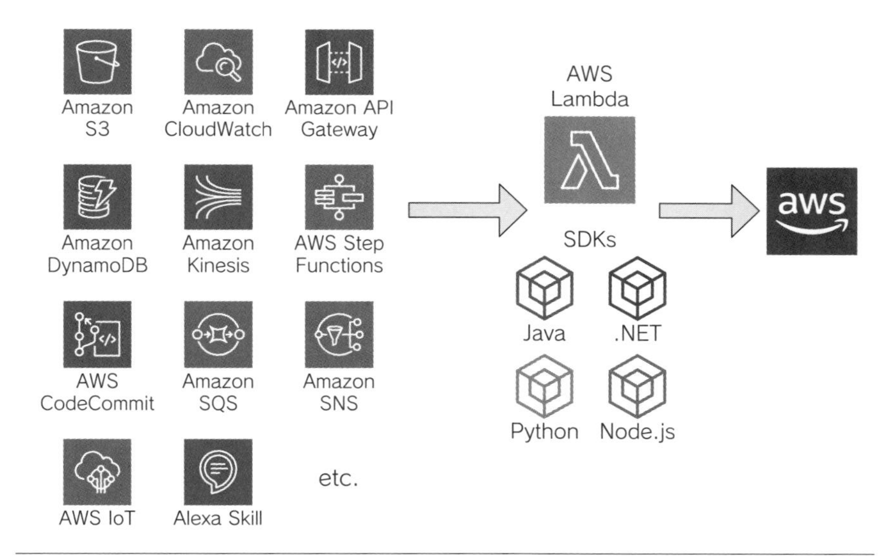

❑ Lambdaによる連携

Lambdaでは、使用できる言語のSDK（Software Development Kit）が実行環境に用意されるランタイムもあります。SDKを使用すると、AWSサービスの操作を数行のコードで自動化できます。LambdaでSDKに対応するコードを書けば、AWSサービスのイベントをトリガーにして他のAWSサービスの処理を行うことが簡単にできます。

Lambdaのモニタリングは、CloudWatchのメトリクスやLogs（11-1節参照）、AWS X-Ray（11-1節参照）で行います。

Lambdaを使用することで、サーバーレスアーキテクチャ（サーバーの準備・管理を必要としない設計）を構築できます。ソースコードはCodeCommitなどのリポジトリでバージョン管理できます。

▶▶▶重要ポイント

- Lambdaを使うと、AWSサービスの処理を簡単に自動化できる。
- AWSサービスからのトリガーを使用することで、イベントからLambdaを実行できる。

Amazon API Gateway

Lambdaとよく一緒に使うサービスに**Amazon API Gateway**があります。

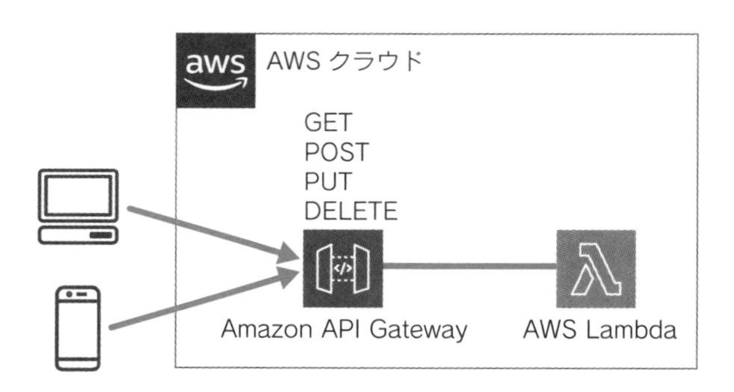

❑ API Gateway

API Gatewayを使うと、外部からリクエストを受け付けるためのREST APIを簡単に構築できます。モバイルアプリケーションのバックエンドサービスAPIを作成したり、外部アプリケーションからリクエストを受けるAPIを作成したりできます。APIにリクエストがあった際の処理で、Lambda関数を呼び出せます。

5-5

コンテナ

コンテナとはアプリケーションの実行に必要なものを1つにまとめたもので、近年、様々なシーンで採用されています。コンテナは仮想サーバーに比べて、軽量ですばやく起動でき、効率性も高く、開発環境からテスト環境、本番環境への移植性にも優れています。

通常、コンテナを実行する場合、コンテナを実行する**Docker**というソフトウェアをサーバーにインストールして、Dockerコマンドで操作します。AWSの場合はEC2インスタンスにDockerを構築して、Dockerコマンドでコンテナの実行や管理をする方法が考えられます。ただしこの場合は、OSの運用管理が必要になりますし、複数のEC2インスタンス上でDockerコマンドを操作しなければならず、多くの手間が発生します。この課題を解決するために、コンテナを実行するためのマネージドサービスが用意されています。ここでは、それぞれのサービスの役割を解説します。

- Amazon ECR
- Amazon ECS
- AWS Fargate
- Amazon EKS

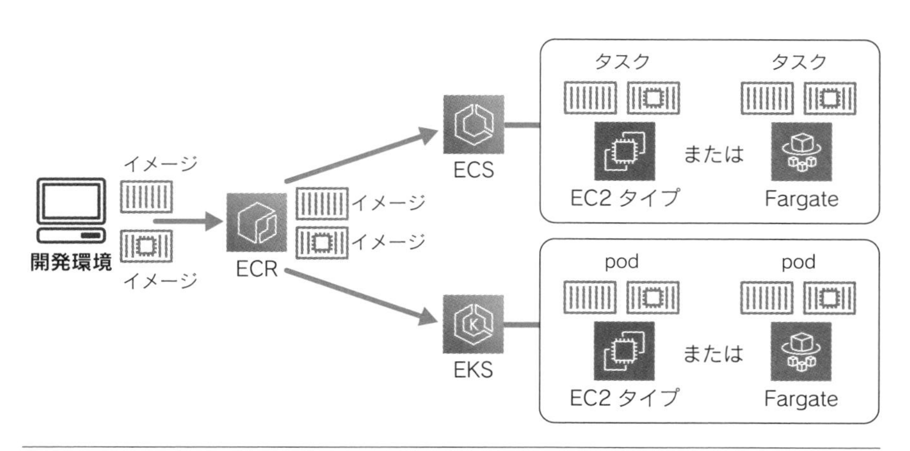

❑ コンテナサービス

Amazon ECR

コンテナ側ではイメージを作成、保存し、実行環境ではそのイメージからコンテナアプリケーションを実行します。コンテナイメージを保存するサーバーを一般的に**レジストリ**と言います。コンテナレジストリのマネージドサービスが**Amazon ECR**（Amazon Elastic Container Registry）です。サーバーの管理やアベイラビリティゾーンを意識することなく、リージョンで使用できます。

Amazon ECS

コンテナの実行をコントロールするサービスが**Amazon ECS**（Amazon Elastic Container Service）です。コンテナを実行するために、実行環境のEC2で個別にDockerコマンドを実行する必要はありません。ECSでは、実行されたコンテナアプリケーションのことを**タスク**と言います。

ECSは、どのECRのイメージをどのVPCのApplication Load Balancerのターゲットとして実行するかなどを、一元的にコントロールします。このようなサービスを一般に**オーケストレーションサービス**と呼びます。オーケストラの指揮者のように、大量のコンテナに対して一元的に指示を与えるからです。

AWS Fargate

ECSでコンテナタスクを起動する場所としてEC2インスタンスを使用できますが、この場合はやはりEC2インスタンス自体のメンテナンスやスケーリングが必要になります。この運用負荷を減らすことのできるサービスが**AWS Fargate**です。ECSでコンテナタスクの起動場所をFargateに設定すると、コンテナを実行するためのEC2インスタンスは不要になります。メンテナンスやスケーリングをする必要がなく、コンテナの実行に集中できます。

Amazon EKS

コンテナのオーケストレーションツールとして、一般的に有名なのが**Kubernetes**（読み方は複数あり、クバネティス、クーベネティス）です。組織でコンテナの実行に使用するオーケストレーションツールをKubernetesにするという決定をした場合は、**Amazon EKS**（Amazon Elastic Kubernetes Service）が使用できます。ECSと同様、Kubernetesでも、実行場所はEC2、Fargateから選択できます。AWSでは、ECSまたはEKSのいずれかを選択してコンテナを実行しますが、ECSのほうがAWSの各サービスとの連携性は高いと言えます。

▶▶▶重要ポイント

- ECRはコンテナイメージを保存して使用できるようにするレジストリサービス。
- ECSはコンテナを一元的に実行管理するオーケストレーションサービス。
- Fargateを使用すれば、コンテナの実行のためにEC2インスタンスを用意する必要はなくなる。
- AWSでKubernetesを使用したい場合はEKSを使用する。

Column

コンピューティングサービスの選択

仮想サーバーのEC2、サーバーレスのLambda、コンテナのECS/FargateやEKSという、3種類の選択肢について見てきました。選択する基準や条件は各組織やチームによっても異なります。著者の場合は、OSS（Open Source Software）やオンプレミスの仮想サーバーで実行しているソフトウェアなどOSにインストールしてすぐに使えるものはEC2、バックエンドプログラムで新たに開発する場合はLambda、新たに開発する場合でも15分以上の処理が必要な場合や、コンテナイメージがすでに用意されている場合はコンテナという選択をしています。

5-6 メッセージサービス

ここでは、試験範囲のメッセージサービスとしてSNSとSQSを解説します。

Amazon SNS

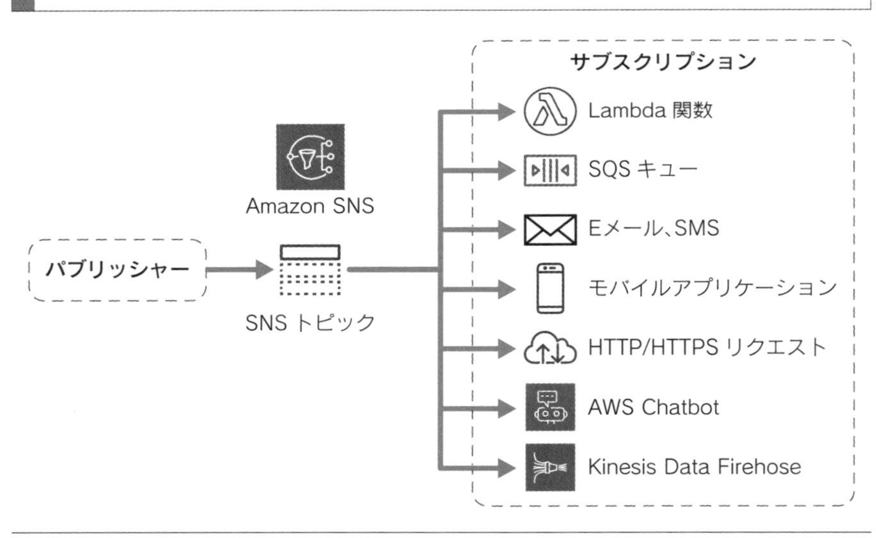

❑ Amazon SNS

Amazon SNS（Amazon Simple Notification Service）は、メッセージを通知（Notification）するサービスです。**SNSトピック**に送信（**パブリッシュ**）したメッセージは、あらかじめ設定しておいた**サブスクリプション**に送信されます。サブスクリプションが複数ある場合は、並列的にそれぞれにメッセージが送信されます。

EC2 Auto ScalingやAWSサービスの通知でSNSトピックを設定でき、メッセージを送信できます。サブスクリプションにEメールを設定できるので、固定のEメールアドレスにメッセージを送信する際によく使われます。

Amazon SQS

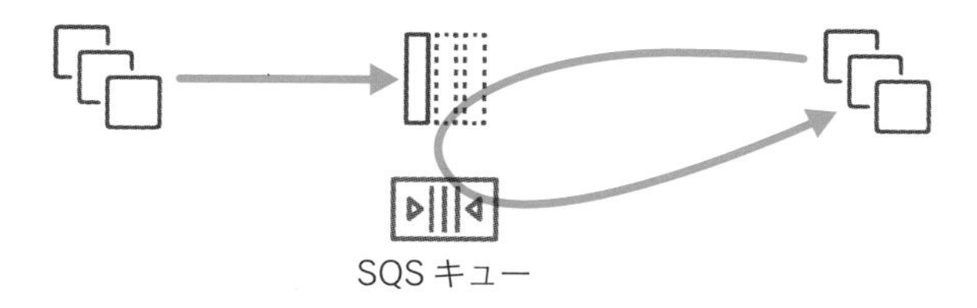

❑ Amazon SQS

Amazon SQS（Amazon Simple Queue Service）は、メッセージキューのサービスです。キューにメッセージを送るサービスとメッセージを受け取って処理をするサービスとの間で行われるメッセージのやり取りのために、メッセージを一時保存します。メッセージを送る側は、受け取る側の状態を気にせずに送ることができ、受け取る側の状態を気にせずに処理を完了できます。受け取って処理をする側も、送信元の状態を気にすることなく自身の都合のいいタイミングで受け取って処理ができます。このように、非同期の効率的な設計ができます。

SNSトピックもSQSキューもリージョンを選択して作成します。ユーザーがアベイラビリティゾーンを気にする必要はありません。

▶▶▶重要ポイント

- Eメール送信などメッセージの通知にはSNSが使用できる。
- 非同期処理などでキューが必要な場合はSQSが使用できる。

5-7 その他のコンピューティングサービス

ここでは、試験ガイドで対象サービスとなっているその他のコンピューティングサービスを紹介します。それぞれの用途を把握しておいてください。

AWS Step Functions

AWS Step Functionsは、ワークフローを作成して実行できるサービスです。分岐やリトライ、順列、並列などの制御にはStep Functionsの機能を使うため、コーディングする必要はありません。各ステップでLambda関数を呼び出したり、その他のAWSサービスをノーコードで呼び出したりできます。

AWS Batch

AWS Batchは名前のとおり、バッチ処理を実行するためのサービスです。バッチ処理を実行するためのサーバーを個別に起動、運用することなく、使い捨ての実行環境として使用できます。

Amazon Lightsail

Amazon Lightsailは、仮想プライベートサーバー（VPS）を月額料金で提供するサービスです。WordPress、Redmine、LAMP環境などがあらかじめ組み込まれたVPSを、EC2を用いて構築するよりも簡単に利用できます。サーバーの用途が決まっている場合や、分かりやすい料金でサーバーを使用したい場合などに有用です。

重要ポイント

- Step Functionsを使えば、複数のサービスを組み合わせるワークフローや、フロー制御を伴うワークフローを簡単に作成できる。
- AWS Batchはバッチ処理のフルマネージドな実行環境サービス。
- Lightsailは仮想プライベートサーバー（VPS）を提供するサービス。

本章のまとめ

EC2

- EC2インスタンスは、必要なときに必要なだけ起動できる。
- 必要なEC2インスタンスの数を事前に予測する必要はない。
- EC2では、運用を開始した後に柔軟に性能を変更できる。
- EC2は、使った分にだけ料金が発生する。
- EC2では、秒単位（一部時間単位）で課金される。
- EC2では、主にアウト通信に転送料金が発生する。
- EC2インスタンスタイプは運用を開始した後でも柔軟に変更できる。
- EC2には多種多様なインスタンスタイプが用意されているので、用途に応じて適切に選択できる。
- 数分で世界中にEC2インスタンスをデプロイできる。
- AMIから同じ構成のEC2インスタンスを何台でも起動できる。
- AWS Marketplaceから簡単にソフトウェア構成済みのEC2インスタンスを起動できる。
- EC2インスタンスへのネットワークトラフィックはセキュリティグループで制御する。
- セッションマネージャーを使えばOSに安全に接続でき、管理者権限でOSコマンドを実行できる。
- ユースケースに応じて料金オプションを使い分けることでコスト効率が向上する。
- Inspectorにより、EC2インスタンスの脆弱性は自動的かつ定期的にスキャンされ、レポートされる。

▶▶▶ ELB

- EC2インスタンスの可用性、耐障害性を高めるためにELBを使用できる。
- HTTP/HTTPSではApplication Load Balancerを使い、それ以外ではNetwork Load Balancerを使う。
- ELBには、正常なインスタンスのみにトラフィックを送るためのヘルスチェック機能がある。
- ELBはインターネット向けにも内部向けにも対応している。
- インターネット向けだけではなく内部にもELBを挟むことによって、システムの可用性を高めることができる。
- ELB自体が高可用性のマネージドサービスなので、ELBは単一障害点とはならない。

▶▶▶ Auto Scaling

- Auto ScalingによってEC2インスタンスを必要なときに自動で増減できる。
- Auto Scalingのメリットは、高可用性、耐障害性、コスト効率化。
- 垂直スケーリングよりも水平スケーリングのほうがスケーラビリティを確保しやすい。
- Auto Scalingでは起動テンプレート（何を）、Auto Scalingグループ（どこで）、スケーリングポリシー（いつ）を設定する。
- リクエストや負荷に対して自動的にインスタンスを増減させるスケーリングポリシーがある。
- 予測スケーリングでは、過去の実績をもとに機械学習で予測した将来値を使用して事前に準備できる。
- EC2のユーザーデータを使うことでコマンドを自動実行し、デプロイ処理を自動化できる。
- EC2の情報（IPアドレスやインスタンスID）はメタデータから取得できる。
- ELB、CloudWatch、Auto Scalingの3つで、自動的でスケーラブルなアプリケーションを構築できる。

▶▶▶ Lambda

- Lambdaでは、サーバーの構築や環境の準備をすることなく、すぐに開発を始められる。
- Lambdaを使えば、サーバーの運用から解放され、開発に注力できる。
- Lambdaを使うために新しい言語を勉強する必要はない。使い慣れた言語ですぐに始められる。
- Lambdaでは、リクエストに応じて水平的にスケーリングされ、並行で関数が実行される。
- Lambdaの使用に際してAuto Scalingを構築する必要はない。
- Lambdaでは、メモリを割り当てるだけで性能を設定できる。
- Lambdaでは、実行されている時間に対してミリ秒単位の無駄のない課金がなされる。
- Lambdaでは、実行されていない待機時間には課金されない。
- Lambdaを使うと、AWSサービスの処理を簡単に自動化できる。
- AWSサービスからのトリガーを使用することで、イベントからLambdaを実行できる。

▶▶▶ コンテナ

- ECRはコンテナイメージを保存して使用できるようにするレジストリサービス。
- ECSはコンテナを一元的に実行管理するオーケストレーションサービス。
- Fargateを使用すれば、コンテナの実行のためにEC2インスタンスを用意する必要はなくなる。
- AWSでKubernetesを使用したい場合はEKSを使用する。

▶▶▶ メッセージサービス

- Eメール送信などメッセージの通知にはSNSが使用できる。
- 非同期処理などでキューが必要な場合はSQSが使用できる。

▶▶▶ その他のコンピューティングサービス

- Step Functionsを使えば、複数のサービスを組み合わせるワークフローや、フロー制御を伴うワークフローを簡単に作成できる。
- AWS Batchはバッチ処理のフルマネージドな実行環境サービス。
- Lightsailは仮想プライベートサーバー（VPS）を提供するサービス。

練習問題

練習問題1

Linuxサーバーで稼働しているWebアプリケーションがあります。AWSでもなるべく同じ構成で運用したいです。次のどのサービスが使用できますか。1つ選択してください。

A. Lambda
B. Step Functions
C. EC2
D. ELB

練習問題2

次のうち、EC2を使用するユーザーの責任範囲を2つ選択してください。

A. アプリケーションが受け付けるネットワークポートの制御
B. ハードウェアのメンテナンス
C. 電源容量の確保
D. EC2側のネットワーク回線の開設申請
E. OSのセキュリティパッチ適用

練習問題3

起動中のEC2インスタンスが不要になりました。ユーザーが行う操作は次のどれですか。1つ選択してください。

A. 削除理由を入力してAWSサポートへ削除申請をする。
B. 削除理由は不要で、AWSサポートへ削除申請をする。
C. 対象のEC2インスタンスを終了するようリクエストする。
D. 対象のEC2インスタンスを終了するようリクエストできるが初期費用が無駄になるため1か月は継続する。

練習問題4

A社では新規事業向けのポータルサイトのリリースを予定しています。どれくらいリクエストがあるかは分かっていませんが、目標値としての顧客数は事業計画で決まっています。ポータルサイトは複数のEC2インスタンスで構成します。次のどの選択肢が最も効率の良い方法ですか。

A. ピーク時に必要なインスタンス数を予測して、最初からそのインスタンス数を起動しておく。
B. 必要スペックをサイジングし、運用開始後に予算がぶれないように、最初に決めたインスタンスを使い続ける。
C. 運用開始後に状態をモニタリングし、必要なインスタンスタイプに調整し、必要に応じてインスタンス数を増減させる。
D. 目標顧客数を最も適切に処理できるインスタンスタイプを3年分予約購入する。

練習問題5

夜間にレポートを作成するプログラムでEC2インスタンスAmazon Linuxを使用しています。処理時間はデータ量に依存するので日によって終了時間は異なります。レポート作成終了はトリガーにできます。最も効率の良い方法は次のどれでしょうか。1つ選択してください。

A. レポート終了トリガーによりEC2インスタンスを自動終了する。
B. 1時間ごとの請求が無駄にならないように60分以内に処理を終了させて、自動終了する。
C. レポート終了トリガーで通知を受けて、夜間対応エンジニアが手動終了する。
D. 翌日も使用するので、起動したままにする。

練習問題6

インメモリデータベースをEC2インスタンスで使用します。最も最適なインスタンスファミリーはどれでしょうか。1つ選択してください。

A. M（一般用途）
B. T（汎用、低コスト）
C. R（メモリ最適化）
D. C（コンピューティング）

練習問題7

AMI（Amazon Machine Image）について正しく説明しているものを1つ選択してください。

A. AMIはリージョン間で共有ができるので、1つ作れば他のリージョンでもそのAMIからEC2インスタンスを起動できる。
B. AMIはアカウント間で共有できるので、他のアカウントIDを指定して、共有先のアカウントでEC2インスタンスを起動できる。
C. AMIがサポートしているOSはLinuxのみである。
D. クイックスタートAMIから起動したEC2インスタンスのOSに脆弱性が見つかった場合は、AWSがメンテナンスするので任せておくことができる。

練習問題8

LinuxのEC2インスタンスにOSの管理者がコマンドを実行する必要が生じました。以下の選択肢から最も適切なものを選択してください。

A. SSHでログインできるユーザーをOSに複数作成して、ユーザー名とパスワードでログインできるようにする。
B. セキュリティグループインバウンドルールで22番ポートに対して、0.0.0.0/0からの接続を許可する。
C. セキュリティグループインバウンドルールで22番ポートに対して、特定IPからの接続を許可する。IAMロールをアタッチして、セッションマネージャーで接続してコマンドを実行する。

D. IAMロールをアタッチして、セッションマネージャーで接続してコマンドを実行する。

練習問題9

EC2を使用することによって発生する料金要素を2つ選択してください。

A. 時間単位、または秒単位のEC2の使用料金
B. リージョン外へのデータ転送料金
C. 選択したリージョンの最低利用料金
D. 同一リージョン内の他アカウントが保有するS3へのデータ転送料金
E. Auto Scalingの使用料金

練習問題10

Elastic Load Balancingについて正しく述べているものを以下から1つ選択してください。

A. EC2インスタンスの高可用性を実現できる。
B. Design for Failureの設計原則に従ってELBの高可用性を実現するために、複数設定することが推奨されている。
C. ELBをインターネット向けに設定すればそれだけで外部からのアクセスを受け付けられる。
D. Classic Load Balancerを使えばどのプロトコルにも対応できるので積極的に使う。

練習問題11

Auto Scalingのメリットを以下から2つ選択してください。

A. 毎月決まったコストを支払うことができる。

B. 異常なインスタンスが検出されても勝手にインスタンスを置き換えないので状態を維持できる。

C. 不要なインスタンスはスケールインアクションにより削除されるので、コスト効率が高くなる。

D. Auto Scalingはわずかな料金で使用できるので、コスト効率が非常に高いサービスである。

E. ピークを超えるアクセスがあったときにはそれを処理するEC2インスタンスを自動で起動できるので、可用性が高くなる。

練習問題12

EC2 Auto ScalingとELBで構成している情報サイトがあります。基本的に日中のアクセスが多いようですが季節やトレンドにも左右されます。永続的なアクセスパターンサイクルがあるわけではありませんが、数か月は同様のサイクルが続きます。アクセスのピークに対しては10分前に必要なEC2インスタンスをなるべく用意しておきたいです。どのスケーリングポリシーが望ましいですか。1つ選択してください。

A. ターゲット追跡スケーリング

B. ステップスケーリング

C. スケジュールされたスケーリング

D. 予測スケーリング

練習問題13

EC2を起動する際に、インスタンスに割り当てられたIPアドレスをローカルの設定ファイルに書き込みたいです。次のどの機能が使用できますか。2つ選択してください。

A. IAMロール

B. ユーザーデータ

C. セッションマネージャー

D. キーペア
E. メタデータ

練習問題14

Python 3.10のプログラムを実行する必要があります。サーバーを運用管理したくありません。どのサービスが最も適していますか。

A. Amazon Elastic Compute Cloud
B. AWS Lambda
C. Amazon Elastic Container Service（EC2起動タイプ）
D. AWS Elastic Beanstalk

練習問題15

Lambda関数を作成しました。一度に最大10のリクエストが送信される予定です。どのように設定しますか。1つ選択してください。

A. Lambda関数のメモリを10倍値に設定する。
B. Lambda関数のタイムアウト時間を15分に設定する。
C. Lambda関数の同時実行数を10以上に設定する。
D. Auto Scalingを設定し最大値を10以上に設定する。

練習問題16

ELBと2つのEC2インスタンスでAPIサーバーを3か月運用しています。1日のうちまったくリクエストのない時間が不定期に発生していることが分かりました。コストを最適化するためには、次のどのアプローチが適していますか。1つ選択してください。

A. EC2インスタンスのサイズを小さくする。
B. EC2インスタンスを1つにする。
C. Lambda関数に置き換える。
D. スケジュールされたスケーリングで必要な時間だけEC2インスタンスを起動する。

練習問題17

AWSで運用負荷を減らしながらコンテナを実行したいです。次のどの方法が最適でしょうか。

A. ECSでEC2起動タイプを使用する。
B. ECSでFargate起動タイプを使用する。
C. EC2にDockerをインストールして使用する。
D. EKSでEC2起動タイプを使用する。

練習問題18

Auto Scalingでスケールアウト、スケールインアクションが実行されたときに管理者へEメール通知したいです。次のどのサービスを使用しますか。1つ選択してください。

A. Amazon SNS
B. Amazon SQS
C. AWS Step Functions
D. AWS Batch

練習問題19

非同期処理のためにメッセージキューが必要です。次のどのサービスを使用しますか。1つ選択してください。

A. Amazon SNS
B. Amazon SQS
C. AWS Step Functions
D. AWS Lightsail

練習問題20

EC2インスタンスのOSの設定やモジュールに脆弱性がないかを定期的に確認したいです。どのサービスを使用しますか。1つ選択してください。

A. GuardDuty
B. Certificate Manager
C. Inspector
D. Detective

練習問題の解答

✓ 練習問題１の解答

答え：C

この選択肢の中ではEC2でLinuxサーバーが使用できます。

- **A.** Lambdaでは、OSは使用できません。
- **B.** Step Functionsはワークフローを作成するサービスです。
- **D.** ELBはロードバランシングするサービスです。

✓ 練習問題２の解答

答え：A、E

EC2インスタンスにデプロイしたアプリケーションの構成はユーザーの責任範囲です。OSのセキュリティパッチも、ユーザーが適用するかどうかを判断して対応します。

- **B.** ハードウェアはAWSの責任範囲です。
- **C.** 電源容量はユーザーが確保する必要はありません。
- **D.** EC2を使用する際にAWS側の回線を申請する必要はありません。

✓ 練習問題３の解答

答え：C

EC2インスタンスを終了（Terminate）するだけです。

- **A、B.** AWSサポートへの連絡は必要ありません。
- **D.** EC2に初期費用はありません。

✓ 練習問題４の解答

答え：C

運用を開始した後でも、インスタンスを停止すればインスタンスタイプを変更できます。インスタンスは必要に応じて増減できます。

- **A.** ピークに耐えることはできるかもしれませんが、使用率の低いインスタンスが起動することになるので、非効率な使い方になります。また、予測していたピークを超えたリクエストがあった場合には不足に陥るリスクがあります。
- **B.** 結果的に過剰なプロビジョニングとなった場合は無駄なコストが発生し、過少なプロビジョニングとなった場合はリソースを使い切ってしまうリスクがあります。
- **D.** 目標値に合わせてリソースを設計するのではなく、現実の需要の変化、リクエスト量の変動に合わせて柔軟にリソースを調達することが最も効率的な方法です。その結果、使用率の高いインスタンスタイプを一定数使うことが分かれば、予約購入などの料金オプションを検討するアプローチが考えられます。

✓練習問題5の解答

答え：A

トリガーや自動終了に関する詳細な記述はありませんが、トリガーがあるということはそれにより処理を実行できるということです。トリガーがあるのなら、AWSサービスへのリクエストはプログラムで自動化できます。

B. Amazon Linuxは秒単位の課金なので、1時間という単位を気にする必要はありません。
C. 自動化できるので、手動対応する必要はありません。
D. 使わないときに終了することは、コストやセキュリティの面でメリットがあります。

✓練習問題6の解答

答え：C

インメモリデータベースなのでメモリ最適化が必要です。その他の選択肢のインスタンスファミリーを使っていけないわけではありませんが、最適とは言えません。

✓練習問題7の解答

答え：B

A. AMIはリージョンをまたぐことができません。他リージョンで同じAMIを利用する場合は、対象のリージョンにAMIをコピーしてから利用します。
C. Windowsもサポートしています。
D. 起動後のEC2インスタンスのOSのメンテナンスは、ユーザーの範囲に属します。

✓練習問題8の解答

答え：D

IAMロールをアタッチして、セッションマネージャーで接続してコマンドを実行するのが適切な方法です。

A. セッションマネージャーを使った方法のほうが安全です。
B. 送信元は必要最低限の範囲のみに限定します。そうすることで不正アクセスなどの攻撃からリソースを保護します。セッションマネージャーを使った方法のほうが安全です。
C. セッションマネージャーの使用にセキュリティグループインバウンドルールの設定は必要ありません。

✓練習問題9の解答

答え：A、B

EC2の使用によって発生する主な料金は、秒単位または時間単位の使用料金、アウト向けのデータ転送料金、EBSのストレージ料金です。

C. リージョンに最低利用料金はありません。

- **D.** 同一リージョン内のS3であれば、アカウントが違ってもデータ転送料金は発生しません。
- **E.** Auto Scalingそのものには料金は発生しません。スケーリングポリシーで使用するCloudWatchアラームについては、CloudWatchの料金が発生します。

✓練習問題10の解答

答え：**A**

ELBによって複数のアベイラビリティゾーンにEC2インスタンスを配置して、高可用性を実現できます。

- **B.** ELB自体が高い可用性を持つマネージドサービスなので単一障害点にはなりません。
- **C.** ELBにも、セキュリティグループで必要なポートと送信元を設定します。
- **D.** Application Load BalancerとNetwork Load Balancerには、Classic Load Balancerにはない新しく高度な機能が提供されています。そのため、HTTP/HTTPSの場合はApplication Load Balancerを、それ以外の場合はNetwork Load Blaancerを使用します。

✓練習問題11の解答

答え：**C、E**

Auto Scalingを使うと、リクエストに対応するためにインスタンスは自動で増えます。逆に、不要になれば削除されます。

- **A.** 固定費を変動費に変えることがAWSのメリットです。
- **B.** Auto Scalingのヘルスチェックによって異常なインスタンスと見なされた場合削除されて、正常なインスタンスに置き換わります。
- **D.** Auto Scaling自体は無料です。

✓練習問題12の解答

答え：**D**

10分前に用意しておきたいという点と、アクセスパターンに変化はあるが同様のサイクルが続くという点から、予測スケーリングがマッチします。

- **A.** ターゲット追跡スケーリングでは閾値によってスケーリングが行われます。10分前の用意には向いてません。
- **B.** ステップスケーリングは予兆としての閾値が設定できるなら要件を満たせるかもしれませんが、予測スケーリングのほうがより適しています。
- **C.** 季節やトレンドに左右されるので、スケジュールを設定した場合は、頻繁なメンテナンスが想定されます。そのため、設問の要件には向いていません。

✓練習問題13の解答

答え：B、E

起動する際に実行するにはユーザーデータを使用します。EC2インスタンスに割り当てられたIPアドレスはメタデータから取得できます。

- **A.** ユーザーデータの実行やメタデータの取得には、IAMロールは必要ありません。
- **C.** セッションマネージャーに接続して手動で実行する必要はありません。
- **D.** キーペアによるSSH接続で手動実行する必要はありません。

✓練習問題14の解答

答え：B

サーバーを管理したくないのでAWS Lambdaが答えです。他の選択肢のサービスはEC2インスタンスを運用するのでOSの管理が必要です。

- **C.** Fargateを使用すればEC2インスタンスの運用は不要になります。
- **D.** Elastic BeanstalkはEC2インスタンスなどの構築を自動化するものです。

✓練習問題15の解答

答え：C

Lambda関数の同時実行数の上限を設定できます。予想される最大同時リクエスト数以上にしておきます。

- **A.** メモリ容量を増やしても1つのLambda関数の実行処理性能が上がるだけで、同時リクエストに影響するものではありません。
- **B.** タイムアウト時間を増やしても1つのLambda関数の実行最長時間が増えるだけで、同時リクエストに影響するものではありません。
- **D.** LambdaにはAuto Scalingはありません。

✓練習問題16の解答

答え：C

リクエストのない時間に課金が発生するのは無駄なので、Lambda関数に置き換えます。Lambdaはトリガーが発生しなければ料金は発生しません。

- **A.** インスタンスサイズを小さくすればコストは下がりますが、パフォーマンスも下がります。過剰なインスタンスタイプであれば小さくすることも考えられますが、今回はリクエストのまったくない時間があるので、サイズを小さくすることに意味はありません。
- **B.** インスタンスを1つにすればコストは下がりますが、可用性が失われます。今回はリクエストのまったくない時間があるので、1つにすることに意味はありません。
- **D.** リクエストのない時間が不定期なので、スケジュールされたスケーリングでは対応できません。

✓ 練習問題17の解答

答え：B

最も運用負荷が低いのは、EC2インスタンスを使用しない「ECS + Fargate」の組み合わせです。OSのメンテナンスや、コンテナを実行するためのインスタンスのスケーリングなどを考慮しなくて済みます。その他の選択肢の方法はEC2を使用してコンテナを実行するので、EC2の運用が必要になります。

✓ 練習問題18の解答

答え：A

SNS（Simple Notification Service）を使用します。Auto Scalingグループの通知でSNSトピックを指定できます。SNSトピックにはEメールアドレスをサブスクリプションとして設定しておきます。

- **B.** SQSはメッセージキューサービスです。
- **C.** Step Functionsはワークフローを実行するサービスです。
- **D.** Batchはバッチ処理を実行するサービスです。

✓ 練習問題19の解答

答え：B

メッセージキューにはSQS（Simple Queue Service）を使用します。

- **A.** SNSは通知に使用するサービスです。
- **C.** Step Functionsはワークフローを実行するサービスです。
- **D.** LightsailはVSPサービスです。

✓ 練習問題20の解答

答え：C

Inspectorを使えば、EC2インスタンスのOSの設定やモジュールに脆弱性がないかを定期的に確認できます。

- **A.** GuardDutyはAWSアカウントで構築しているリソースへの脅威を検出します。
- **B.** Certificate Managerは所有ドメインのSSL/TLS証明書を作成して管理します。
- **D.** Detectiveはセキュリティインシデントの調査を迅速に行えるようにします。

第6章

ストレージサービス

第6章では、AWSのストレージサービスについて解説します。本書では特にEBSとS3の2つのサービスについて詳しく解説します。試験範囲に含まれる他のストレージサービス（EFS、FSx、Backup）についても、名前と概要は押さえておいてください。

6-1 Amazon EBS

Amazon EBSはAmazon Elastic Block Storeの略で、EC2インスタンスにアタッチして使用するブロックストレージボリュームです。EBSには次の特徴があります。

- EC2インスタンスのボリューム
- AZ内でレプリケート
- ボリュームタイプの変更が可能
- 容量の変更が可能
- 高い耐久性のスナップショット
- ボリュームの暗号化
- 永続的ストレージ

EC2インスタンスのボリューム

EBSはEC2インスタンスのルートボリューム（ブートボリューム）、または追加のボリュームとして必要な容量を確保して使用します。EC2インスタンスと同様、不要になればいつでも削除できます。

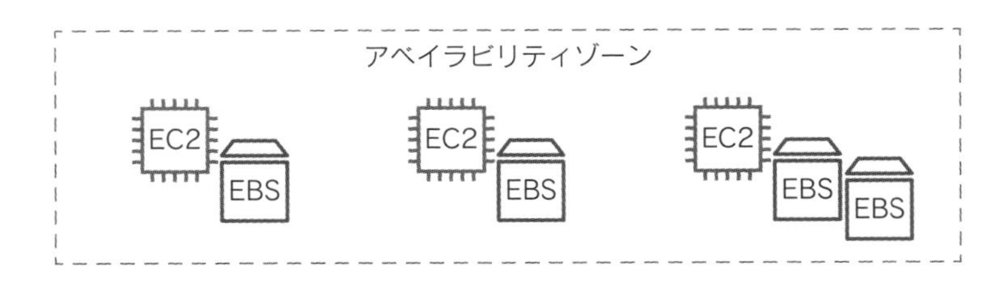

❑ EBS

▶▶▶重要ポイント

- EBSは必要なときに必要な容量を確保して利用できる。

AZ内でレプリケート

EBSは同じアベイラビリティゾーン（AZ）内の複数サーバー間で自動的にレプリケートされます。たとえハードウェア障害が発生してもデータが失われることを防ぎます。

▶▶▶重要ポイント

- EBSはアベイラビリティゾーン内で自動的にレプリケートされる。

ボリュームタイプの変更が可能

EBSには主に4つのボリュームタイプがあります。

- 汎用SSD（gp2、gp3）
- プロビジョンドIOPS SSD（io2）
- スループット最適化HDD
- Cold HDD

汎用SSDには**gp2**と**gp3**があり、性能は最大でも16,000IOPSです。gp2ではIOPSはボリュームサイズにより決定され設定できません。gp3はIOPSを設定できます。**IOPS**は、1秒あたりにディスクが処理できるI/Oアクセス数のことです。

16,000を超えるIOPSや高い一貫性のあるパフォーマンスが必要な場合は、**プロビジョンドIOPS SSD（io2）**を検討します。プロビジョンドIOPS SSDは、確保したいIOPSを指定できます。プロビジョンドIOPS SSDで指定できるIOPSの最大値は64,000です。

逆にSSDほどの性能を必要とせず、コストを節約したい場合は、**スループット最適化HDD**を検討します。さらにアクセス頻度が低い場合は**Cold HDD**を検討します。スループット最適化HDDとCold HDDは1つめのル

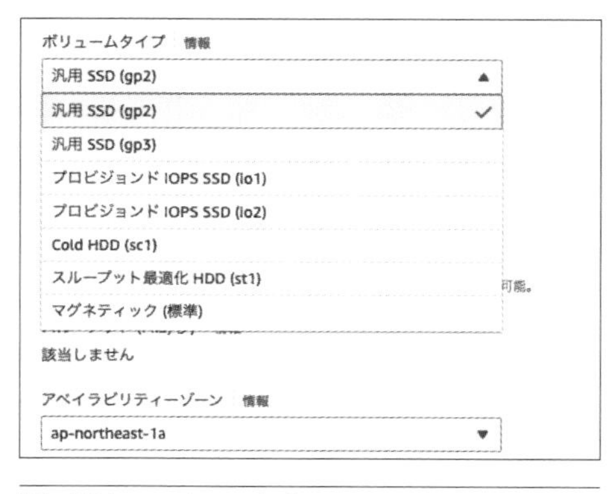

❏ボリュームタイプ

ートボリューム（ブート可能）としては使用できません。追加のボリュームとして使用できます。

ボリュームタイプは使用を開始した後にも変更できます。使い始めた後に需要やニーズが変わった場合は、ボリュームタイプを変更して対応できます。

▶▶▶**重要ポイント**

- EBSのボリュームタイプは使い始めた後にオンラインで変更できる。

容量の変更が可能

EBSは、確保しているストレージ容量に対して課金が発生します。ストレージ容量は使用を開始した後にも増やすことができます。

▶▶▶**重要ポイント**

- EBSは、使い始めた後にオンラインでストレージ容量を増やすことができる。

高い耐久性のスナップショット

先述したようにEBSはアベイラビリティゾーン（AZ）にあります。そのため、もしそのアベイラビリティゾーンが使えなくなったときには、EBSも使えなくなります。

そこで**スナップショット**を活用します。EBSのスナップショットを作成すると、次節で解説するS3の機能を使ってスナップショットがバックアップとして保存されます。

S3は複数のアベイラビリティゾーンの複数の施設に自動的に冗長化されるため、高い耐久性を持っています。

▶▶▶**重要ポイント**

- EBSのスナップショットはS3の機能を使って保存されるため、高い耐久性を確保できる。

ボリュームの暗号化

EBSの暗号化を有効にすればボリュームが暗号化されます。EBSボリュームの暗号化は、AWS KMS（Key Management Service）で管理している暗号化キーによって行われます。

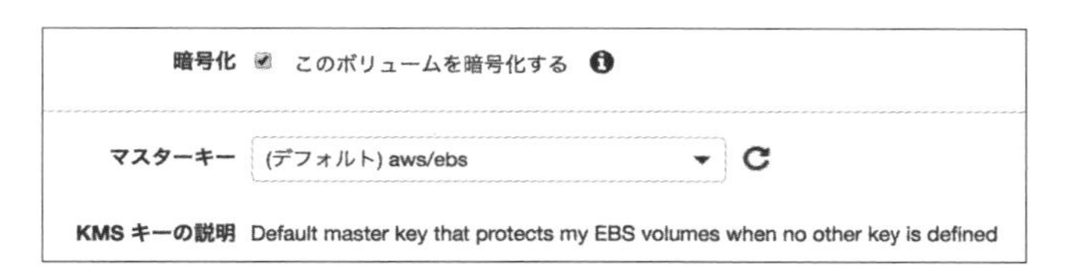

❏ EBSの暗号化

ボリュームを暗号化すると、そのボリュームから作成されたスナップショットも暗号化されます。EC2インスタンスからのデータの暗号化／復号は透過的に行われるので、プログラムやユーザーから追加の操作を行う必要はありません。

▶▶▶重要ポイント

- EBSの暗号化を設定した後に追加の操作は必要ない。

永続的ストレージ

EBSはEC2インスタンスのホストとは異なるハードウェアで管理されています。そのため、インスタンスを一度停止して再度開始したときにも、EBSに保存したデータは残っています。インスタンスの状態に関係なく永続的にデータが保存されています。

インスタンスストア

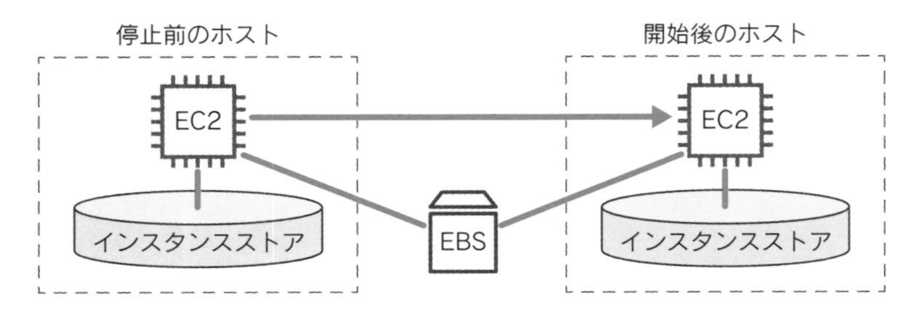

❏ インスタンスストア

EBSではなく、EC2インスタンスのホストローカルのストレージを使用するのが**インスタンスストア**です。インスタンスストアには、データを一時的に扱うという特徴があります。これはEC2インスタンスが起動している間のみ、データを保持しているという特徴です。

インスタンスストアをセカンダリボリュームとして使用しているEC2インスタンスを停止すると、インスタンスストアのデータは失われます。インスタンスストアは特定のインスタンスタイプのみで使用可能です。

▶▶▶**重要ポイント**

- EBSのデータは永続的で、インスタンスストアのデータは一時的である。

6-2

Amazon S3

Amazon S3は、インターネット対応の完全マネージド型のオブジェクトストレージです。S3とはSimple Storage Serviceの略で、Sが3つ並ぶことからそう呼ばれます。

S3の特徴

S3には次の特徴があります。

- ○ 無制限のストレージ容量
- ○ インターネット経由のアクセス
- ○ 高い耐久性

S3を使用することで、ストレージの管理から解放されます。冗長化や事前の容量確保について考えることなく、アプリケーションやサービスの開発に注力できます。

無制限のストレージ容量

S3では、保存したいデータ容量を先に決めておく必要はありません。バケットというデータの入れものを作れば、データを保存し始めることができます。保存できるデータ容量は無制限です。1つのファイルについては5TBまでという制限はあります。

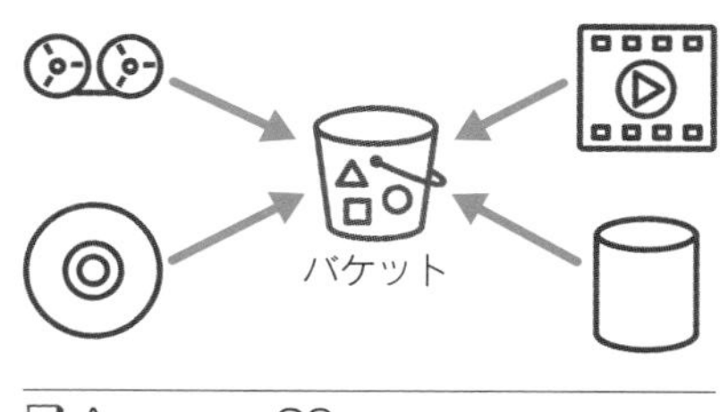

❏ Amazon S3

使っているストレージの空き容量が何%なのか、何GB残っているかなどを気にする必要はありません。容量が足りないからデータを削除しなければならない、といったことも起こりません。ビジネスの成長に伴うストレージ容量の調達に悩まされることがなくなります。

▶▶▶重要ポイント

- S3のオブジェクト容量は無制限。
- S3を使えば、ストレージ容量の確保／調達を気にすることなく開発に専念できる。

高い耐久性

オンプレミスのデータストレージの場合は、ディスクの障害やファイルの破損に備えて、バックアップを取得したり、ストレージの冗長化を行うなどの対策が要件に応じて必要です。

S3では先述したとおり、リージョンを選択してバケットを作成し、データをオブジェクトとしてアップロードします。そのオブジェクトは1つのリージョン内の複数のアベイラビリティゾーン（AZ）にまたがって、自動的に冗長化して保存されます。

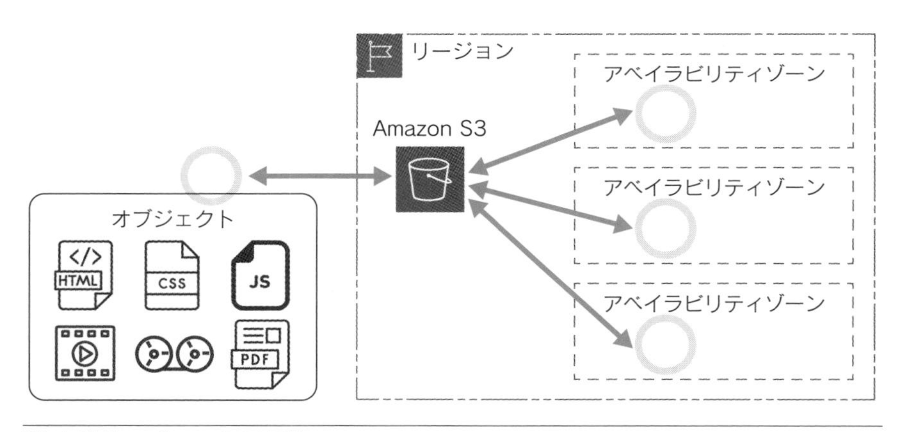

❏ 自動的にデータを冗長化

第4章で解説したように、各アベイラビリティゾーンは地理的に十分離れた場所に位置します。外的要因による障害が複数のアベイラビリティゾーンで同時発生しないような地理的設計がなされています。S3は**イレブンナイン**（99.999999999%）という、非常に高い耐久性を実現するように設計されています。

▶▶▶重要ポイント

- S3の耐久性はイレブンナイン（99.999999999%）。
- S3を使えば、冗長化やバックアップを意識することなく開発に専念できる。

インターネット経由のアクセス

S3にはインターネット経由(HTTP/HTTPS)でアクセスします。適切なアクセス権限のもと、世界中のどこからでもアクセスできます。アクセスして使うことができる可用性は**99.99%**です。AWSの他のサービスがそうであるように、S3もマネジメントコンソールに加えて、AWS CLI、SDK、APIからアクセスできます。

▶▶▶重要ポイント

- S3は世界中のどこからでもアクセスできる。

S3のセキュリティ

S3バケットは、作成した時点では、作成したアカウントから許可されたユーザーやリソースからのアクセスのみを受け付けます。これは、デフォルトでプライベートであるということです。必要に応じて特定のアカウント、IAMユーザー、AWSリソースにアクセス権限を設定します。インターネット上で公開する設定も可能です。

アクセス権限

S3に対して設定するアクセス権限には以下の3種類があります。

○ アイデンティティベースのIAMポリシー
○ リソースベースのバケットポリシー
○ アクセスコントロールリスト(ACL)

✱アイデンティティベースのIAMポリシー

IAMユーザー、IAMロールにIAMポリシーをアタッチして権限を許可したり制限したりします。EC2、Lambda関数などのAWSサービスにS3へのアクセス権限を設定する際には、IAMロールをアタッチします。IAMロールにはIAMポリシーをアタッチして権限を許可します。たとえば、EC2で動的に生成したHTMLをS3に書き込むPythonプログラムがあるとします。Pythonのコードは次のようなものです。

❏ Pythonのコード例

```
import boto3
s3 = boto3.client('s3')
s3.upload_file('test.html', 'bucketname', 'test.html')
```

boto3というのはPython用のAWS SDKです。EC2インスタンスにあるtest.htmlを、S3のbucketnameというバケットにアップロードしようとしています。

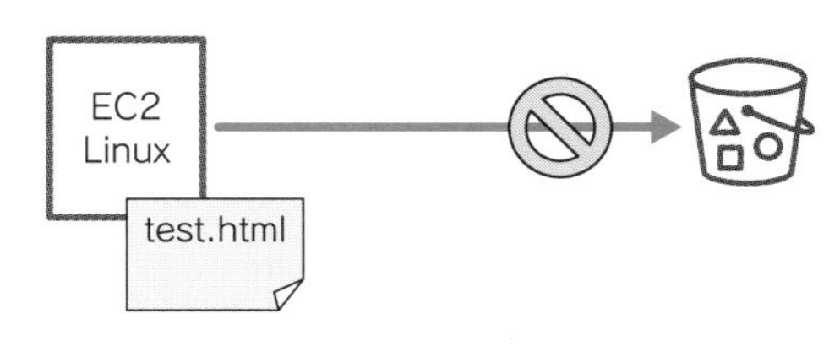

❏ バケットへアップロードしようとしている

しかし、このままではtest.htmlをS3に書き込むことはできません。「Unable to locate credentials」というエラーになります。これは、EC2上のPythonプログラムがS3に対しての認証情報を持っていないというエラーです。

同じアカウントで起動したEC2インスタンスだからといって、S3にそのままアクセスできるわけではありません。S3などのAWSサービスは強固なセキュリティに守られているので、許可しないかぎりアクセスできません。EC2上のPythonプログラムに認証情報を与える方法には次の2とおりがあります。

1. IAMユーザーのアクセスキーIDとシークレットアクセスキーをEC2に設定する。
2. EC2にIAMロールを設定する。

上記1.は非推奨の方法です。アクセスキーIDとシークレットアクセスキーという静的な認証情報をEC2へ設定することになり、ユーザーがそのキーを管理しなければならなくなるからです。アクセスキーIDとシークレットアクセスキーが漏れてしまうと、不正アクセスのリスクが生じます。

推奨は2.のIAMロールです。IAMロールにはIAMポリシーをアタッチできます。たとえば、次のようなIAMポリシーをアタッチした「Python_test」というIAMロールを作成します。

❏ IAMロール「Python_test」

```
{
    "Version": "2012-10-17",
    "Statement": [
        {
            "Effect": "Allow",
            "Action": "s3:ListBucket",
            "Resource": "arn:aws:s3:::bucketname"
        },
        {
            "Effect": "Allow",
            "Action": "s3:PutObject",
            "Resource": "arn:aws:s3:::bucketname/*"
        }
    ]
}
```

そしてこのIAMロール「Python_test」をEC2に設定します。

インスタンス > IAM ロールの割り当て/置換

IAM ロールの割り当て/置換

インスタンスにアタッチする IAM ロールを選択します。IAM ロールがない場合は、IAM コンソールで [Create new IAM role] を選択してロールを作成できます。
IAM ロールがすでにインスタンスにアタッチされている場合は、既存のロールが選択した IAM ロールに置換されます。

インスタンス ID i-015566b4368508674 (Python_S3_Test)

IAM ロール* Python_test 新しい IAM ロールを作成する

キャンセル 適用

❏ IAMロールの割り当て画面

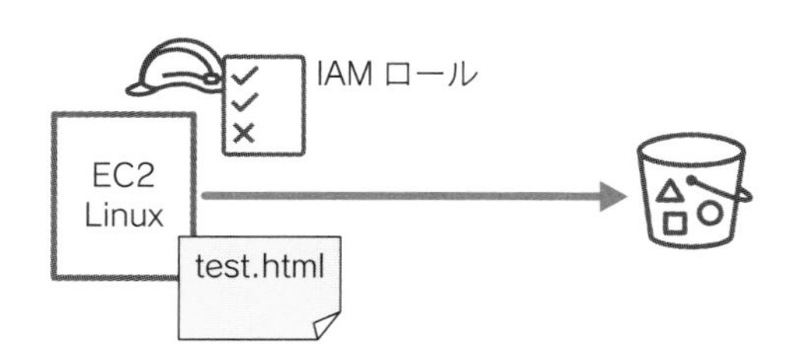

❏ IAMロールをEC2に設定

IAMロールにより、EC2上のPythonプログラムに安全に認証情報を与えられました。前述のPython SDKのプログラムが正常に実行されてtest.htmlがS3バケットにアップロードされます。

✱ リソースベースのバケットポリシー

S3のバケットおよびオブジェクトへのアクセス権限設定は**バケットポリシー**で設定します。アイデンティティベースのIAMポリシー同様、JSONフォーマットのドキュメントで指定するので、細やかな設定が可能です。

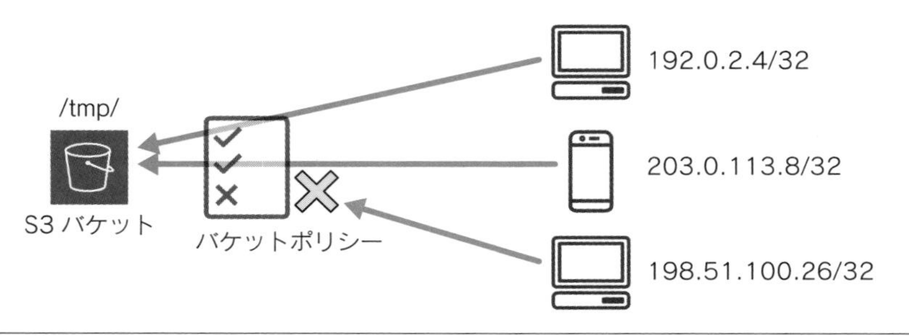

❑ S3バケットポリシー

この図の例では、特定のIPアドレスからの、tmp/以下のオブジェクトに読み取りアクセスのみを許可しています。IPアドレス指定を外して、誰からでもバケット全体へアクセスできるように設定することもできます。S3バケットにHTML、CSS、JavaScript、画像・動画ファイルなどの静的なWebコンテンツを配置して、Webサイトとしてインターネット配信している例も数多く見られます。

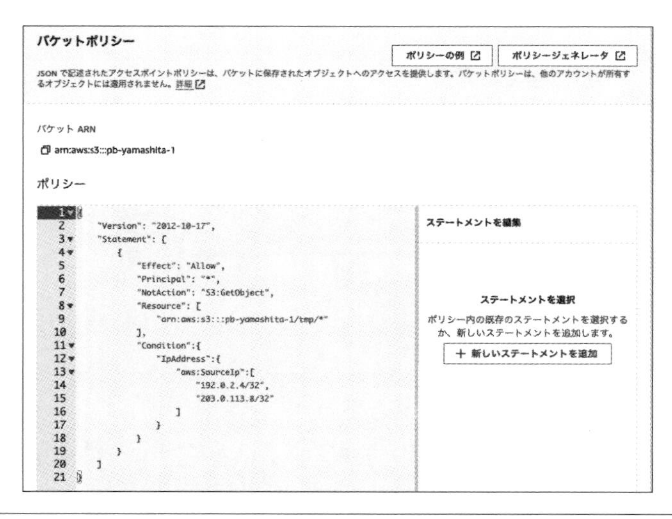

❑ S3バケットポリシーエディター

✱ アクセスコントロールリスト(ACL)

アクセスコントロールリスト(ACL)は2021年に無効化できるようになり、現在は無効化して**バケットポリシーのみでアクセス制御することが推奨されています。**ACLでできることは一部の例外を除いてバケットポリシーで実現できます。その例外はクラウドプラクティショナーの試験範囲から外れますので、本書では割愛します。

ブロックパブリックアクセス

バケットポリシーまたはACLで全世界へのパブリックアクセスを設定させないために、**ブロックパブリックアクセス**がデフォルトで有効に設定されています。パブリックアクセスを設定する場合は、まずブロックパブリックアクセスをオフにします。パブリックアクセスを設定しない場合など、必要なければブロックパブリックアクセスは有効なままにしておきます。

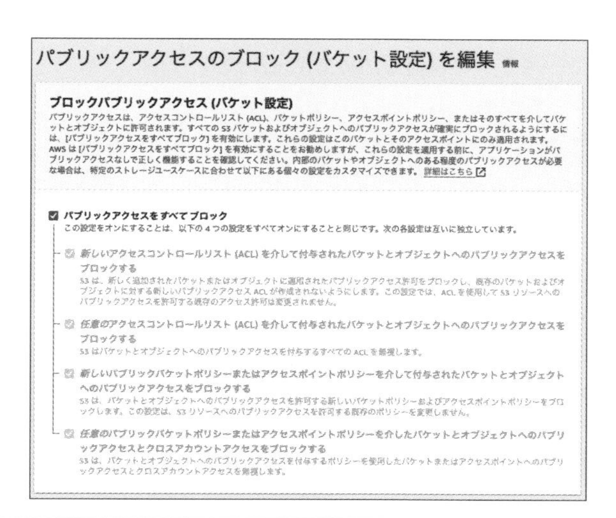

❏ ブロックパブリックアクセス

通信、保存データの暗号化

✱ 通信中のデータの暗号化

S3にはインターネット経由でアクセスします。HTTP/HTTPSでのアクセスが可能です。アクセスする対象のエンドポイントは、バケット名、オブジェクト名によって決定されます。たとえばバケット名を「yamamugi-20240108」とした場合、バケットにアクセスするためのエンドポイントは次のようになります。

- http://yamamugi-20240108.s3.amazonaws.com
- https://yamamugi-20240108.s3.amazonaws.com

HTTPSでアクセスすることによって通信が暗号化されます。オブジェクトにアクセスする場合は、バケットのエンドポイントURLの後ろにオブジェクトのキーを付けます。たとえば、yamamugi-20240108にアップロードしたsample.mp4にアクセスする場合は、https://yamamugi-20240108.s3.amazonaws.com/sample.mp4となります。

✱ 保存データの暗号化

S3に保存するデータの暗号化方法には、主に次の3種類があります。

1. S3のキーを使用したサーバーサイド暗号化（デフォルト設定）
2. **AWS KMS**（AWS上で暗号化のためのキーを作成・管理し、暗号化を制御）を使用したサーバーサイド、またはクライアントサイド暗号化
3. ユーザー独自のキーを使用したサーバーサイド、またはクライアンサイド暗号化

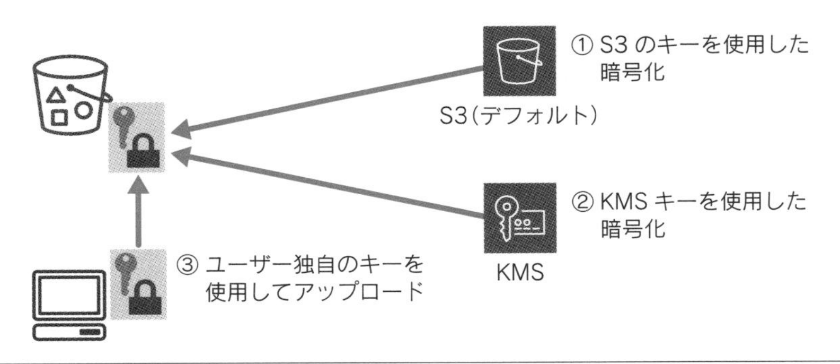

❑ S3の暗号化

デフォルトのサーバーサイド暗号化をどの方法で行うか、ユーザーが選択できます。

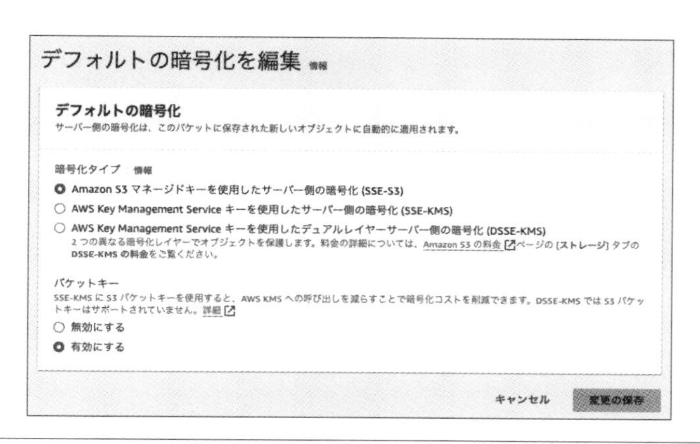

❏ S3サーバーサイド暗号化の選択画面

2.のAWS KMSの暗号化キーにはAWS管理キーとカスタマー管理キーの2種類があります。AWS管理キーは削除や設定変更はできません。カスタマー管理キーはユーザーが作成でき、無効化や削除、キーポリシーというアクセス権限の設定ができます。暗号化キーはリージョンに保管され、安全かつ高可用性のもとアクセスできます。

キーを保管するハードウェアを専有するAWS CloudHSMというサービスもあり、専有要件がある場合などに使用できます。なお、KMSは暗号化キーを保管するハードウェアを複数アカウントで使用しますが、完全に分離されているのでリスクがあるわけではありません。

Amazon Macie

Amazon Macieというセキュリティサービスは、S3に保存されているデータを自動的にスキャンし、機密情報や個人情報(PII)を特定し、分類します。S3バケットに保存されているオブジェクトに個人情報やクレジットカード、パスワードなどの機密情報がないかを自動的に検出します。さらに、パブリックアクセスの可否や暗号化方式をレポートしてくれます。

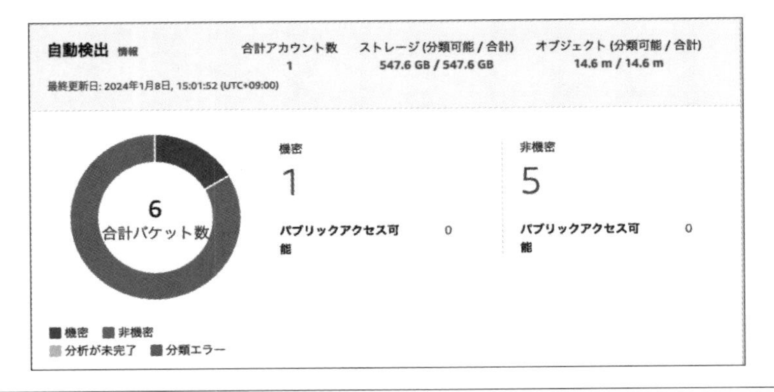

❑ Macieのダッシュボード

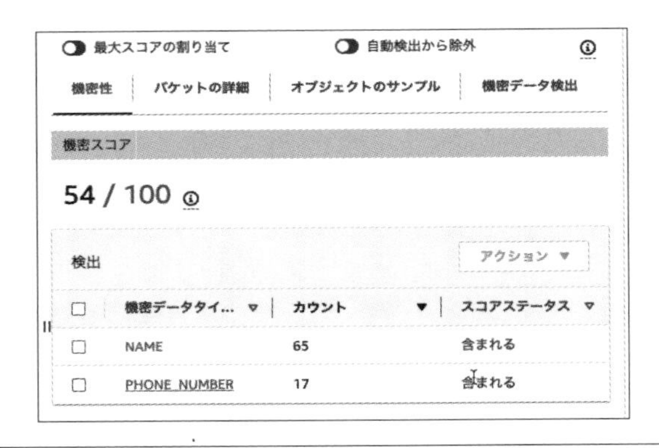

❑ Macieの検出結果

▶▶▶重要ポイント

- S3バケットおよびオブジェクトはデフォルトでプライベート。
- S3のデフォルトでは、ブロックパブリックアクセスによりパブリック設定をブロックしている。
- S3では、バケットポリシーでより詳細にアクセス権限を設定できる。
- EC2などのAWSリソースにS3へのアクセス権限を設定する際はIAMロールを使用する。
- S3バケットおよびオブジェクトにはHTTPSでアクセスできる。
- S3に保存するデータの暗号化は複数の方法から選択できる。
- Macieによって、S3バケットに保存されているオブジェクトに機密情報がないかを自動的に検出できる。

S3の料金

S3の料金は主に次の3要素です。

- ストレージ料金
- リクエスト料金
- データ転送料金

ストレージ料金

保存しているオブジェクトの容量に対しての料金です。1か月全体を通しての平均保存量で料金が算出されます。リージョンによって料金が異なります。

ストレージクラスによっても料金が異なります。使い分けることでコストの最適化をします。

- 標準
- 低頻度アクセス（標準IA、1ゾーンIA）
- Amazon Glacier（Instant Retrieval、Flexible Retrieval、Deep Archive）
- Intelligent-Tiering
- Express One Zone

ストレージクラスの変更を自動化できるライフサイクル設定もできます。各ストレージクラスの詳細は13-2節を参照してください。

リクエスト料金

データをアップロードしたりダウンロードしたりするリクエストに対しての料金です。PUT、GETなどのメソッドや取り出しなどに料金が設定されます。また、ストレージクラスごとにリクエスト料金が異なります。

データ転送料金

リージョンの外にデータを転送した場合にのみ発生します。金額はリージョンによって異なります。インターネットへ転送した場合と他リージョンへ転送した場合でも料金が異なります。次の画面は東京リージョンのデータ転送料金です。

インターネットから Amazon S3 へのデータ転送受信 (イン)	
すべてのデータ転送受信 (イン)	0.00USD/GB
Amazon S3 からインターネットへのデータ転送 (アウト)	
1 GB まで/月	0.00USD/GB
次の 9.999 TB/月	0.114USD/GB
次の 40 TB/月	0.089USD/GB
次の 100 TB/月	0.086USD/GB
150 TB 超/月	0.084USD/GB
Amazon S3 からのデータ転送 (アウト)	
CloudFront	0.00USD/GB
欧州 (フランクフルト)	0.09USD/GB
欧州 (パリ)	0.09USD/GB

❑ データ転送料金例

▶▶▶**重要ポイント**

- S3のストレージ料金は、ストレージクラスによりコスト効率を高めることができる。
- S3のライフサイクル設定により、ストレージクラスの変更を自動化できる。
- S3では、リージョンの外へのアウト通信にのみデータ転送料金が発生する。

S3のユースケース

S3の主なユースケースは以下のとおりです。

- アプリケーションのデータ保存
- HTML、CSS、JavaScript、画像・動画ファイルなどの静的コンテンツの配信
- データレイクとしてのデータ保存と分析
- データバックアップの保存
- クロスリージョンレプリケーションによるDR対策

アプリケーションのデータ保存

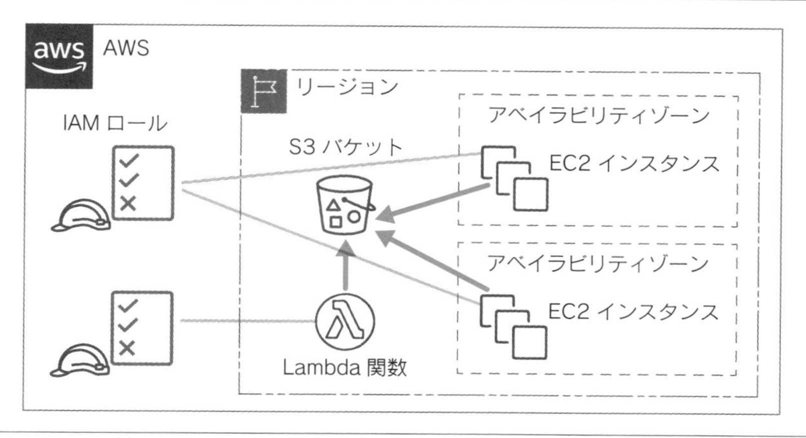

❏ S3へのアプリケーションのデータ保存

S3への権限を設定したIAMポリシーをアタッチしたIAMロールを、EC2インスタンスやLambda関数に設定します。こうすることでEC2インスタンスにアタッチされたEBSボリュームへデータを保存する必要がなくなるため、Auto Scalingもしやすくなります。ダウンタイムの要件にもよりますが、スポットインスタンスを使用している際の中断が発生しても、AMIから作り直せば継続でき、データは失われません。EC2ではなくLambda関数を使用することも検討しやすくなります。

HTML、画像・動画ファイルなどの静的コンテンツの配信

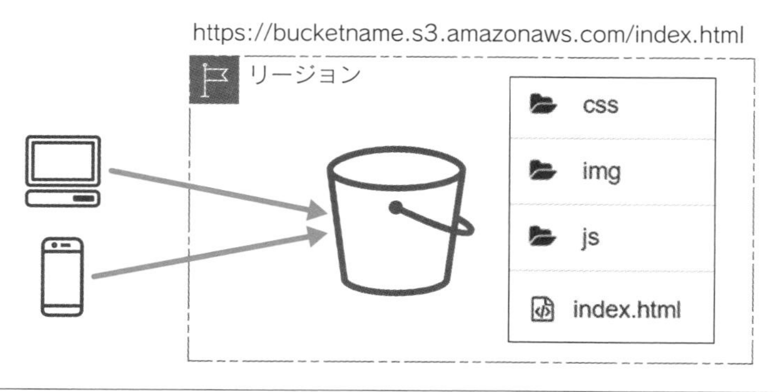

❏ 静的コンテンツの配信

静的なコンテンツであれば、EC2でWebサーバーを用意しなくてもインターネットに配信できます。これらのコンテンツをS3バケットに配置して適切なアクセス権限を設定するだけです。画像のみやPDFのみをS3から配信しているケースもよく見られます。

データレイクとしてのデータ保存と分析

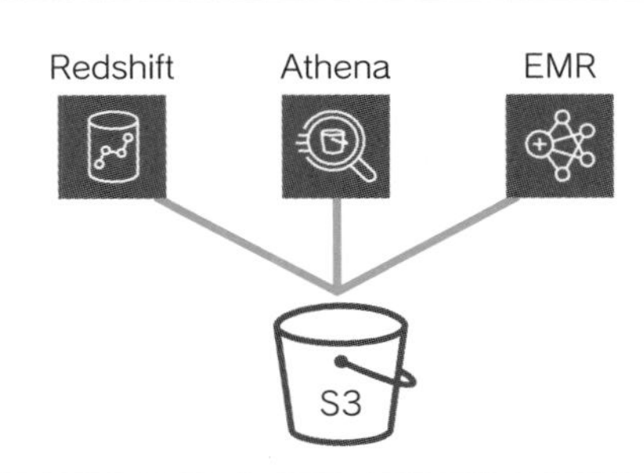

❑ データレイクとしてのS3

S3に保存したJSON、CSV、Parquetなどのテキストデータを、そのまま多方面から分析に使用するような構成を**データレイク**と言います。分析に使用するサービスとして、**Amazon Redshift**、**Amazon Athena**、**Amazon EMR**などがあります。Redshiftは列指向形のDWH（データウェアハウス）サービスで、大量なデータの高速分析やレポーティングに使用されます。AthenaはS3の複数オブジェクトに対して対話的なSQLクエリを実行できます。EMRはHadoopなどのビッグデータ処理に用いられるOSS（オープンソースソフトウェア）のマネージドサービスです。

データバックアップの保存

S3は耐久性の高いオブジェクトストレージなので、バックアップデータの保存に使用されることもよくあります。バックアップデータなどを保存する際には、**バージョニング**という機能の有効化を検討します。

デフォルトではバージョニングは無効で、オブジェクトはオブジェクトキーのみで管理されます。同じオブジェクトキーで上書き保存した場合、最新のオブジェクトしか保存されません。オブジェクトを削除した場合は完全に削除されます。誤った削除や上書きによって、バックアップデータが失われる可能性があります。

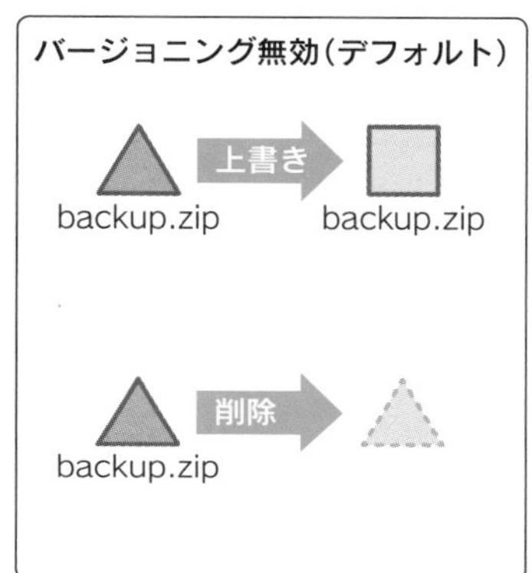

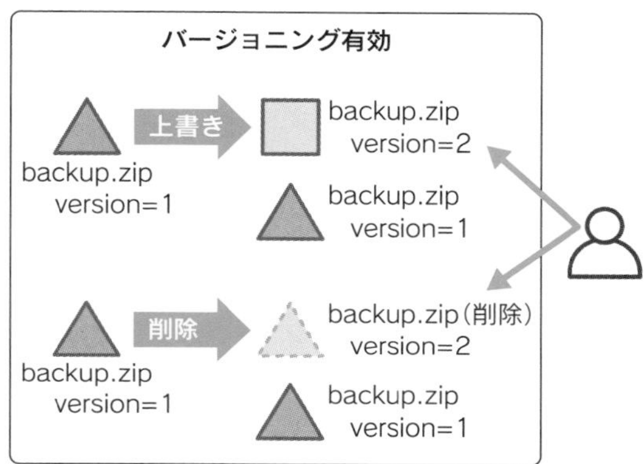

❏ S3バージョニング

このような意図しない上書きや削除からオブジェクトを守るためには、バージョニングを有効にします。有効にすると、すべてのオブジェクトに**オブジェクトキー**と**バージョンID**が設定されます。最新のオブジェクトを上書きした場合も、過去のオブジェクトが残されます。削除時には、最新のバージョンには削除マーカーが付けられた上で過去のバージョンとして残されます。バージョンIDを指定すれば過去のバージョンにアクセスできるので、コピーしてロールバックできます。

S3はオブジェクトタイプのストレージなので、オブジェクトの内容をS3サービスは管理しません。たとえば1文字だけ違う新しいPDFファイルのバージョンをアップロードしたとしても、複数のバージョンは別々のオブジェクトバージョンとして扱われて、それぞれの容量がストレージ料金の対象になります。また、オブジェクトの更新方法は上書きのみで、S3に保存したまま更新することはできません。

クロスリージョンレプリケーションによる災害対策

S3バケットの機能に、バケット同士のレプリケーションがあります。リージョンをまたいだレプリケーション(**クロスリージョンレプリケーション**)も可能なので、大規模な災害対策として他リージョンへ複製を作成できます。

6-3 その他のストレージサービス

ここでは、試験ガイドで対象サービスとなっているその他のストレージサービスを紹介します。それぞれの用途を把握しておいてください。

Amazon EFS

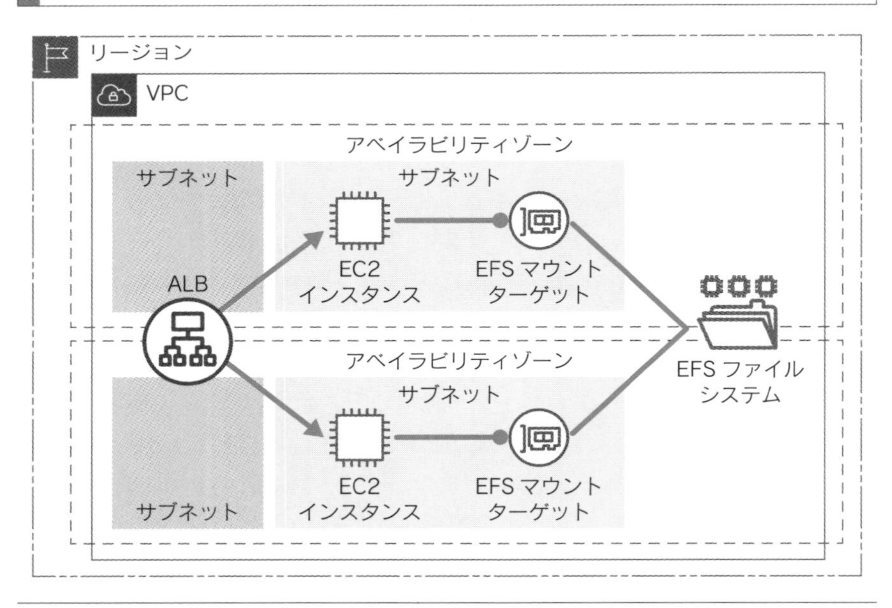

❑ Amazon EFS

Amazon EFS（Amazon Elastic File System）は複数のLinuxサーバーから、**NFSプロトコル**でマウントして使用できます。EFSは複数のアベイラビリティゾーン（AZ）で冗長化されているので、複数のアベイラビリティゾーンを使った高可用性構成をとる場合や、EC2 Auto ScalingでEC2インスタンスにデータを保存しないようにする場合に有効です。

Amazon FSx for Windows File Server

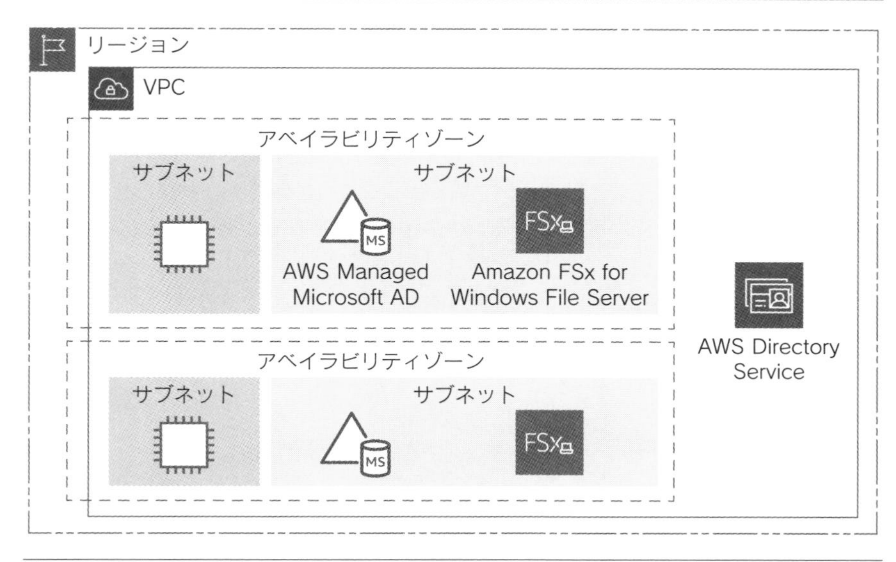

❑ Amazon FSx for Windows File Server

Amazon FSx for Windows File ServerはWindowsファイルサーバーのマネージドサービスです。Windowsでは**SMBプロトコル**でFSx for Windows File Serverを使います。

AWS Backup

この章で解説したEBS、S3、EFS、FSxや第8章で解説するデータベースサービスを一元的にバックアップするサービスが**AWS Backup**です。様々なサービスのバックアップを簡単かつ一元的に管理することができるフルマネージドのサービスです。以前はサービスごとに行っていたバックアップの作業がAWS Backupによって統合されます。

本章のまとめ

▶▶▶ EBS

- EBSは必要なときに必要な容量を確保して利用できる。
- EBSはアベイラビリティゾーン内で自動的にレプリケートされる。
- EBSのボリュームタイプは使い始めた後にオンラインで変更できる。
- EBSは、使い始めた後にオンラインでストレージ容量を増やすことができる。
- EBSのスナップショットはS3の機能を使って保存されるため、高い耐久性を確保できる。
- EBSの暗号化を設定した後に追加の操作は必要ない。
- EBSのデータは永続的で、インスタンスストアのデータは一時的である。

▶▶▶ S3の特徴

- S3のオブジェクト容量は無制限。
- S3を使えば、ストレージ容量の確保／調達を気にすることなく開発に専念できる。
- S3の耐久性はイレブンナイン（99.999999999%）。
- S3を使えば、冗長化やバックアップを意識することなく開発に専念できる。
- S3は世界中のどこからでもアクセスできる。

▶▶▶ S3のセキュリティ

- S3バケットおよびオブジェクトはデフォルトでプライベート。
- S3のデフォルトでは、ブロックパブリックアクセスによりパブリック設定をブロックしている。
- S3では、バケットポリシーでより詳細にアクセス権限を設定できる。
- EC2などのAWSリソースにS3へのアクセス権限を設定する際はIAMロールを使用する。
- S3バケットおよびオブジェクトにはHTTPSでアクセスできる。
- S3に保存するデータの暗号化は複数の方法から選択できる。
- Macieによって、S3バケットに保存されているオブジェクトに機密情報がないかを自動的に検出できる。

S3の料金

- S3のストレージ料金は、ストレージクラスによりコスト効率を高めることができる。
- S3のライフサイクル設定により、ストレージクラスの変更を自動化できる。
- S3では、リージョンの外へのアウト通信のみデータ転送料金が発生する。

S3のユースケース

- S3のユースケースとしては、以下が挙げられる。
  - アプリケーションのデータ保存
  - HTML、CSS、JavaScript、画像・動画ファイルなどの静的コンテンツの配信
  - データレイクとしてのデータ保存と分析
  - データバックアップの保存
  - クロスリージョンレプリケーションによるDR対策

その他のストレージサービス

- Amazon EFSは、LinuxサーバーからNFSプロトコルでマウントして使用するファイルストレージ。
- Amazon FSx for Windows File ServerはSMBプロトコルでアクセスするWindowsファイルサーバー。
- AWS Backupは、様々なサービスのバックアップを簡単かつ一元的に管理するバックアップサービス。

練習問題

練習問題1

EBSの特徴を述べている次の説明から正しいものを1つ選択してください。

A. EBSは複数のアベイラビリティゾーンのEC2からアタッチして共有ボリュームとして使用できる。
B. EBSはEC2にアタッチしなくても保存されているデータに直接アクセスできる。
C. EBSはアベイラビリティゾーン内の複数のサーバーで自動的にレプリケートされている。
D. EBSはリージョン内の複数のアベイラビリティゾーンで自動的に冗長化されている。

練習問題2

ミッションクリティカルなアプリケーションをEC2にデプロイしています。このアプリケーションではデータを永続的に保存する必要があります。IOPSは25,000が必要です。どのような構成にしますか。

A. 標準の汎用SSDのままEBSを使用する。
B. インスタンスストアを使用する。
C. プロビジョンドIOPS SSDを使用してIOPSを25,000に設定する。
D. スループット最適化HDDを使用する。

練習問題3

S3の特徴について正しい説明を選んでください。

A. S3を開始するときには初期容量を指定する。以降は保存するオブジェクトが増えるごとに自動で無制限に容量が増えていく。
B. S3は同じリージョンに属する地域からのみアクセスできる。
C. S3に保存したオブジェクトは同じリージョンの複数のアベイラビリティゾーンの施設に冗長化して保存される。
D. S3の可用性はイレブンナインである。

練習問題4

S3を使用してデータの保存を開始します。検討するべきは以下のどれですか。

A. S3はパブリックなサービスなので個人情報などの機密情報は保存しない。
B. オブジェクトの暗号化の有効/無効を検討する。
C. S3バケットポリシーを最低権限で設定する。
D. 運用するIAMユーザーを限定してS3FullAccessポリシーをバケットを限定せずに設定する。

練習問題5

S3にデータをアップロードし、ダウンロードするアプリケーションをEC2にデプロイします。どのような設定が必要ですか。

A. 同じリージョンであれば何も設定する必要はない。
B. 同じアカウント内であれば何も設定する必要はない。
C. S3にアクセスできるIAMポリシーをアタッチしたIAMロールをEC2に設定すれば、他には何もする必要はない。
D. S3にアクセスできるIAMユーザーを作成し、そのユーザーのアクセスキーIDとシークレットアクセスキーを発行して、アプリケーションのコードの中にそのアクセスキーIDとシークレットアクセスキーを暗号化して一見それとは分からないように書き込む。アプリケーションの中でキーを使うときは復号して安全に使用する。

練習問題6

S3に保存するオブジェクトを暗号化する必要があります。どの操作が必要ですか。1つ選択してください。

A. デフォルト暗号化を有効化する。
B. デフォルト暗号化でKMSキーを選択する。
C. そのままS3にオブジェクトをアップロードする。
D. Glacierにアーカイブする。

練習問題7

すでに作成しているS3バケットにHTTPSでアクセスしたいとします。何が必要ですか。1つ選択してください。

A. Certificate Managerで無料証明書を発行する。
B. S3に証明書をアタッチする。
C. Certificate Managerに証明書をAWS CLIでアップロードする。
D. 何も必要ない。

練習問題8

S3バケットに特定のIPアドレスからのみのアクセスを許可したいです。どの方法が使用できますか。1つ選択してください。

A. ACLで設定する。
B. バケットポリシーで設定する。
C. セキュリティグループで設定する。
D. 暗号化を設定する。

練習問題9

どのS3バケットに機密情報が含まれているかを管理したいです。どのサービスを使用しますか。1つ選択してください。

A. Amazon Redshift
B. Amazon Macie
C. Amazon Athena
D. AWS Backup

練習問題10

S3をWebサイトのホスティングとして使います。正しい使い方を1つ選択してください。

A. HTML、PHPファイルを配置する。
B. Apache Webサーバーをインストールする。

C. 適切なアクセス権限を設定する。

D. セキュリティグループで80番ポートを開放する。

練習問題11

S3に保存されたデータに直接SQLクエリを実行したいです。どのサービスを使用しますか。1つ選択してください。

A. Macie

B. Athena

C. Backup

D. EBS

練習問題12

S3のオブジェクトを誤った上書きや削除から守る機能はどれですか。1つ選択してください。

A. ブロックパブリックアクセス

B. ライフサイクル設定

C. 暗号化

D. バージョニング

練習問題13

災害対策として他の大陸にS3オブジェクトを保存しなければなりません。次のどの機能が使用できますか。

A. クロスリージョンレプリケーション

B. 同じリージョンへのレプリケーション

C. ライフサイクル設定

D. バージョニング

練習問題14

複数のアベイラビリティゾーンのEC2 Amazon Linuxからマウントしたファイルシステムが必要です。どのサービスが適していますか。1つ選択してください。

A. Amazon Macie
B. AWS Backup
C. Amazon EFS
D. Amazon EBS

練習問題15

SMBプロトコルでファイルサーバーを使用する必要があります。どのサービスが適していますか。1つ選択してください。

A. Amazon EFS
B. Amazon FSx for Windows File Server
C. Amazon S3
D. Amazon Macie

練習問題16

S3バケットに保存するデータを安全に暗号化したいです。次のうちどの方法を使用するのが最もすばやく安全で簡単ですか。1つ選択してください。

A. CloudHSMで作成する暗号化キー
B. KMSで作成する暗号化キー
C. オンプレミスで作成する暗号化キー
D. アプリケーションで作成する暗号化キー

練習問題の解答

✓練習問題1の解答

答え：C

EBSは1つのアベイラビリティゾーン内の複数のサーバーで自動的にレプリケートされています。

- **A.** EBSは1つの同じアベイラビリティゾーンのEC2インスタンスにアタッチして使用します。
- **B.** EC2にアタッチしないと保存されているデータにはアクセスできません。
- **D.** EBSボリュームは複数のアベイラビリティゾーンを使用したサービスではありません。

✓練習問題2の解答

答え：C

プロビジョンドIOPS SSDを使用してIOPSを設定できます。

- **A.** 汎用SSDのIOPSの上限は16,000なので、25,000という要件を満たせません。
- **B.** インスタンスストアではデータを永続的に保存できません。
- **D.** スループット最適化HDDは汎用SSDよりコストが下がりますが、最大IOPSも下がります。

✓練習問題3の解答

答え：C

複数のアベイラビリティゾーンに保存されることによりイレブンナイン（99.999999999%）の耐久性を実現するように設計されています。

- **A.** 初期容量を決める必要はありません。無制限にオブジェクトを保存できます。
- **B.** インターネット経由で世界中どこからでもアクセスできます。
- **D.** 可用性は99.99%です。

✓練習問題4の解答

答え：C

バケットポリシーは必須ではありませんが、他の選択肢が誤りなので正しい記述はCです。バケットポリシーを設定する際に余計な権限を与える必要はありません。

- **A.** S3バケットはデフォルトではプライベートです。パブリックにするかどうかは要件に応じてユーザーが選択します。
- **B.** デフォルトでサーバーサイドの暗号化が有効です。
- **D.** S3FullAccessはすべての操作が行えます。できる操作も対象のバケットも（場合によってはプレフィックスも）限定して最少権限の原則のもと、設定するべきです。

✓ 練習問題5の解答

答え：C

EC2にIAMロールを使用して安全に認証情報を渡して、アップロード/ダウンロードを許可します。

A、**B**. EC2上のプログラムは、そのままではS3に対してのアクセス権限を持ちません。

D. アクセスキーID、シークレットアクセスキーを使う方法は非推奨なので、IAMロールが他の選択肢にあるのであれば不正解です。

✓ 練習問題6の解答

答え：C

デフォルトでサーバーサイド暗号化が有効なので、そのままアップロードすれば暗号化するという要件は満たせます。

A. サーバーサイド暗号化はデフォルトで有効で、無効にはできません。

B. KMSキーを選択しなくても、デフォルトでS3サービスのキーで暗号化されています。ユーザーが管理するキーが必要な場合はKMSを選択します。

D. Glacierにアーカイブしなくてもサーバーサイドで暗号化されています。

✓ 練習問題7の解答

答え：D

何もしなくてもS3にはHTTPSでアクセスできます。

A、**C**. AWS Certificate Managerは証明書を管理するサービスです。ELBやCloudFrontに設定する際に使用します。

B. S3には証明書をアタッチできません。

✓ 練習問題8の解答

答え：B

バケットポリシーで特定のIPアドレスからのみのアクセスを許可できます。

A. ACLは非推奨ですし、特定IPアドレスからの制限はできません。

C. S3にはセキュリティグループは設定できません。

D. 暗号化はIPアドレス制限には関係ありません。

✓ 練習問題9の解答

答え：B

MacieはS3バケットの機密情報を検出します。

A. Redshiftは列指向形のDWHサービスです。

C. AthenaはS3オブジェクトに対してSQLクエリを実行し、分析するサービスです。

D. AWS Backupは複数のサービスを一元的にバックアップするサービスです。

✓練習問題10の解答

答え：C

静的なコンテンツを配置して、適切なアクセス権限を設定します。

A. HTMLは正解ですが、PHPは動作できません。静的コンテンツのみ配信できます。
B. S3にはソフトウェアのインストールはできません。
D. S3にセキュリティグループは設定できません。

✓練習問題11の解答

答え：B

AthenaはS3バケットに保存されたJSON、CSV、Parqueteなどの複数オブジェクトをまたがって対話的なSQLクエリを実行できます。

A. MacieはS3バケットに保存された機密情報を検出します。
C. AWS Backupは複数のサービスを一元的にバックアップできます。
D. EBSはEC2にアタッチして使用します。

✓練習問題12の解答

答え：D

バージョニングにより、上書きしても削除しても過去のオブジェクトバージョンが残ってロールバックができます。

A. ブロックパブリックアクセスは、初期の状態でパブリックな設定をブロックします。
B. ライフサイクル設定は、自動的にストレージクラスを移動、削除ができます。
C. 暗号化はデータの漏洩や不正アクセスがあった場合にも安全に守る方法で、上書き、削除から守る方法ではありません。

✓練習問題13の解答

答え：A

クロスリージョンレプリケーションにより、他の大陸のリージョンのバケットへオブジェクトをレプリケーションできます。

B. リージョンは特定の地域なので、「他の大陸」という要件を満たすためには他のリージョンを選択する必要があります。
C. ライフサイクル設定が移動するのはストレージクラスで、他のS3バケットへは移動できません。
D. バージョニングは他のバケットへオブジェクトを保存しません。

✓練習問題14の解答

答え：C

複数のアベイラビリティゾーンのEC2インスタンスからマウントできます。

A. Macieは機密情報を検出します。

B. AWS Backupは複数のサービスを一元的にバックアップできます。

D. EBSは複数のアベイラビリティゾーンのEC2インスタンスからは使用できません。

✓練習問題15の解答

答え：B

SMBプロトコルが使用できるのは、この選択肢ではFSx for Windows File Serverです。

A. EFSへはNFSプロトコルでアクセスします。

C. S3へはHTTP/HTTPSプロトコルでアクセスします。

D. Macieは機密情報を検出します。

✓練習問題16の解答

答え：B

KMSで暗号化キーを作成してAWSサービスと連携して、保存するデータの暗号化ができます。

A. CloudHSMでもできますが、キーを保管するハードウェアの専有といった要件はないので、あえてこれを選択する必要はありません。

C、**D.** 安全でも簡単でもありません。キーを保管する場所の可用性やセキュリティを実装する必要があり、複雑性が高くなります。

第7章

ネットワークサービス

第7章では、AWSのネットワークサービスについて解説します。AWSクラウド内にプライベートなネットワーク環境を構築するためのVPC、コンテンツ配信ネットワークサービスであるCloudFront、DNS（ドメインネームシステム）サービスであるRoute 53の3つを中心に取り上げます。試験ガイド記載のGlobal Acceleratorなどについても概要を解説します。

7-1

Amazon VPC

VPCの概要

Amazon VPCはAmazon Virtual Private Cloudの略です。AWSクラウド内にプライベートなネットワーク環境を構築できます。ユーザーは標準的なネットワーク構成項目を設定でき、ネットワーク構成やトラフィックをコントロールできます。

AWSのサービスの中にはVPC内で利用するものとVPC外で利用するものとがあります。各サービスがどこで起動するのかを知っておくことで設計に役立てられます。

次の図はVPC内で起動する主なサービスを示しています。他にもVPCの設定を利用するものを含めると多数ありますが、ここではVPC内でのみ利用できるEC2とRDSを示しています。

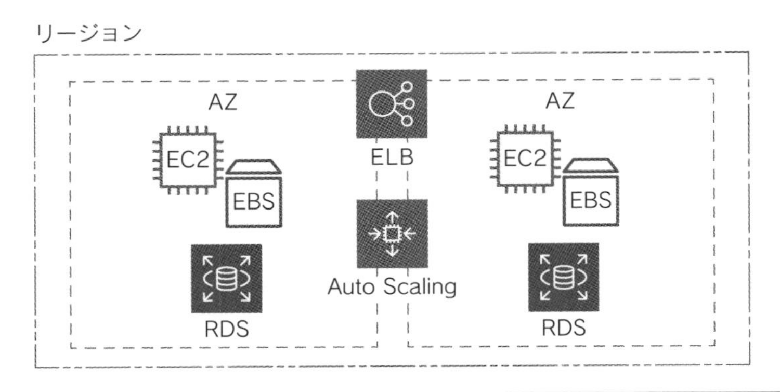

❑ VPC内で使うサービス

主な機能要素は、VPC、サブネット、インターネットゲートウェイ、ルートテーブル、セキュリティグループ、ネットワークACLです。

▶▶▶**重要ポイント**

- Amazon VPCは、隔離されたプライベートなネットワーク構成をユーザーがコントロールできるサービス。

VPCの作成

VPCは、**リージョンを選択して複数のアベイラビリティゾーン(AZ)をまたがって**作成できます。VPCを作成するときにIPアドレスの範囲をCIDRで定義します。たとえば、東京リージョンにおいて、開発環境、テスト環境、本番環境でネットワークを分離しておきたい場合、次のような構成が考えられます。

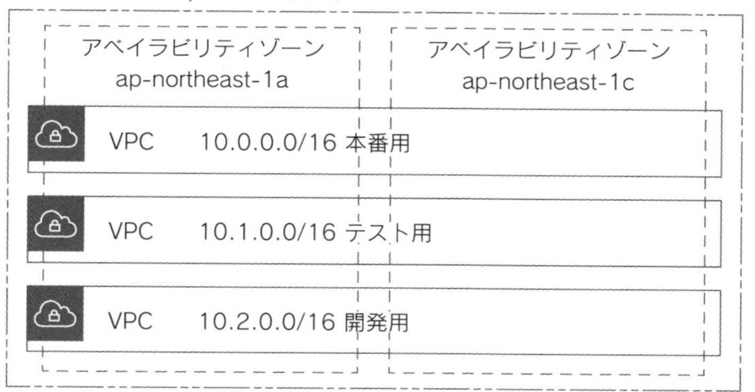

❑ VPCの構成例

CIDR

CIDR(Classless Inter-Domain Routing)では、10.0.0.0/16のようにIPアドレスの範囲を定義します。こうすることで、10.0.0.0～10.0.255.255までの65,536のIPアドレスを使用できます。

▶▶▶**重要ポイント**

- Amazon VPCはリージョンを選択して作成する。
- CIDRでAmazon VPCのプライベートIPアドレスの範囲を定義する。

サブネット

VPCで設定したアドレス範囲をサブネットに分けて定義します。サブネットは作成するときにアベイラビリティゾーンとIPアドレス範囲を定義します。IPアドレス範囲はVPCで定義した範囲内で定義する必要があり、同一VPC内の他のサブネットと重複してはいけません。

❏ サブネットの構成例

上記の例では各サブネットで「/24」とすることで、256ずつのIPアドレス範囲が定義されています。

▶▶▶ **重要ポイント**

- サブネットはアベイラビリティゾーンを選択して作成する。
- CIDRでサブネットのプライベートIPアドレスの範囲を定義する。

インターネットゲートウェイ

VPCはプライベートなネットワークで、インターネットとは接続されていません。VPCから外部のインターネットへの出入り口となるのが**インターネット**

ゲートウェイです。1つのVPCにつき1つのみ作成できます。インターネットゲートウェイ自体が水平スケーリングによる冗長性と高い可用性を持っているため、**単一障害点**（Single Point Of Failure、**SPOF**）にはなりません。帯域幅の制限もありません。

インターネットゲートウェイは、作成してVPCにアタッチすることで使用できます。

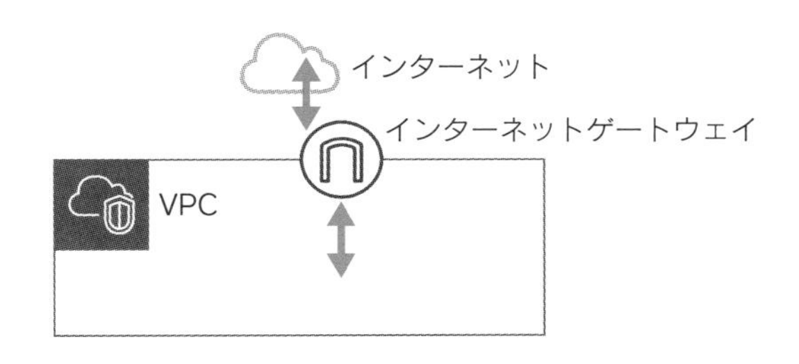

❑ インターネットゲートウェイ

▶▶▶**重要ポイント**

- インターネットゲートウェイはVPCとパブリックインターネットを接続する。
- インターネットゲートウェイは高可用性と冗長性を備えている。

ルートテーブル

サブネットの経路を**ルートテーブル**で設定します。ルートテーブルはVPCを選択して作成します。続いてルートを設定し、サブネットに関連付けます。サブネットに関連付けることで、サブネットの通信経路を決定します。

VPCを作成したときに、**メインルートテーブル**というルートテーブルができています。メインルートテーブルはサブネットに関連付けられたデフォルトのルートテーブルなので、そのまま使い続けるのではなく、別途カスタムルートテーブルを作成してサブネットに関連付けます。

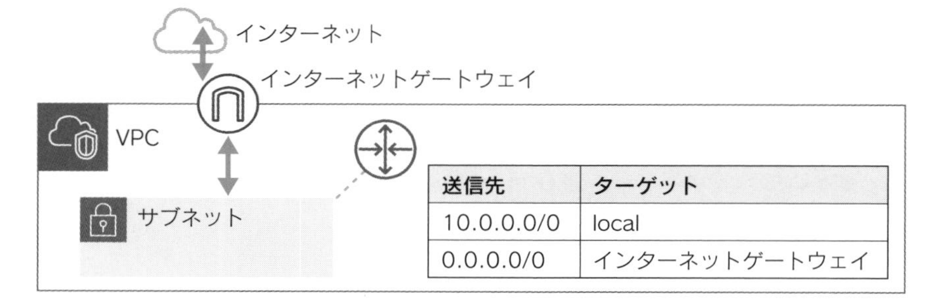

送信先	ターゲット
10.0.0.0/0	local
0.0.0.0/0	インターネットゲートウェイ

❏ ルートテーブル

▶▶▶**重要ポイント**

- ルートテーブルはサブネットと関連付ける。
- ルートテーブルはサブネット内のリソースがどこに接続できるかを定義する。

パブリックサブネットとプライベートサブネット

サブネットは、サブネット内のインスタンスなどのリソースの役割に応じて分割します。たとえば、インターネットからアクセスする必要のあるアプリケーション向けの場合の最小構成は、各アベイラビリティゾーンに2つの役割でサブネットを分割します。その2つの役割は、インターネットに対して直接ルートを持つパブリックサブネットか、インターネットに対して直接ルートを持たないプライベートサブネットです。

○ **パブリックサブネット**：インターネットゲートウェイに対してのルートを持つルートテーブルに関連付けられています。パブリックサブネット内のインスタンスなどのリソースは、外部との直接通信ができます。

○ **プライベートサブネット**：インターネットゲートウェイに対してのルートを持たないルートテーブルに関連付けられています。プライベートサブネット内のインスタンスは外部アクセスから保護できます。各サブネットの間にはローカル接続のルートがあるので、プライベートサブネット内のリソースはパブリックサブネットなど同じVPCのサブネット内のリソースと通信できます。

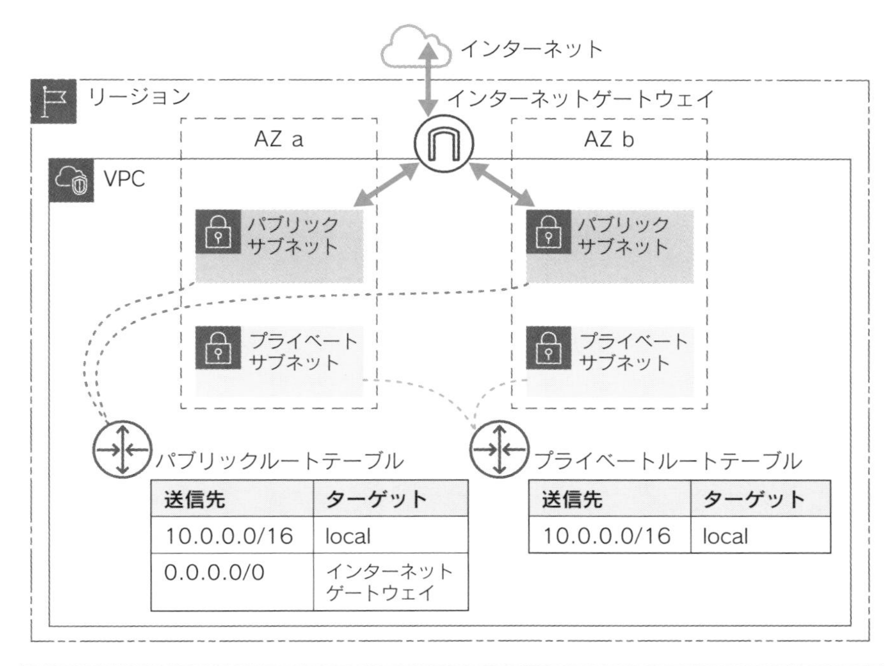

送信先	ターゲット
10.0.0.0/16	local
0.0.0.0/0	インターネットゲートウェイ

送信先	ターゲット
10.0.0.0/16	local

❑ パブリックサブネットとプライベートサブネット

▶▶▶重要ポイント

- サブネットは役割で分割する。
- 外部インターネットに接続できるのがパブリックサブネット。
- 外部インターネットに接続せず、外部アクセスからリソースを保護できるのがプライベートサブネット。

セキュリティグループ

セキュリティグループはファイアウォール機能です。VPC内のリソース(EC2、RDS、ELBなど)のネットワークトラフィックを制御します。

次の図は、Web層、アプリケーション層、データベース層をロードバランサーで疎結合している例です。それぞれのセキュリティグループでは、受信が必要な送信元となるリソースに設定されたセキュリティグループIDを指定しています。最低限の送信元だけを、IPアドレスに依存せず柔軟に許可する、セキュアな設定を可能としています。

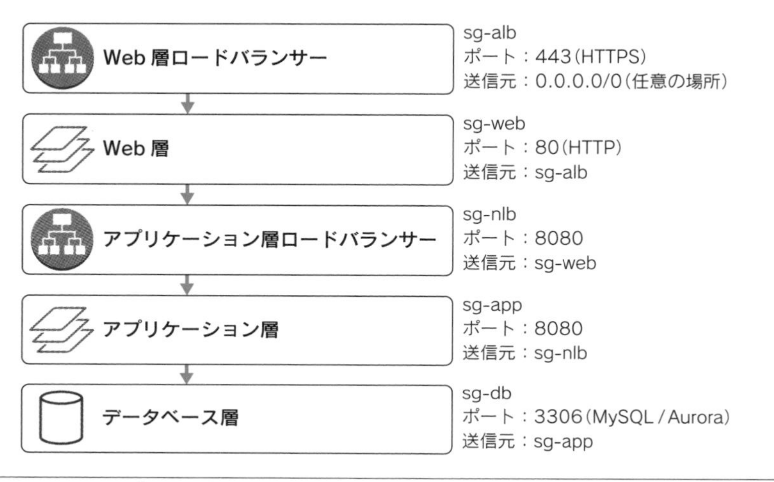

❑ セキュリティグループチェーン

セキュリティグループはVPCを指定して作成します。デフォルトではインバウンド(受信)ルールがないので(暗黙的にすべて拒否する)、許可するものだけを設定する許可リストです。

▶▶▶重要ポイント

- セキュリティグループは、インスタンスに対するトラフィックを制御する仮想ファイアウォール。
- セキュリティグループは、許可するインバウンド/アウトバウンドのポートと送信元/送信先を設定する許可リスト。
- セキュリティグループの送信元/送信先には、CIDRもしくはセキュリティグループIDを指定できる。

ネットワークACL

ネットワークACL(NACL、ネットワークアクセスコントロールリスト)はサブネットに対して設定するファイアウォール機能です。サブネット内のすべてのリソースに対するトラフィックに影響があります。デフォルトですべてのインバウンド（受信）とアウトバウンド（送信）が許可されています。許可の設定も可能ですが、拒否するものを設定する拒否リストとして使用できます。

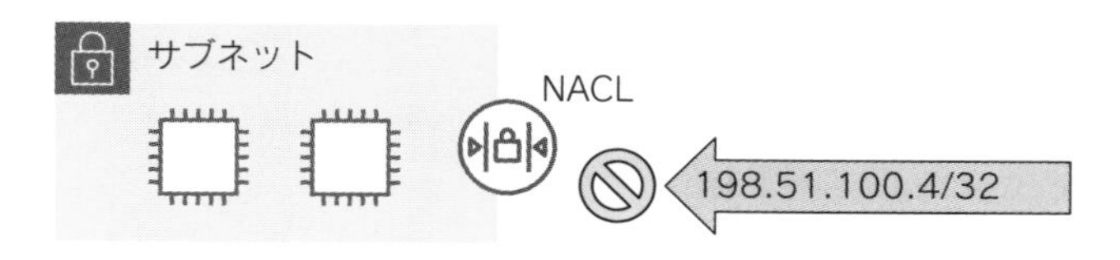

❏ ネットワークACL

ネットワークACLはデフォルトですべてのトラフィックを許可しています。ネットワークACLは必要な要件があった場合にのみ設定する、追加のセキュリティレイヤーとして機能させます。図の例では特定のIPアドレスからのリクエストをすべてのポートに対してブロックしています。特に必要な要件がなければ、デフォルトの許可のままで運用します。

▶▶▶重要ポイント

- ネットワークACLは、サブネットに対するトラフィックを制御する仮想ファイアウォール。
- ネットワークACLは、拒否（許可）するインバウンド／アウトバウンドのポートと送信元／送信先を設定する。
- ネットワークACLは追加のセキュリティレイヤーとして扱う。必要がなければ設定しないでおく。

VPCフローログ

VPC内のネットワークトラフィックのログは、**VPCフローログ**を設定すると出力できます。トラブルシューティングや外部からの侵入などのインシデント調査に使用されます。

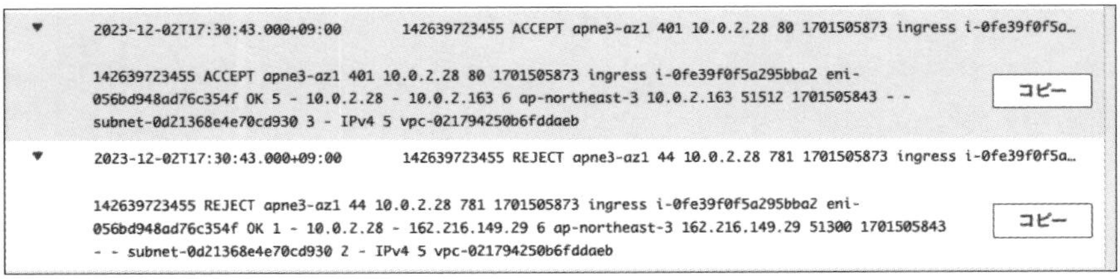

```
▼  2023-12-02T17:30:43.000+09:00    142639723455 ACCEPT apne3-az1 401 10.0.2.28 80 1701505873 ingress i-0fe39f0f5a…

   142639723455 ACCEPT apne3-az1 401 10.0.2.28 80 1701505873 ingress i-0fe39f0f5a295bba2 eni-
   056bd948ad76c354f OK 5 - 10.0.2.28 - 10.0.2.163 6 ap-northeast-3 10.0.2.163 51512 1701505843 - -     コピー
   subnet-0d21368e4e70cd930 3 - IPv4 5 vpc-021794250b6fddaeb
▼  2023-12-02T17:30:43.000+09:00    142639723455 REJECT apne3-az1 44 10.0.2.28 781 1701505873 ingress i-0fe39f0f5a…

   142639723455 REJECT apne3-az1 44 10.0.2.28 781 1701505873 ingress i-0fe39f0f5a295bba2 eni-
   056bd948ad76c354f OK 1 - 10.0.2.28 - 162.216.149.29 6 ap-northeast-3 162.216.149.29 51300 1701505843     コピー
   - - subnet-0d21368e4e70cd930 2 - IPv4 5 vpc-021794250b6fddaeb
```

❑VPCフローログ

VPCフローログはS3（6-2節）、CloudWatch Logs（11-1節）、Kinesis Data Firehoseのいずれかに出力できます。

ハイブリッド環境構成

VPCに、既存のオンプレミス環境からVPNまたは専用線で接続できます。つまり、既存のオンプレミス環境の拡張先としてAWSを使うことができるのです。オンプレミスとクラウドの両方を活用する構成を**ハイブリッド環境構成**と言います。

VPN接続

AWSに作成した**仮想プライベートゲートウェイ**と、オンプレミス側のカスタマーゲートウェイを指定してVPN接続を作成できます。たとえば社内のプライベートネットワークのみで稼働する業務アプリケーションをAWSで実現できます。

仮想プライベートゲートウェイはVPCに1つアタッチできます。インターネットゲートウェイ同様に可用性、冗長性に優れています。EC2にソフトウェアVPNをインストールすることでVPN接続を実現することもできますが、このようなマネージドなVPN接続を使用することで可用性をAWSに任せることができます。

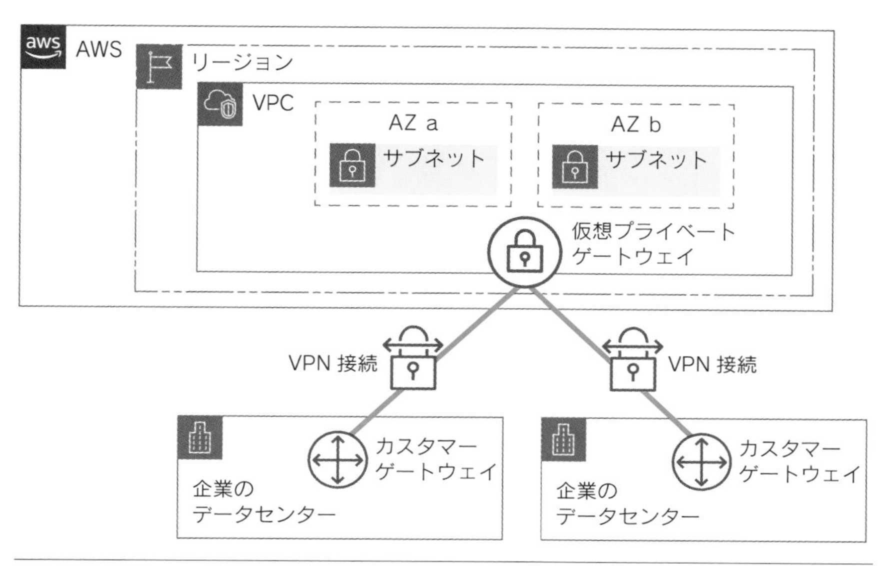

❑ VPN接続

AWS Direct Connect

帯域を確保するため、もしくはセキュリティとコンプライアンス要件を満たすために専用線を選択することがあります。**AWS Direct Connect**を使用することで、AWSとデータセンターの間でプライベートなネットワーク接続を確立できます。AWS Direct Connectは、ハイブリッド環境を構築する上で非常に重要なサービスですので、覚えておきましょう。

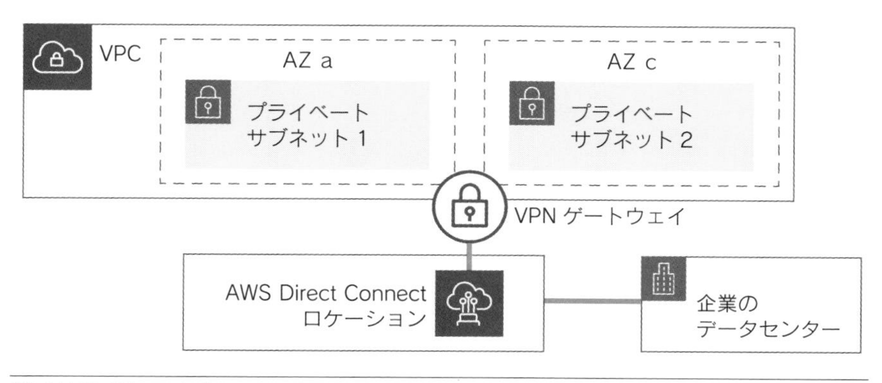

❑ AWS Direct Connect

VPCピアリング接続

オンプレミスとの接続以外にも、複数のVPC同士を接続する**VPCピアリング接続**という機能もあります。VPCピアリング接続を使うと、同じリージョン、同じアカウントだけではなく、別のリージョン、別のアカウントの複数のVPCとも接続できます。

その他の接続

その他、VPCに接続する方法として、大規模ネットワークの構築も可能な**AWS Transit Gateway**や、クライアントベースの**AWS Client VPN**があります。VPC内から直接S3、DynamoDBなどのAWSサービスにアクセスできる**VPCエンドポイント**という機能や、プライベートサブネットからインターネットに接続するための**NATゲートウェイ**という機能もあります。

▶▶▶**重要ポイント**

- VPCと既存のオンプレミス環境をVPN接続できる。
- VPCと既存のオンプレミス環境をAWS Direct Connectを使って専用線で接続できる。

7-2

Amazon CloudFront

Amazon CloudFrontは世界中に600か所以上あるエッジロケーションを使い、最も低いレイテンシー（遅延）でコンテンツを配信できるコンテンツ配信ネットワーク（Contents Delivery Network、CDN）サービスです。S3から直接配信したりELB経由のEC2から配信するよりも、CloudFrontにキャッシュを持ち、ユーザーにはキャッシュコンテンツを配信するほうが、より速く効率的にコンテンツを提供できます。

▶▶▶重要ポイント

- CloudFrontはエッジロケーションを使用するCDNサービス。

CloudFrontの特徴

CloudFrontには次の特徴があります。

- キャッシュによる低レイテンシー配信
- ユーザーの近くからの低レイテンシー配信
- 安全性の高いセキュリティ

キャッシュによる低レイテンシー配信

たとえばS3から直接、またはELB経由のEC2からWebコンテンツを配信しているとします。CloudFrontを使っていないとき、ユーザーはその都度、これらのオリジナルコンテンツにアクセスします。

距離が離れているといった地理的な理由や、コンテンツのサイズが大きくEC2に負荷がかかっているなどの理由で、ユーザーへの配信に遅延が発生している場合、コンテンツを閲覧するすべてのユーザーに同じように遅延が発生します。

CloudFrontを使用してエッジロケーションにキャッシュを持つことで、同じ場所にいる3人のユーザーがアクセスしたとき、1人目のユーザーはオリジナルコンテンツからの配信をCloudFront経由で受けることになりますが、2人目、3人目はオリジナルコンテンツにはアクセスせず、CloudFrontのキャッシュから配信を受けます。これにより2人目、3人目のユーザーは、キャッシュからコンテンツをすばやくWebブラウザに表示できます。

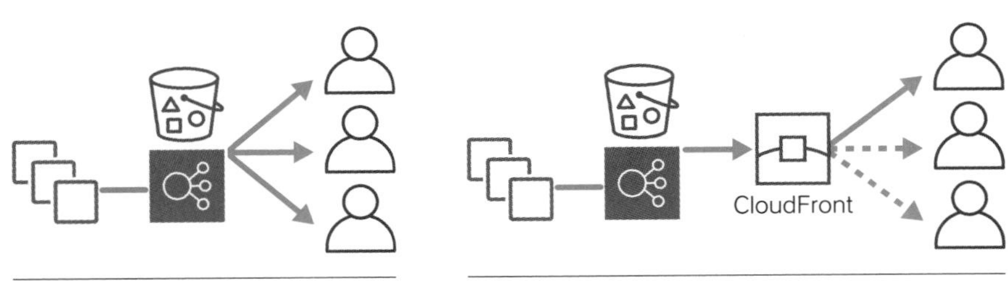

❑ CloudFrontを使っていないとき

❑ CloudFrontのキャッシュから配信を受けられる

▶▶▶重要ポイント

- CloudFrontは、エッジロケーションにキャッシュを持つことで低レイテンシー配信を実現する。

ユーザーの近くからの低レイテンシー配信

たとえば、東京リージョンのS3経由やELB経由のEC2コンテンツを、米国西海岸のユーザーがWebブラウザで閲覧しているとします。このとき、CloudFrontを使用していると、ユーザーは近くのレイテンシーが低いエッジロケーションにアクセスできます。そのエッジロケーションにキャッシュがある場合は、そのコンテンツが直接配信されます。近くのエッジロケーションから配信されることで、よりレイテンシーの低い配信が実現されます。

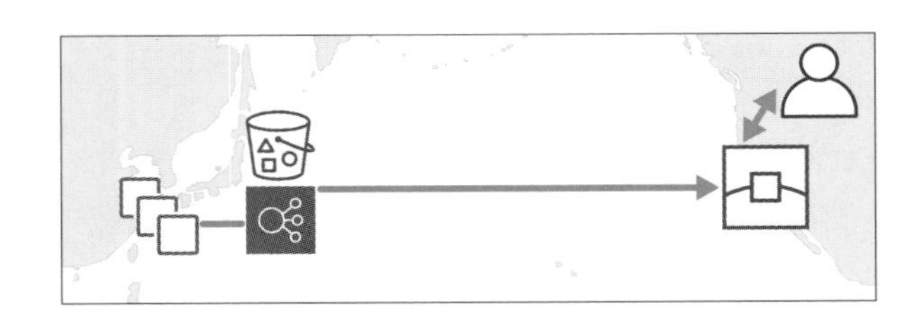

❑ CloudFront：東京オリジン－米国西海岸エッジロケーション

エッジロケーションにキャッシュがないタイミングでも、エッジロケーションと各リージョンの間はAWSのグローバルネットワークを経由しているので、直接アクセスするよりも良いネットワークパフォーマンスが提供されます。

▶▶▶重要ポイント

- CloudFrontでは世界中のエッジロケーションが利用できるので、ユーザーへは最もレイテンシーの低いエッジロケーションから配信される。

安全性の高いセキュリティ

CloudFrontには、ユーザーが所有しているドメインの証明書を設定できます。これにより、ユーザーからHTTPSのアクセスを受けることができ、通信データを保護できます。証明書は、**AWS Certificate Manager**を使用すると、追加費用なしで作成、管理できます。

また、CloudFrontに**AWS Shield**、**AWS WAF**といったセキュリティサービスを組み合わせることで、外部からの攻撃や脅威から保護できます。AWS Shield Standardは追加費用なしで使用されています。

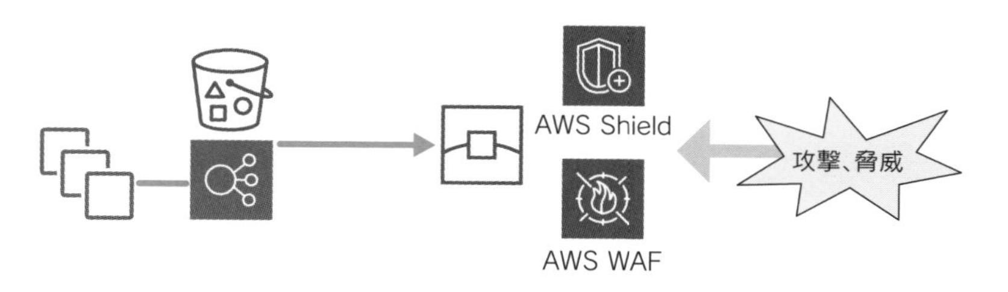

❑ CloudFrontでの防御

▶▶▶重要ポイント

- CloudFrontでは、通信を保護するために証明書を設定できる。
- CloudFrontは、WAF、Shieldで外部の攻撃から守ることができる。

7-3

Amazon Route 53

Amazon Route 53は、DNS（ドメインネームシステム）サービスです。一般的なDNSサービスと同様に、ドメインに対応するIPアドレスをマッピングしてユーザーからの問い合わせに回答します。たとえば、「www.yamamanx.com」（筆者のブログサイト）というドメインに対して「203.0.113.55」といったIPアドレス情報を回答します。ドメインの新規登録や他で管理しているドメインの移管もできます。Route 53はエッジロケーションで使用されます。

重要ポイント

- Route 53はエッジロケーションで使用されるDNSサービス。

Route 53の主な特徴

Route 53には次の特徴があります。

- 様々なルーティング機能
- 高可用性を実現するヘルスチェックとフェイルオーバー

様々なルーティング機能

ルーティング機能には主に次のものがあります。

- **シンプルルーティング**：問い合わせに対して、単一のIPアドレス情報を回答するシンプルなルーティングです。
- **レイテンシーベースのルーティング**：1つのドメインに対して複数のDNSレコードを用意しておき、地理的な場所を近くしてレイテンシー（遅延）が低くなるようにルーティングを行います。
- **加重ルーティング**：1つのドメインに対して複数のDNSレコードを用意しておき、割合を決めます。その割合に応じて回答を返します。

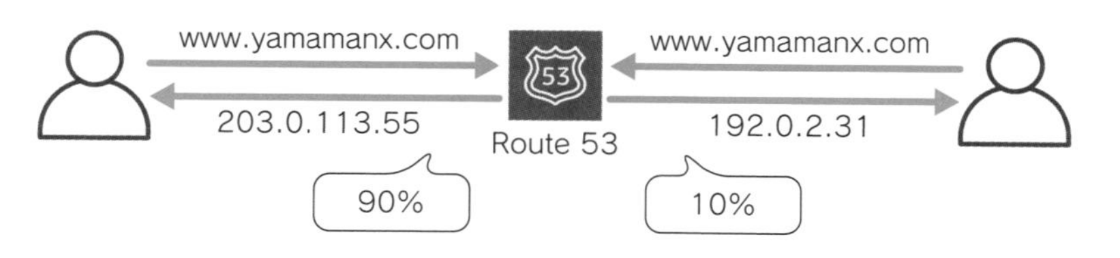

❑ 加重ルーティング

高可用性を実現するヘルスチェックとフェイルオーバー

前項で解説したとおり、Route 53には様々なルーティングがあります。それらのルーティングにはヘルスチェックを組み合わせることができます。そうすることで、システム全体の可用性を高められます。

ルーティングの種類の1つに**フェイルオーバー**があります。次の図のようにプライマリとセカンダリを設定しておき、プライマリのヘルスチェックが失敗したときにセカンダリのレコードを回答します。

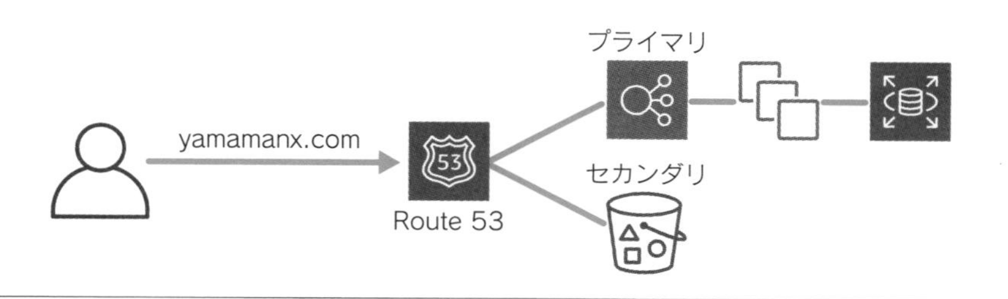

❑ フェイルオーバー

ヘルスチェックとフェイルオーバーを使用することで、たとえばプライマリに何らかの障害が発生してアクセスできない状態になった際に、一時的に「しばらくお待ちください」のようなソーリーページを表示するためのS3バケットのURLを回答できます。そしてプライマリが復旧すれば元のルーティングに戻ります。

▶▶▶重要ポイント

- Route 53では、複数のレコードを設定し、用途に応じて最適なルーティングを選択できる。
- Route 53では、プライマリの障害時にセカンダリに自動的に振り替えるフェイルオーバーが利用できる。

7-4 AWS Global Accelerator

Route 53よりも高速なフェイルオーバーには、Route 53と同じくエッジロケーションを使用している**AWS Global Accelerator**を選択できます。

右の図のように複数のリージョンに同じシステム(Application Load Balancer + Auto Scaling)を展開しているとします。Global Acceleratorのアクセラレータを1つ作成して、エンドポイントに各リージョンのApplication Load Balancerを設定します。アクセラレータには静的で固定化されたエニーキャストIPアドレス(図では192.0.2.123)が設定されます。エンドユーザーから192.0.2.123にリクエストがあった際には、最寄りのエッジロケーションが入り口となり、さらに最寄りのリージョンのApplication Load Balancerにルーティングされます。

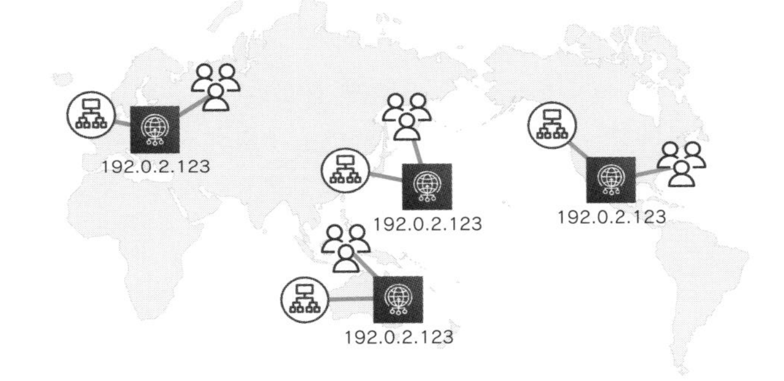

❏ Global Accelerator

ヘルスチェック機能により、最寄りのリージョンやApplication Load Balancer + Auto Scalingに障害を検知した際には、次に近いリージョンへ即時にフェイルオーバーされます。

▶▶▶重要ポイント

- Global Acceleratorでは、エンドユーザーの最寄りのエッジロケーションから最寄りのリージョンへとルーティングされる。
- Global Acceleratorは、Route 53よりも高速なフェイルオーバーを実現する。

7-5

AWS Certificate Manager（ACM）

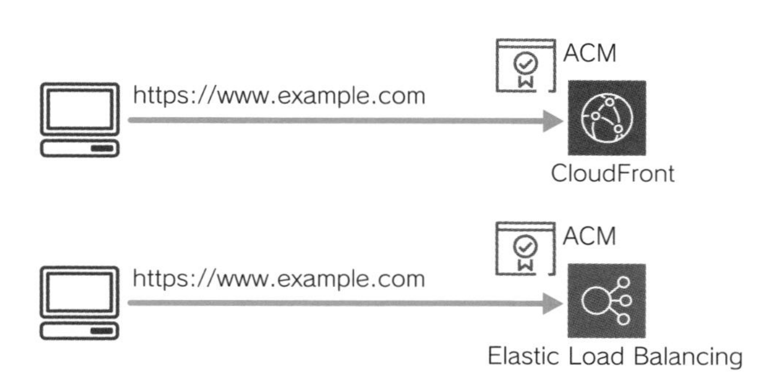

❑ AWS Certificate Manager

ユーザーが所有しているドメインでアクセスを受けるWebアプリケーションやサイトをHTTPS通信で保護するためには、SSL/TLS証明書が必要です。これらの証明書を作成して管理できるサービスが、**AWS Certificate Manager（ACM）**です。

ACMはCloudFrontやElastic Load Balancingに設定できます。設定すると、HTTPSで所有ドメインにアクセスできます。ACMによって得られる証明書の年次更新は自動で行われます。その際にはサーバーを停止する必要も、手動で設定し直す必要もありません。

▶▶▶重要ポイント

- AWS Certificate Managerは、SSL/TLS証明書を作成、管理するサービス。

7-6 AWS Shield

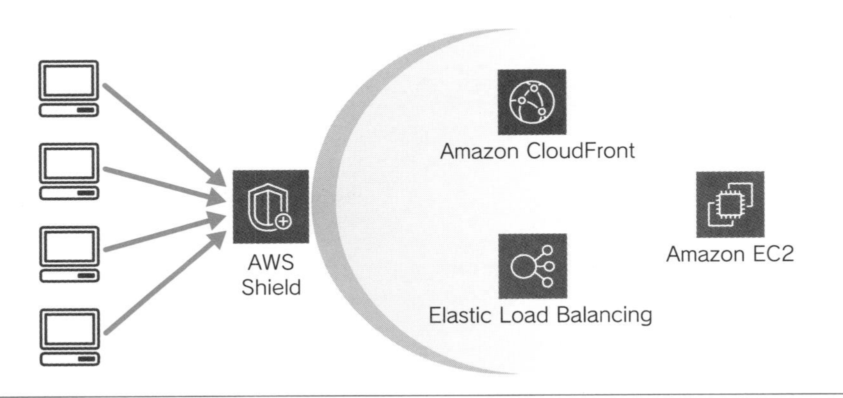

❏ AWS Shield

AWS Shieldは、AWSで実行しているアプリケーションをDDoS攻撃から保護するサービスです。

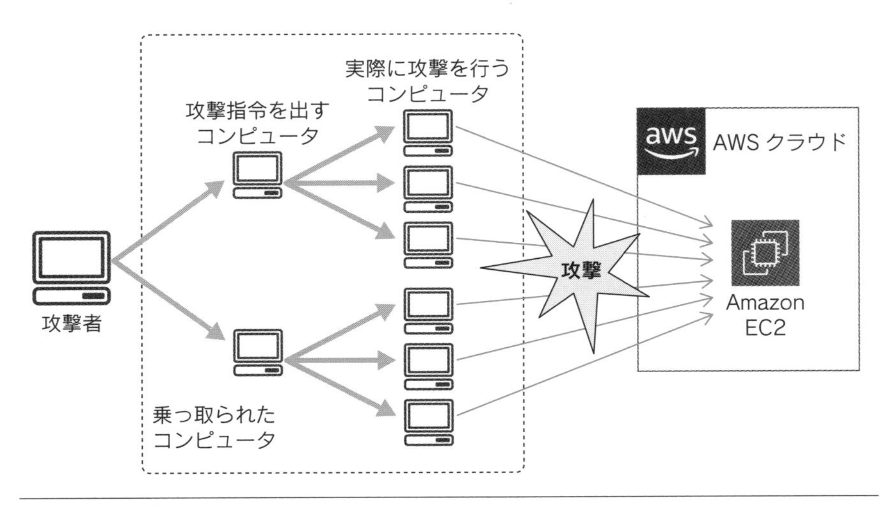

❏ DDoS攻撃

DDoS攻撃は、分散された複数の送信元から大量のアクセスを発生させ、サーバーのCPUやメモリなどのリソースを消費させて、サービス提供を妨げる攻撃です。有名なサービスかどうかにかかわらず、インターネットに公開されているサービスは攻撃対象になりえます。

Elastic Load Balancingなどのリージョンのサービスも、CloudFrontなどのエッジロケーションのサービスもShieldの保護対象です。

ShieldにはStandardとAdvancedという2つの提供形態があります。

- **AWS Shield Standard**：AWSサービスのエンドポイントのネットワーク層、トランスポート層へのDDoS攻撃を防御しています。Shield StandardはAWSの標準機能として、無料で提供されています。ユーザーが何も設定しなくても、AWSサービスのエンドポイントはShield Standardによって保護されます。
- **AWS Shield Advanced**：年間契約で月額3,000USDのサブスクリプションで使用できます。Advancedに加入すると、**SRT（Shield Response Team）**というセキュリティエンジニアチームに問い合わせをしてやり取りできます。他にも、後述のWAFとFirewallが無料で使用でき、レポートなど、モニタリングできる内容が増えます。SaaSサービスのエンドポイントや、製品提供をするためのサイトなど、攻撃によってサービスが中断されれば直接売上に影響するような、より強固に保護しなければならないサービスに、Advancedの使用を検討します。

▶▶▶重要ポイント

- Shield Standardは、何も設定しなくても、無料でネットワーク層、トランスポート層を保護している。
- Shield Advancedはサブスクリプションサービスで、重要なサービスの保護に検討する。
- Shield Advancedでは、SRT（Shield Response Team）の専門的な助力が得られる。
- Shield Advancedでは、WAFとFirewall Managerが無料で利用できる。

7-7

AWS WAF

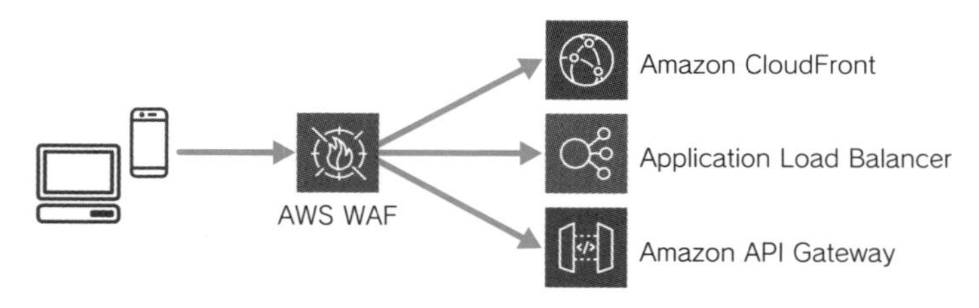

❑ AWS WAF

前節で紹介したAWS Shield Standardにより、ネットワーク層・トランスポート層への攻撃からは守られています。しかしアプリケーション層への攻撃は、Shield Standardでは守れません。

アプリケーションに対して特定のリクエストパターンを許可するかどうかは、そのアプリケーションの要件によってそれぞれ異なります。たとえばWebアプリケーションの管理画面には特定のIPアドレス以外からはアクセスさせないなど、特定のリクエストパターンに対して許可したり拒否したり、フィルタリングする必要があります。これを実現するのが**AWS WAF**です。

AWS WAFでは**Web ACL**というルールの入れ物を作って、CloudFront、Application Load Balancer、API Gatewayなどにアタッチします。Web ACLには、リクエストを許可するか拒否するかを判定するための条件をルールとして作成して設定します。ルールには、ユーザーが作成するものと、AWSがあらかじめ用意しているものとがあります。後者は**AWSマネージドルール**と呼ばれ、すぐに使うことができます。

AWS Firewall Managerで、組織で決められたルールどおりに、複数アカウントでWAFの設定がきちんとされているかを一元管理できます。設定されていない場合に自動設定することもできます。

▶▶▶重要ポイント

- AWS WAFはアプリケーション層への攻撃からシステムを守る。

本章のまとめ

Amazon VPC

- Amazon VPCは、隔離されたプライベートなネットワーク構成をユーザーがコントロールできるサービス。
- Amazon VPCはリージョンを選択して作成する。
- CIDRでAmazon VPCのプライベートIPアドレスの範囲を定義する。

サブネット

- サブネットはアベイラビリティゾーンを選択して作成する。
- CIDRでサブネットのプライベートIPアドレスの範囲を定義する。
- サブネットは役割で分割する。
- 外部インターネットに接続できるのがパブリックサブネット。
- 外部インターネットに接続せず、外部アクセスからリソースを保護できるのがプライベートサブネット。

インターネットゲートウェイ

- インターネットゲートウェイはVPCとパブリックインターネットを接続する。
- インターネットゲートウェイは高可用性と冗長性を備えている。

ルートテーブル

- ルートテーブルはサブネットと関連付ける。
- ルートテーブルはサブネット内のリソースがどこに接続できるかを定義する。

セキュリティグループ

- セキュリティグループは、インスタンスに対するトラフィックを制御する仮想ファイアウォール。
- セキュリティグループは、許可するインバウンド／アウトバウンドのポートと送信元／送信先を設定する許可リスト。
- セキュリティグループの送信元／送信先には、CIDRもしくはセキュリティグループIDを指定できる。

▶▶▶ネットワークACL

- ネットワークACLは、サブネットに対するトラフィックを制御する仮想ファイアウォール。
- ネットワークACLは、拒否（許可）するインバウンド／アウトバウンドのポートと送信元／送信先を設定する。
- ネットワークACLは追加のセキュリティレイヤーとして扱う。必要がなければ設定しないでおく。

▶▶▶外部からEC2インスタンスにアクセスするには

- インターネットゲートウェイをVPCにアタッチする。
- インターネットゲートウェイへの経路を持つルートテーブルをサブネットに関連付ける。
- EC2インスタンスをそのサブネット内で起動する。
- EC2インスタンスにパブリックIPアドレスを有効にする（またはEC2のパブリックIPアドレスを固定するElastic IPをアタッチする）。

▶▶▶ハイブリッド環境構成

- VPCと既存のオンプレミス環境をVPN接続できる。
- VPCと既存のオンプレミス環境をAWS Direct Connectを使って専用線で接続できる。

▶▶▶Amazon CloudFront

- CloudFrontはエッジロケーションを使用するCDNサービス。
- CloudFrontは、エッジロケーションにキャッシュを持つことで低レイテンシー配信を実現する。
- CloudFrontでは世界中のエッジロケーションが利用できるので、ユーザーへは最もレイテンシーの低いエッジロケーションから配信される。
- CloudFrontでは、通信を保護するために証明書を設定できる。
- CloudFrontは、WAF、Shieldで外部の攻撃から守ることができる。

▶▶▶ Amazon Route 53

- Route 53はエッジロケーションで使用されるDNSサービス。
- Route 53では、複数のレコードを設定し、用途に応じて最適なルーティングを選択できる。
- Route 53では、プライマリの障害時にセカンダリに自動的に振り替えるフェイルオーバーが利用できる。

▶▶▶ AWS Global Accelerator

- Global Acceleratorでは、エンドユーザーの最寄りのエッジロケーションから最寄りのリージョンへとルーティングされる。
- Global Acceleratorは、Route 53よりも高速なフェイルオーバーを実現する。

▶▶▶ AWS Certificate Manager (ACM)

- AWS Certificate Managerは、SSL/TLS証明書を作成、管理するサービス。

▶▶▶ AWS Shield

- Shield Standardは、何も設定しなくても、無料でネットワーク層、トランスポート層を保護している。
- Shield Advancedはサブスクリプションサービスで、重要なサービスの保護に検討する。
- Shield Advancedでは、SRT (Shield Response Team) の専門的な助力が得られる。
- Shield Advancedでは、WAFとFirewall Managerが無料で利用できる。

▶▶▶ AWS WAF

- AWS WAFはアプリケーション層への攻撃からシステムを守る。

練習問題

練習問題1

VPCの設定について述べている文で正しいものはどれですか。1つ選択してください。

A. VPCは複数のリージョンを指定して作成する。

B. VPCはプライベートIPアドレス範囲をCIDRで定義する。

C. 同一アカウント内、同一リージョン内でVPCは複数作成できない。

D. 同一アカウント内、同一リージョン内でCIDR範囲が重複してはいけない。

練習問題2

サブネットについて正しい説明はどれですか。1つ選択してください。

A. サブネットはアベイラビリティゾーンを指定して作成する。

B. 1つのサブネットで複数のアベイラビリティゾーンをまたぐことができる。

C. サブネットにインターネットゲートウェイをアタッチする。

D. サブネットには必要に応じてルートテーブルを設定する。必須ではない。

練習問題3

パブリックサブネットについて正しい説明はどれですか。1つ選択してください。

A. パブリックサブネットタイプを選択すると、そのサブネットは外部インターネットに接続できる。

B. インターネットゲートウェイに対しての経路を持ったルートテーブルを関連付ける。

C. パブリックサブネットになるべく多くのリソースを配置する。

D. ルートテーブルはパブリックサブネットには関連付けできない。

練習問題4

セキュリティグループの説明で正しいものを2つ選択してください。

A. デフォルトでインバウンドは何も許可されていない。
B. デフォルトでアウトバウンドは何も許可されていない。
C. インスタンスのトラフィックを制御する。
D. サブネットのトラフィックを制御する。
E. インバウンドルールの送信元には単一のIPアドレスのみが指定できる。

練習問題5

ネットワークACLの説明で正しいものを2つ選択してください。

A. デフォルトですべてのインバウンド、アウトバウンドが許可されている。
B. デフォルトですべてのインバウンドが拒否され、アウトバウンドが許可されている。
C. インスタンスのトラフィックを制御する。
D. サブネットのトラフィックを制御する。
E. 許可のみが設定できる。

練習問題6

VPC内のトラブルシューティングのためネットワークトラフィックのログを確認したいです。次のどの機能を使用しますか。1つ選んでください。

A. セキュリティグループ
B. VPCフローログ
C. インターネットゲートウェイ
D. VPCピアリング

練習問題7

オンプレミスデータセンターとAWSを接続するハイブリッド構成が必要です。継続的なデータ転送が必要であり、セキュリティ、コンプライアンス要件から専用のネットワークキャパシティを必要としています。次の選択肢のうち最も適切なものはどれですか。

A. インターネットゲートウェイ経由で接続する。
B. VPN接続を使用する。
C. VPCピアリングを使用する。
D. AWS Direct Connectを使用する。

練習問題8

静的なWebサイトを配信します。パフォーマンスを最適化し運用負荷を最も低くする組み合わせを次から選択してください。

A. EC2
B. Auto Scaling
C. CloudFront
D. S3
E. Application Load Balancer

練習問題9

パブリックなDNSの運用が必要です。どのサービスを使用しますか。1つ選択してください。

A. WAF
B. Global Accelerator
C. CloudFront
D. Route 53

練習問題10

マルチリージョンで構成するサービスがあります。固定のエニーキャストIPアドレスを使ってユーザーはアクセスします。最寄りのリージョンへルーティングされる必要があります。どのサービスを使用しますか。1つ選択してください。

A. WAF
B. Global Accelerator
C. CloudFront
D. Route 53

練習問題11

Application Load BalancerでリクエストをうけているWebアプリケーションへの特定の攻撃が発見されました。すばやくブロックしたいです。次のどのサービスを使用しますか。1つ選択してください。

A. WAF
B. Certificate Manager
C. KMS
D. Global Accelerator

練習問題の解答

✓練習問題1の解答

答え：B

VPCはリージョンを選択し、CIDR表記でIPアドレス範囲を定義します。

A. VPCは1つのリージョンを指定して作成します。複数にまたがることはできません。

C. 複数のVPCをアカウント内、リージョン内に作成できます。

D. VPCはそれぞれを隔離できます。VPCピアリングでVPC同士を接続する場合などはCIDR範囲が重複してはいけませんが、他のネットワークとして隔離して利用するのであれば重複してもかまいません。

✓練習問題2の解答

答え：A

サブネットはアベイラビリティゾーンを指定して作成します。

B. 1つのサブネットが指定できるアベイラビリティゾーンは1つです。複数のアベイラビリティゾーンにそれぞれのサブネットを作成してシステムを構築することで可用性が高まります。

C. インターネットゲートウェイはVPCにアタッチします。

D. サブネットには必ずルートテーブルが必要です。カスタムルートテーブルを設定しない場合はデフォルトでメインルートテーブルが関連付けられます。

✓練習問題3の解答

答え：B

インターネットゲートウェイへの経路を持つルートテーブルを関連付けることによって外部と直接通信ができるサブネットを、パブリックサブネットと呼びます。

A. パブリックサブネットタイプというパラメータはありません。

C. パブリックサブネットはインターネットから直接アクセスができて、攻撃の対象になる可能性があります。そのため、必要最小限のリソースしか配置しません。

D. サブネットには必ずルートテーブルが必要です。

✓練習問題4の解答

答え：A、C

セキュリティグループはインスタンスを対象とした仮想ファイアウォール機能です。デフォルトでインバウンドルールは何もなく許可されていません。許可するポートと送信元（CIDR表記か他のセキュリティグループID）を設定する許可リストとして使用します。

- B. デフォルトのアウトバウンドルールではすべてのポートと送信先が許可されています。
- D. 対象はインスタンスです。
- E. インバウンドルールの送信元にはIPアドレスの範囲や、セキュリティグループIDを指定できます。

✓練習問題5の解答

答え：A、D

ネットワークACLはサブネットを対象としていて、デフォルトですべてのインバウンド、アウトバウンドが許可されています。

- B. デフォルトですべてのインバウンドも許可されています。
- C. ネットワークACLはサブネットのトラフィックを制御します。
- E. 許可だけでなく拒否も設定できます。

✓練習問題6の解答

答え：B

VPC内のネットワークトラフィックのログはVPCフローログで確認できます。

- A. セキュリティグループはインスタンスのファイヤーウォールです。
- C. インターネットゲートウェイはVPC内からインターネットへの出入り口です。
- D. VPCピアリングはVPC同士をプライベートに接続します。

✓練習問題7の解答

答え：D

専用回線が必要ですので、AWS Direct Connectを使用します。AWS Direct Connectはハイブリッド設計を構築する際に非常に重要なサービスです。

- A. インターネットゲートウェイ経由の接続は専用回線ではありません。
- B. VPN接続は通信が暗号化されプライベートに接続できますが、専用回線ではありません。
- C. VPCピアリングはVPC同士をプライベートに接続するもので、データセンターとのハイブリッド構成で使うものではありません。

✓練習問題8の解答

答え：C、D

静的なのでS3から配信できます。CloudFrontディストリビューションのオリジンにしてエッジロケーションからキャッシュ配信して、パフォーマンスを最適化します。

- A、B. S3で配信できるので、EC2でWebサーバーを運用する必要はありません。
- E. S3は複数のアベイラビリティゾーンが使用されているのでロードバランサーは必要ありません。

✓練習問題9の解答

答え：D

Route 53はエッジロケーションを使って展開しているDNSサービスです。

- **A.** WAFは外部の攻撃からリソースを保護するサービスです。
- **B.** Global Acceleratorはマルチリージョンで、最寄りのエッジロケーションを入り口として最寄りのリージョンへルーティングできるサービスです。
- **C.** CloudFrontはエッジロケーションでキャッシュを配信できるサービスです。

✓練習問題10の解答

答え：B

Global Acceleratorのアクセラレータには固定のエニーキャストIPアドレスが設定されます。最寄りのエッジロケーションを入り口として最寄りのリージョンへルーティングできます。

- **A.** WAFは外部の攻撃からリソースを保護するサービスです。
- **C.** CloudFrontはエッジロケーションへアクセスしますが、最寄りのリージョンではなくキャッシュがあればそのまま配信します。なければオリジンからデータを転送して配信します。
- **D.** Route 53はDNSサービスです。

✓練習問題11の解答

答え：A

WAFでWeb ACLとルールを作って、CloudFront、Application Load Balancer、API Gatewayなどに設定することで、すばやく攻撃をフィルタリングしてブロックできます。

- **B.** Certificate ManagerはSSL/TLS証明書を作成、管理するサービスです。
- **C.** KMSは暗号化キーを作成、管理するサービスです。
- **D.** Global Acceleratorはマルチリージョンで、最寄りのエッジロケーションを入り口として最寄りのリージョンへルーティングできるサービスです。

第8章

データベースサービス

第8章では、データベースサービスとして、主にRDSとDynamoDBという2つのサービスを解説します。他には試験ガイドに記載のあるMemoryDB、Neptuneについて概要を解説します。システムやデータの要件に応じて適切なデータベースサービスを選択できることが、試験にも実際の運用にも重要です。

8-1

Amazon RDS

第8章では主にRDSとDynamoDBという2つのサービスを解説しますが、ここで重要なのは「**適切なデータベースサービスを選択する**」ということです。どんなシステムにも、どんなデータにも、最適な対応ができる万能なデータベースシステムというものはありません。

たとえば、アプリケーションでは、1つのデータを処理するため、行にアクセスすることが多くなります。それに対してレポートなどの集計処理では、複数のデータをまとめて計算するため、列にアクセスします。もっと単純に、キーにアクセスしてその値を取得するだけの場合もあります。1つ1つの処理においてもアクセス方法が違います。

「必ずこのデータベースを使用する」と決めるのではなく、システムやデータの要件に応じて適切なデータベースサービスを選択することが重要です。そのための知識として、本節ではRDSについて説明します。

RDSの概要

Amazon RDSは「Amazon Relational Database Service」の略です。RDSを使うと、AWSで簡単に**リレーショナルデータベース**を使用できます。使用できるデータベースエンジンは次の7つです。

- Amazon Aurora
- MySQL
- PostgreSQL
- MariaDB
- Oracle
- Microsoft SQL Server
- IBM DB2

▶▶▶重要ポイント

- Amazon RDSでは、オンプレミスで使われているデータベースエンジンをそのまま簡単に使用できる。

RDSとEC2の違い

RDSで使用できるデータベースエンジンのうちAmazon Aurora以外は、EC2に各データベースエンジンをインストールして使用することも可能です。それでは、EC2にデータベースエンジンをインストールして使用することと、RDSの違いは何でしょうか。その違いこそがRDSの特徴であり、RDSを使用するメリットです。RDSとEC2の違いだけではなく、オンプレミスでデータベースエンジンを運用する場合もあわせてその違いを見てみましょう。

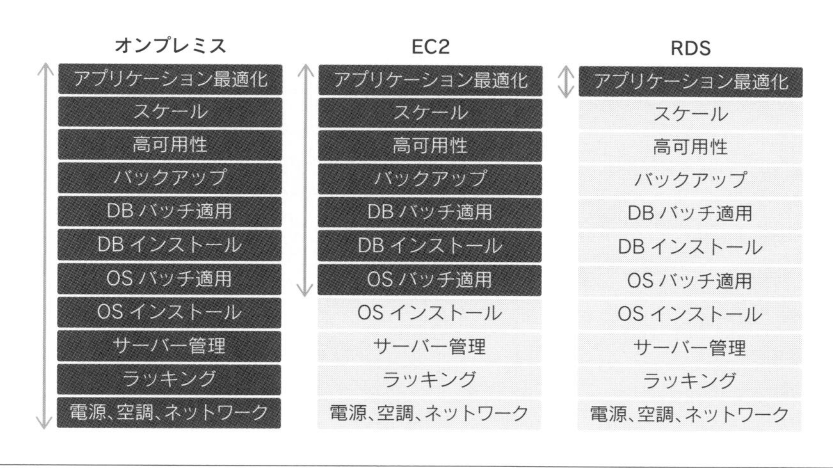

❏ オンプレミス、EC2、RDSの違い

オンプレミスでデータベースサーバーを構築する場合、電源、空調、ネットワーク回線、ラックスペースの確保、ラッキング、物理のサーバー管理、OSのインストール、そして、データベースの管理をすべてユーザーが担当しなければなりません。

これをEC2で起動したサーバーにデータベースエンジンをインストールする場合、物理要素やハードウェアとOSのインストールまでは、AWSに任せられます。ですが、OSのモジュールに脆弱性が見つかった場合はパッチの適用が必要です。そしてデータベースのインストール、マイナーバージョンのバージョンアップ、バックアップ、複数のアベイラビリティゾーンをまたいだ高可用性の確保、スペック変更時のデータベースソフトウェアの調整・設定などはユーザー側で行う必要があります。

RDSでデータベースエンジンを使用すると、これらの管理タスクはユーザーにとって不要となります。主に次の3つの管理タスクから解放されます。そのためユーザーは、アプリケーションのためにSQLクエリを最適化するなど、開発に注力できるようになります。

- メンテナンス
- バックアップ
- 高可用性

▶▶▶重要ポイント

- RDSを使うことでエンジニアはインフラ管理から解放され、本来やるべき開発に注力できる。

メンテナンス

RDSを使用するとユーザーはOSを意識する必要がなくなります。OSがユーザーのコントロール対象から外れるということです。ユーザーはOSを選択する必要も設定する必要もなくなります。

OSのメンテナンスは週に1回、ユーザーが設定した時間に自動的に行われます。データベースのマイナーバージョンアップグレードは、自動適用するかどうかをユーザーが選択できます。自動適用する場合は、同じく指定した時間に自動的にアップグレードされます。

▶▶▶重要ポイント

- RDSを使用すると、OS、データベースエンジンのメンテナンスをAWSに任せることができる。

バックアップ

RDSでは、デフォルトで7日間の自動バックアップが適用されています。ユーザーがバックアップ用のコマンドやサードパーティ製品を用意しなくても、バックアップはRDSインスタンスを作成したときに設定済みです。バックアップの期間は0〜35日間まで設定でき、指定した時間にバックアップデータが作成されます。

35日を超えてバックアップデータを保持しておく必要がある場合は、手動のスナップショットを作成できます。

自動バックアップも手動スナップショットもRDSのスナップショットインターフェイスからアクセスできます。実体はリージョンに高い耐久性で保存されています。

スナップショットからRDSインスタンスを起動できます。復元によって、日次で作成されたバックアップ時点のインスタンスを起動できます。

✱ 暗号化

RDSインスタンスは作成時に**AWS KMS**の暗号化キーによって、安全に暗号化できます。暗号化されたインスタンスから作成されたスナップショットも同じ暗号化キーで暗号化されます。

✱ ポイントタイムリカバリー

自動バックアップを設定している期間内であれば、秒数までを指定して特定の時点のインスタンスを復元できます。また、過去直近では5分前に戻すことが可能です。

この**ポイントタイムリカバリー**は、トランザクションログが保存されていることによって可能になっています。RDSの起動が完了したタイミングで自動でトランザクションログは保存され始めます。

▶▶▶重要ポイント

- RDSでは、データベースのバックアップを管理しなくてよい。
- RDSでは、KMS暗号化キーで暗号化できる。
- RDSでは、バックアップ期間中の任意の時間のインスタンスを起動できる。

高可用性

Web層やアプリケーション層で負荷分散やAuto Scalingによる高可用性を実現していても、データベースサーバーが1つしかなければ、データベースサーバーに障害が発生した際にシステムの機能は停止します。データベースサーバーも、いつ壊れてもおかしくないという**Design for Failure**の設計原則に基づいて、**単一障害点**(Single Point Of Failure、**SPOF**)とならないように設計しなければなりません。

RDSの**マルチAZ配置**をオンにすると、アベイラビリティゾーン(AZ)をまたいだレプリケーションが自動的に行われます。プライマリに障害が発生した際のフェイルオーバーも自動で行われます。レプリケーション用のユーザー作成やレプリケーションそのものの設定、レプリケーションのための管理の必要はありません。

❑ マルチAZ配置の切り替え

マルチAZ配置を選択するだけで、複数のアベイラビリティゾーンでデーターベースのレプリケーションが始まります。

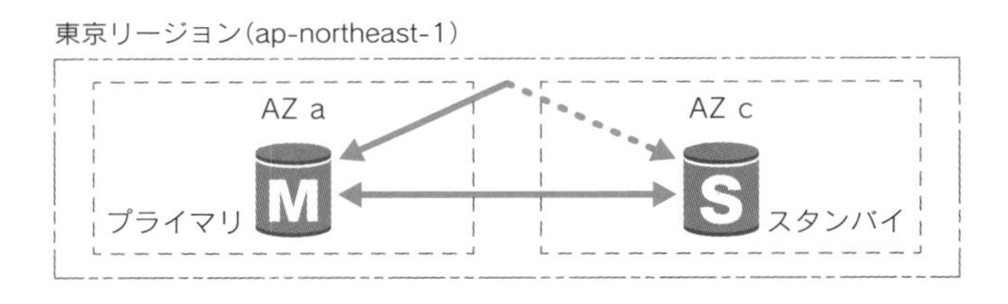

❑ マルチAZ配置

プライマリとスタンバイの間でレプリケーションが実行され、プライマリに障害が発生した際には自動的にフェイルオーバーされます。フェイルオーバーされると、スタンバイデータベースがプライマリになります。

異なるデータセンター間で数ミリ秒以内のレイテンシーの専用線を用意してデーターベースのレプリケーションを行う——これをオンプレミスで実現するには、多くのコストと労力が必要です。RDSを使用すれば、マルチAZ配置という選択肢を有効にするだけで実現できます。

さらにマルチAZ配置とは別にAmazon Aurora、MySQL、PostgreSQL、MariaDB、Oracle、SQL Serverでリードレプリカを作成でき、リードレプリカにより、読み込みの負荷をプライマリから軽減できます。他のリージョンにリードレプリカを作成することもできます。これを**クロスリージョンリードレプリカ**と言います。

▶▶▶重要ポイント

- RDSのマルチAZ配置を使用することでデータベースの高可用性を実現できる。
- RDSでは、レプリケーション、フェイルオーバーはRDSの機能によって自動的に行われる。
- 読み込み専用のリードレプリカを作成できる。

Amazon Auroraの概要

この節の最初の「RDSの概要」で、RDSで使用できる7つのデータベースエンジンを紹介しました。その中に、**Amazon Aurora**という見慣れないデータベースエンジンがあります。Amazon Auroraは、AWSがクラウドに最適化して再設計したリレーショナルデータベースエンジンです。MySQL、PostgreSQLと互換性があり、これらを使用しているアプリケーションはAuroraをそのまま使用できる可能性が高くなります。

Auroraを使用する主なメリットは次のとおりです。

- ○ 高い耐障害性と自己修復機能を持ったデータベースボリューム
- ○ スタンバイにアクセスできる(リードレプリカがプライマリに昇格する)
- ○ RDS MySQLに比べて5倍の性能
- ○ ディスク容量を見込みで確保しなくても自動で増加する

▶▶▶重要ポイント

- Amazon Auroraは、MySQL/PostgreSQL互換の、クラウドに最適化されたリレーショナルデータベース。

AWS Secrets Manager

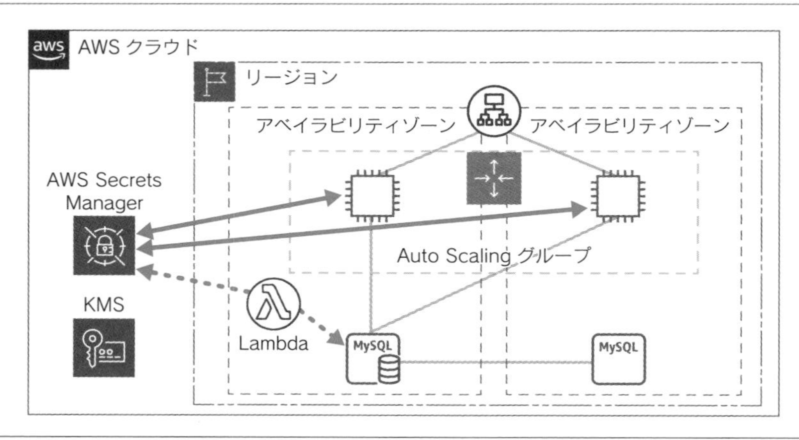

❑ Secrets Manager

AWS Secrets Managerは、データベース認証情報やAPIキーなどのシークレットを安全に保管し、EC2インスタンスやLambda関数などのアプリケーションから共有利用できるようにするサービスです。スケジュールに基づいて定期的にパスワードをローテーション(更新)する機能も備えています。また、シークレットは**AWS KMS**によって安全に暗号化されます。

AWS Secrets Managerが管理するのはデータベースの接続情報だけではありませんが、RDSと連携するケースが多いため、RDSとあわせて知っておきましょう。

Secrets Managerと似たような使い方をするサービスに**Systems Managerパラメータストア**がありますが、大きな違いはローテーションしない点です。ただしその分、パラメータストアは無料で使用できます。

▶▶▶重要ポイント

- Secrets Managerは、データベース認証情報やAPIキーなどのシークレットを安全に保管し、アプリケーションから使用できるようにする。
- Secrets Managerを使うと、自動ローテーション機能により定期的にパスワードを更新できる。
- Systems Managerパラメータストアは無料だが、Secrets Managerと違ってローテーションしない。

8-2 Amazon DynamoDB

Amazon DynamoDBはNoSQL型の、高いパフォーマンスを持つフルマネージドのデータベースサービスです。**フルマネージド**という言葉が意味しているのは、**ユーザーが管理する範囲がさらに少なくなる**ということです。たとえばデータベースサーバーのOSも、データベースエンジンも、テーブルの破損なども、気にしなくてよくなります。ユーザーがDynamoDBを使用するときはテーブルの作成から始めます。データベースサーバーとしてインスタンスを作成する必要がありません。最低限の設定では、テーブル名とプライマリキーを決めさえすれば使い始めることができます。

DynamoDBを使用するときにユーザーが選択するのは、リージョンです。アベイラビリティゾーン(AZ)をユーザーが意識する必要はありません。DynamoDBにテーブルを作って、そこに**アイテム**と呼ばれるデータを保存すると、自動的に複数のアベイラビリティゾーンの複数の施設で同期され、保存されます。**最初からマルチAZの構成になっている**ということです。

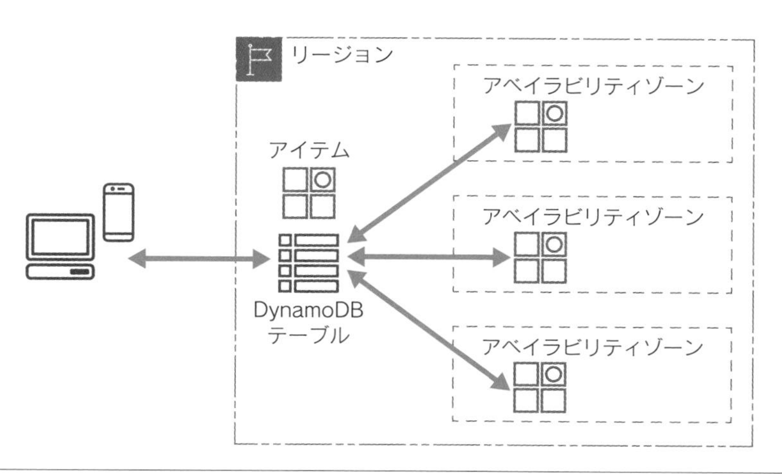

❑ DynamoDBの高可用性

DynamoDBはモバイル、ゲーム、IoT、大規模なWebシステムのバックエンド、サーバーレスアーキテクチャ、ジョブステータスの管理、セッション管理、クリックストリームデータなど、様々なユースケースで使用されています。

▶▶▶重要ポイント

- DynamoDBはフルマネージドのNoSQL型データベースサービス。
- DynamoDBはリージョンを選択して使う。アベイラビリティゾーンを意識する必要はない。

DynamoDBの料金

DynamoDBの**データ容量は無制限**で、使用している容量が課金対象となります。もう1つの料金は、リクエストに対しての料金です。プロビジョニング済みキャパシティモードとオンデマンドキャパシティモードから選択できます。

プロビジョニング済みキャパシティモードでは、性能をユーザーが決められます。書き込みと読み込みが1秒間に何回可能とするかで、書き込みと読み込みのキャパシティユニットを設定します。このキャパシティユニットによって料金が算出されます。なお、キャパシティユニットはオートスケールさせることができます。

オンデマンドキャパシティモードでは、発生したリクエストごとに料金が発生します。プロビジョニング済みキャパシティモードのように秒間のリクエスト数を決めておく必要がないので、リクエスト数が予測できない状況に対応できます。

DynamoDBとRDSの違い

DynamoDBとRDSの大きな違いは、RDSはリレーショナルデータベースで、DynamoDBはそうではないという点です。DynamoDBは**非リレーショナルデータベース**や**NoSQL**と呼ばれるタイプのデータベースシステムです。

RDSではトランザクションをコミットにより確定できるので、たとえば空席予約など、厳密な確定処理をすることに向いています。しかし、大量のデータ更新や読み込みを必要とする処理には向いていません。これはスケーリングの特徴が異なるためです。

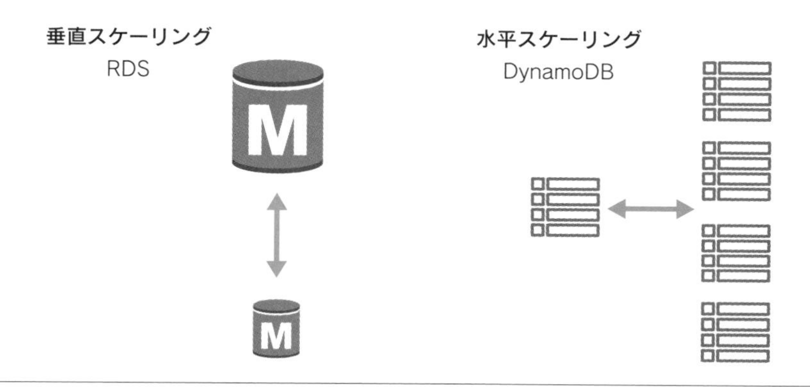

❏ RDSとDynamoDBのスケーリング

RDSは主に垂直スケーリングによりスケールアップできます。基本的には1つのインスタンスで処理を行うので厳密な処理をできますが、大量のアクセスには向きません。これに対してDynamoDBは水平スケーリングができます。大量のアクセスがあってもパフォーマンスを保ったまま処理ができます。ただし、厳密なトランザクションを必要とする処理や、複雑なクエリには向きません。

データの特徴も違います。

Code	Title	Artist
1	芸人冥利	The 八番街
2	Re-Birth	BE GREAT

❏ SQL型のテーブル

RDSはSQL型のテーブル形式です。列が固定で、行に対してアクセスします。もし上図の例（曲のテーブル）で列にない「Album」という列を増やす場合は、列を追加してからレコードを挿入する必要があります。各列の最大長も固定されており、それを超えることはできません。SQL型のテーブルでは、SQLを使ってレコードにアクセスでき、基本的にどの列に対しても検索を行えます。

Code : 1

```
{
  Title: 芸人冥利,
  Artist: The八番街,
  Album: プレリュード
}
```

Code : 2

```
{
  Title: Re-Birth,
  Artist: BE GREAT,
  Year: 2001,
  Album: Will Power
}
```

❏ NoSQL型のテーブル

DynamoDBはNoSQL型のテーブル形式です。1つのデータは**アイテム**(項目)として扱います。キーとして設定している属性と値さえあれば、それ以外の属性は動的で自由です。この例では、「Year」や「Album」を持っているアイテムがあります。検索対象はキーとして設定している属性のみです。このように不定形な入れものに自由に情報を格納して、キーを検索のためのインデックスとして扱うことで、データを管理できます。

▶▶▶重要ポイント

- データベースサービスは、データの特徴やシステム要件に応じて選択する。
  - 中規模程度のアクセス量で、整合性や複雑なクエリを必要とする場合はRDSを選択する。
  - 大規模なアクセス量で、自由度の高いデータモデルを扱う場合はDynamoDBを選択する。

8-3

その他のデータベースサービス

ここでは、試験ガイドに記載のあるMemoryDBとNeptuneについて概要を解説します。

Amazon MemoryDB for Redis

Amazon MemoryDB for Redisはインメモリデータベースサービスで、Redisと互換性があります。Redisを耐久性のあるプライマリデータベースとして使いたい場合はこのMemoryDB for Redisを使用します。

Amazon Neptune

Amazon Neptuneは、フルマネージドのグラフデータベースサービスです。関係性や相関情報を扱います。SNS、レコメンデーション（提案）エンジン、経路案内、物流最適化などのアプリケーション機能に使用されます。

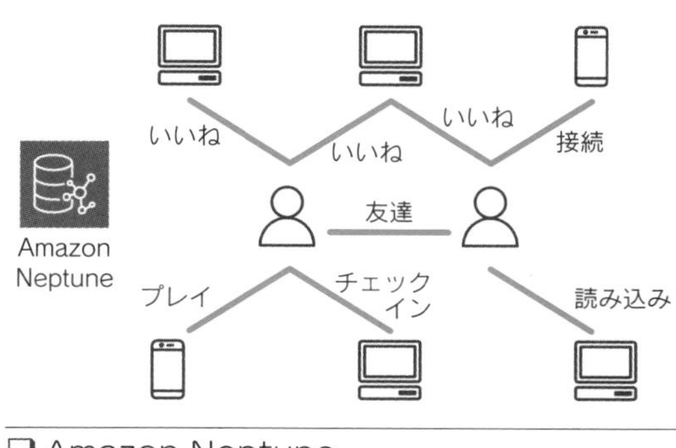

❏ Amazon Neptune

▶▶▶重要ポイント

- Redisを耐久性のあるプライマリデータベースとして使いたい場合はMemoryDB for Redisを使用する。
- Neptuneは複雑な関係性を扱うグラフデータベース。

8 データベースサービス

本章のまとめ

Amazon RDS

- Amazon RDSでは、オンプレミスで使われているデータベースエンジンをそのまま簡単に使用できる。
- RDSを使うことでエンジニアはインフラ管理から解放され、本来やるべき開発に注力できる。
- RDSを使用すると、OS、データベースエンジンのメンテナンスをAWSに任せることができる。
- RDSでは、データベースのバックアップを管理しなくてよい。
- RDSでは、KMS暗号化キーで暗号化できる。
- RDSでは、バックアップ期間中の任意の時間のインスタンスを起動できる。
- RDSのマルチAZ配置を使用することでデータベースの高可用性を実現できる。
- RDSでは、レプリケーション、フェイルオーバーはRDSの機能によって自動的に行われる。
- Amazon Auroraは、MySQL/PostgreSQL互換の、クラウドに最適化されたリレーショナルデータベース。
- データベースサービスは、データの特徴やシステム要件に応じて選択する。中規模程度のアクセス量で、整合性や複雑なクエリを必要とする場合はRDSを選択する。

AWS Secrets Manager

- Secrets Managerは、データベース認証情報やAPIキーなどのシークレットを安全に保管し、アプリケーションから使用できるようにする。
- Secrets Managerを使うと、自動ローテーション機能により定期的にパスワードを更新できる。
- Systems Managerパラメータストアは無料だが、Secrets Managerと違ってローテーションしない。

Amazon DynamoDB

- DynamoDBはフルマネージドのNoSQL型データベースサービス。
- DynamoDBはリージョンを選択して使う。アベイラビリティゾーンを意識する必要はない。
- データベースサービスは、データの特徴やシステム要件に応じて選択する。大規模なアクセス量で、自由度の高いデータモデルを扱う場合はDynamoDBを選択する。

▶▶▶ Amazon MemoryDB for Redis

- Redisを耐久性のあるプライマリデータベースとして使いたい場合はMemoryDB for Redisを使用する。

▶▶▶ Amazon Neptune

- Neptuneは複雑な関係性を扱うグラフデータベース。

練習問題

練習問題1

複数のテーブル結合クエリと厳密なトランザクションを必要とするアプリケーションがあります。どのデータベースサービスを選択するのが最も適切ですか。1つ選択してください。

A. Amazon Relational Database Service
B. Amazon DynamoDB
C. Amazon Neptune
D. Amazon ElastiCache

練習問題2

RDSを使用する際のユーザーがやらなければいけない運用はどれですか。1つ選択してください。

A. OSへのセキュリティパッチの適用
B. テーブルの作成
C. データベース領域をストレージ容量に設定
D. バックアップデータの保存先の指定

練習問題3

MySQLデータベースが必要です。次のどれを使用しますか。1つ選択してください。

A. MemoryDB
B. Neptune
C. Aurora
D. DynamoDB

練習問題4

RDSを使用していて、アベイラビリティゾーンの障害が発生してもなるべくダウンタイムを短く復旧したいです。次のどの機能を使用しますか。1つ選択してください。

A. マルチAZ配置
B. 自動バックアップ
C. ポイントタイムリカバリー
D. マイナーバージョンのアップグレード

練習問題5

モバイルアプリケーションで商品マスターへ大量のアクセスが発生することが想定されます。商品マスターへのアクセスは商品IDから情報を取得するシンプルなものです。どの方法が最適でしょうか。1つ選択してください。

A. インスタンスクラスの大きい高性能なRDSインスタンスを用意する。
B. RDSのリードレプリカを作成して商品マスターテーブルへのアクセスをリードレプリカへ向ける。
C. 商品マスターテーブルをDynamoDBで作成する。
D. RDSのマルチAZ配置を有効にする。

練習問題6

データベースへの認証情報をローテーションさせながら安全に複数のアプリケーションから使用したいです。どの方法が最適ですか。1つ選択してください。

A. AWS Secrets Manager
B. AWS KMS
C. アプリケーション実行環境の環境変数
D. アプリケーションの設定ファイル

練習問題の解答

✓練習問題1の解答

答え：A

複数のテーブル結合クエリと厳密なトランザクションが必要な場合、最も適しているのはRDSです。

B. DynamoDBでは複数テーブルの結合クエリはできません。
C. Neptuneはグラフデータを扱います。
D. ElastiCacheは一時的なキャッシュデータに使用します。

✓練習問題2の解答

答え：B

テーブルの作成はユーザーが行います。

A. RDSではOSのメンテナンスは自動的に行われます。
C. データベース領域の割り当ては自動的に行われます。
D. バックアップの時間と保存数は指定できますが、保存先は指定する必要がありません。

✓ 練習問題3の解答

答え：C

Auroraは MySQL および PostgreSQL と互換性があります。

- **A**. MamoryDBはRedisと互換性があります。
- **B**. Neptuneはグラフデータベースです。
- **D**. DynamoDBはMySQLと互換性がありません。

✓ 練習問題4の解答

答え：A

複数のアベイラビリティゾーンを使ってスタンバイデータベースへレプリケートして、障害時にフェイルオーバーさせます。

- **B**. バックアップからの復旧はマルチAZのフェイルオーバーよりも時間がかかります。
- **C**. ポイントタイムリカバリーもバックアップからの復旧であり、マルチAZのフェイルオーバーよりも時間がかかります。
- **D**. マイナーバージョンのアップグレードは復旧とは関係ありません。

✓ 練習問題5の解答

答え：C

DynamoDBは、シンプルなデータへの大量のアクセスに対応しやすいです。

- **A**. DynamoDBで対応できるので、高価なインスタンスクラスの大きなデータベースを使用する必要はありません。
- **B**. リードレプリカは大量なアクセスに対応できません。
- **D**. マルチAZ配置は可用性を高めることはできますが、性能を上げることに関しては、直接的な効果はありません。

✓ 練習問題6の解答

答え：A

認証情報をローテーションして複数のアプリケーションから安全に使用できるようにするのはSecrets Managerです。

- **B**. KMSは暗号化キーを管理するサービスで、認証情報を管理するサービスではありません。暗号化キーのローテーションはできます。
- **C**、**D**. どちらの方法もアプリケーションの実行環境ごとに設定したりローテーションしたりすることが必要で、安全でも、最適でもありません。

第9章

AI/ML、ビジネス、分析サービス

第9章ではAI/MLサービス、ビジネスサービス、分析サービスについて解説します。本章で解説するサービスはどのサービスも、実現したい要件に対して、私たちユーザーが多くの運用や開発をすることなく、すばやく実現できるマネージドサービスです。それぞれのサービスが実現している役割を理解するようにしてください。AIサービスはマネジメントコンソールで試せるデモも用意されていますので、試していただくことを推奨します。

9-1

AI/MLサービス

AWSには非常に多くの**AI**(Artificial Intelligence、**人工知能**)、**ML**(Machine Learning、**機械学習**)サービスがあります。多くのサービスは用意されたAPIにリクエストするだけで使用できるので、学習をさせたりモデルを作ったりという作業をせずにすぐに使用できます。すべてのサービスはAPIにリクエストできて結果のレスポンスを受け取れます。リクエストはSDKで開発できるので、簡単にアプリケーションに組み込めます。

Amazon Rekognition

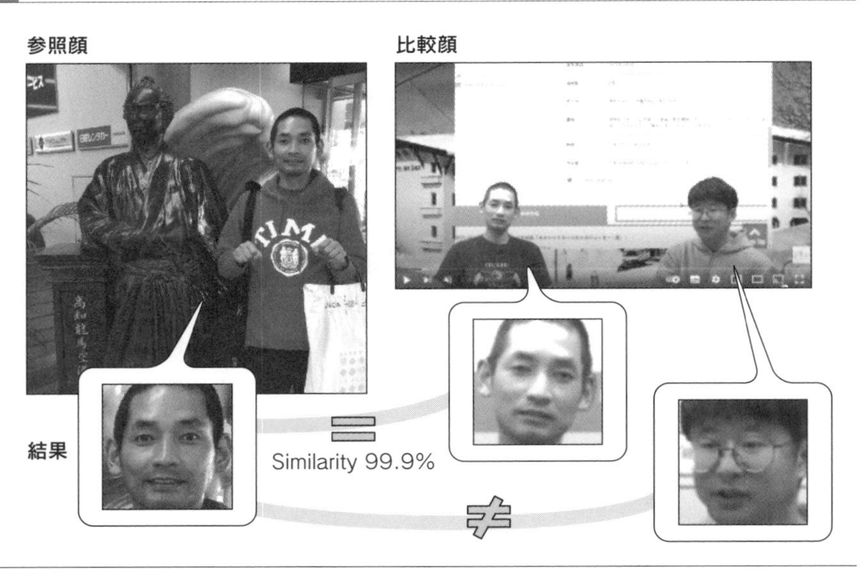

❏ Amazon Rekognition

Amazon Rekognitionは画像と動画を分析できます。図にあるように、2枚の写真に写っている人物の顔を比較して、同一人物かどうかを判定することができます。左の写真に写っている1人と、右の写真に写っている2人を比較して、同一人物と思われるかを数値でレスポンスしてくれます。このような機能を使って学校行事の撮影写真から特定の生徒の写真だけをすばやく集めたりする、アルバムアプリケーションなどが考えられます。

Rekognitionには以下の機能もあり、これらはマネジメントコンソールのデモで写真をアップロードして簡単に試せます。

❑ Amazon Rekognitionの機能

機能名	内容	ユースケースの例
ラベル検出	写真に写っている道路や車などをラベルとして検出する	写真に自動タグ付けして分類するアルバムアプリケーション
画像のモデレーション	暴力的、センシティブな写真を検出する	ユーザーによってアップロードされた写真の中に利用規約に違反した写真がないかを自動検出する機能
顔の分析	顔写真から表情や年齢、性別などの見た目を数値化する	イベント会場で訪問者の年齢や笑顔度などを数値化して記録する機能
有名人の認識	有名人の写真を自動認識する	肖像権保護のために、有名人の写真が勝手に使用されていないかを検出する機能

Amazon Comprehend

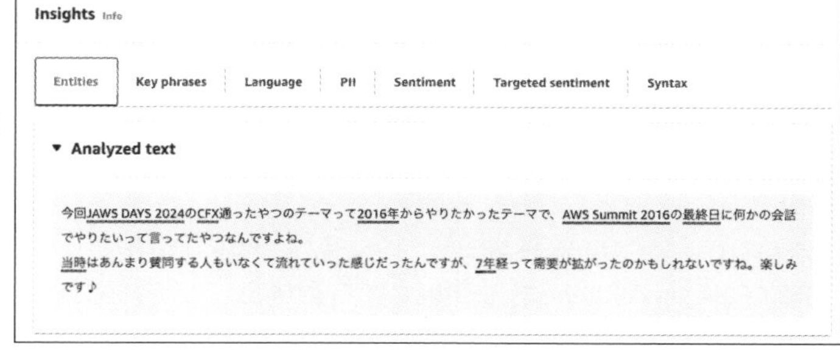

❑ Amazon Comprehend

Amazon Comprehendは文章を分析する自然言語処理（NLP）サービスです。文章が日本語や英語など、どの言語かを自動検出したり、文章に含まれる人物名、会社名、イベント名などの固有名詞を抽出したり、キーワードを検出したりできます。文章の内容がネガティブかポジティブかを判断して、クレームをいち早く見つけたりすることもできます。Comprehendもデモ画面に文書を貼り付けて試せます。

Amazon Polly

Amazn Pollyは文章を音声に変換できます。AWSブログには、Pollyによるブログの読み上げ機能がありますので、Pollyによって生成された音声を体験できます。

📖 AWS News Blog
URL https://aws.amazon.com/blogs/aws/

Pollyを使えば、読むことが困難な人に自動生成された音声を提供したり、オーディオマガジンなどを自動で作成したり、動的に返答してくる音声アシスタントや英会話アプリケーションなどを開発したりできます。

Amazon Transcribe

Amazon TranscribeはPollyとは逆に、音声をテキストに変換します。カスタマーセンターで顧客の音声をテキストに変換してComprehendで自動分析をしたり、自動議事録アプリケーションを開発したりできます。

Amazon Translate

Amazon Translateは翻訳を行います。翻訳前の言語が何であるかは、TranslateがComprehendを呼び出して自動検出してくれます。

Amazon Textract

Amazon Textractは手書き文書や印刷物からテキストを抽出するサービスです。事前の設定は何も必要なく、抽出してくれます。Textractを使えば、手書きのアンケートや申し込み書などから文字を抽出して入力作業を楽にできるアプリケーションなどを開発できます。マネジメントコンソールのデモ画面でサンプルドキュメントや手持ちの画像を使って試してみてください。

Amazon Lex

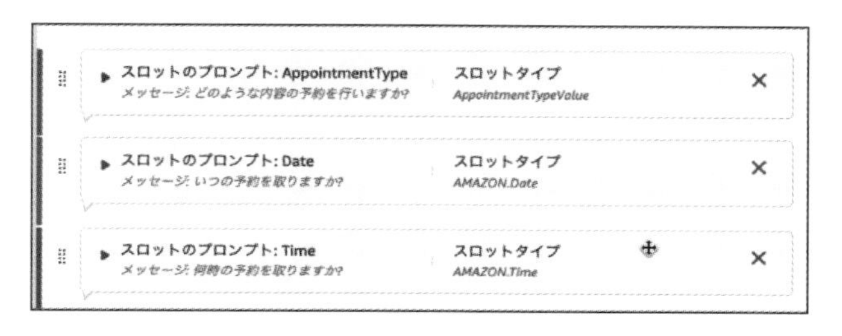

❏ Amazon Lex

Amazon Lexは会話形botを構築できるサービスです。Amazon Echoに搭載されている音声アシスタントのAlexaと同じ技術が使われています。レストランの予約受け付けなどの会話パターンをノーコードで構築できます。お客様の返答によってLambda関数を実行したりできます。Lexを他のAWSサービスと組み合わせて利用することも考えられます。

Amazon Kendra

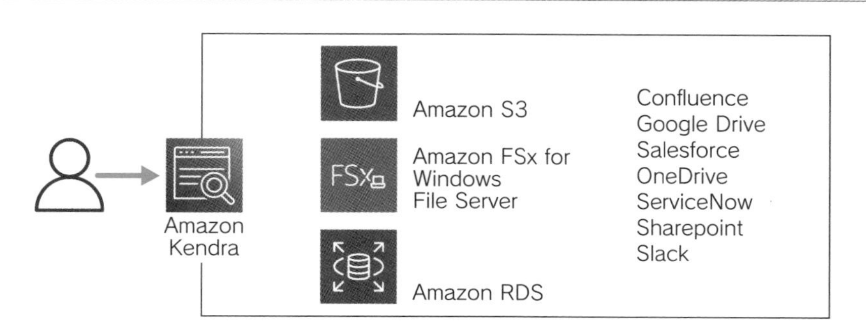

❏ Amazon Kendra

Amazon Kendraは、機械学習（ML）を利用したインテリジェント検索サービスです。S3やRDSに蓄積されたデータ、SaaSストレージ（Google Drive、OneDriveなど）、チャットログ、特定のサイトなど、様々な場所から情報を自然言語で検索できます。

社内に蓄積された膨大なドキュメントの中から目的の情報を探すアプリケーションだとか、キーワード検索だけではなかなか情報にたどり着けないという課題を解決するサイト内検索機能など、様々な検索アプリケーションが構築できます。

Amazon Bedrock

Amazon Bedrockは、AWS以外のものも含む様々な生成AIを、AWS APIから呼び出すサービスです。AWS外の生成AIを通常の方法で使用すると、それぞれに認証情報が必要になり、請求もそれぞれのサービスから発生します。しかしBedrockのAPIからテキスト生成やイメージ生成といった各生成AIを実行すれば、IAMポリシーによってアクセス権限を設定できて、請求もAWSの請求にまとめられます。

Amazon Q

Amazon Qは2024年2月現在、プレビューの段階にあり、製品としてのリリースはまだされていませんが、急速に成長、展開するであろうサービスです。

Amazon QはAWSマネジメントコンソール、開発環境、AWSユーザーガイドに統合されていて、質問を書くとAWSサービスの使い方と対象ドキュメントへのリンクを提供してくれます。AWSサービスの正しい使い方がすばやく分かるため、開発速度を向上できます。今は英語のみですが、すでに試せるようになっているので、ぜひ体験してみてください。

📖 Amazon Q（プレビュー）

URL https://aws.amazon.com/jp/q/

AWSのヘルプ目的だけではなく、企業のデータを使用して、顧客や従業員を正しく問題解決へ導く応答をシステムに組み込むことも考えられます。そうすれば、Amazon Connect(クラウドベースのコンタクトセンター)への顧客の問い合わせに対して最適な対応の推奨事項を探したりできます。Amazon Qは今後、AWSの様々なサービスと連携して、成長展開されていくことが期待されます。

Amazon SageMaker

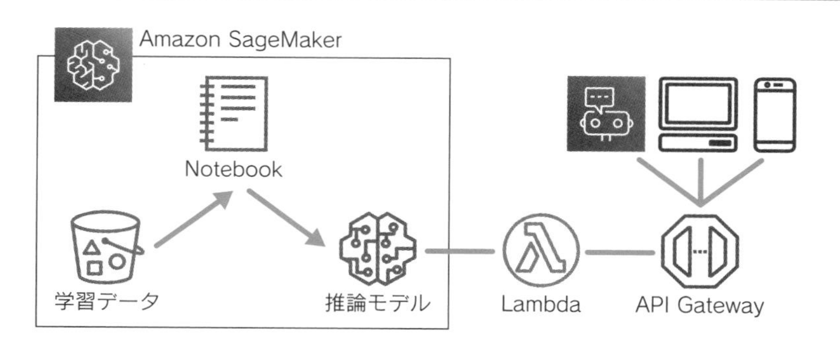

❑ Amazon SageMaker

ここまでは、すでに作成されたモデルを使用して、すばやくアプリケーションに組み込めるAI/MLサービスを解説してきました。実装するべき要件を実現できるサービスがあるのなら、それを選択して使用することが最も迅速かつ簡単にアプリケーションを構築できる方法です。

しかし該当する推論モデルのサービスがない場合は、オリジナルで作成する必要があります。たとえば米の品種を判定するシステムなど、特定の用途に特化した推論モデルは見当たらないかもしれません。ちなみに、米の銘柄を判定するシステムは事例として紹介されているので、ぜひ参照してみてください。

📖 AWS導入事例：株式会社KAWACHO RICE

URL https://aws.amazon.com/jp/solutions/case-studies/kawachorice-heptagon/

このような独自のモデルを開発する場合には、機械学習の開発環境の構築や、学習のためのリソースの準備など、専門的なタスクが数多く必要になります。この環境準備を担ってくれるのが**AWS SageMaker**です。SageMakerは、開発者がクラウド上で機械学習モデルを作成、トレーニング、デプロイできるようにするクラウドベースの機械学習プラットフォームです。多くの部分をSageMakerに任せてしまえるため、開発者はモデルの開発に注力できます。

▶▶▶重要ポイント

- Amazon Rekognitionは画像と動画を分析する。
- Amazon Comprehendは文章を分析する自然言語処理（NLP）サービス。
- Amazon Pollyはテキストを音声に変換する。
- Amazon Transcribeは音声をテキストに変換する。
- Amazon Translateは翻訳サービス。
- Amazon Textractは印刷物や手書き文書からテキストを抽出する。
- Amazon Lexは会話形botを構築できるサービス。
- Amazon Kendraは、様々な場所から情報を自然言語で検索できる。
- Amazon Bedrockは様々な生成AIをAWSのAPIから呼び出すサービス。
- Amazon QはAI機能を統合したサポートアシスタントサービス。
- AWS SageMakerにより、機械学習のための開発、学習環境の構築をすばやく簡単に実行できる。

Column

試して理解しよう

ここで紹介したRekognition、Comprehend、Polly、Transcribe、Translate, Textractはマネジメントコンソールで簡単に試せるデモサイトがあります。コストがかかるものもありますが、それぞれ料金表で確認して許容できるなら試すことで理解が進みやすいです。Bedrockもモデルを有効にすると、画面上で生成AIによるボットとの会話や画像生成を試せます。楽しみながらサービスの理解を進められると良いですね。

9-2 ビジネスサービス

ここでは、メール送受信のためのAmazon SES、デスクトップサービスのAmazon WorkSpaces、クラウドコンタクトセンターのAmazon Connectを解説します。

Amazon SES

Amazon SESはEメールの送受信を行うためのサービスです（SESとは、Simple Email Serviceの略です）。

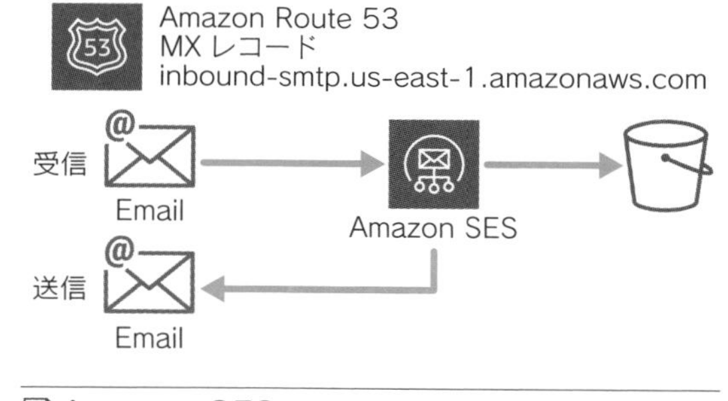

❑ Amazon SES

受信については、Route 53などのDNSでMXレコードを作成し、SESサービスのエンドポイントにEメールが届くように設定します。SESのエンドポイントに届いたEメールに対しては、設定しておいた受信ルールによってアクションを自動化できます。たとえば、Lambda関数を実行して独自のルールに基づいてスパム判定し、スパムでないEメールのみをS3に保管するなどです。

SESはEメールの送信もできます。ダイレクトメールの発信や、エンドユーザーの申込みに対するサンクスメールやリマインダーメールの発信などの処理を、SESを使って自動化できます。

▶▶▶ **重要ポイント**

- Amazon SESはEメールの送受信を行うためのサービスで、受信メールに対するアクションを自動化したり、自動送信機能を開発したりできる。

Amazon WorkSpaces

Amazon WorkSpacesは、クラウドで仮想デスクトップクライアントを使用できるようにするサービスです。Windows、Amazon Linux、Ubuntu Linuxのデスクトップを使用できます。デスクトップへはクライアントアプリケーションもしくはWebブラウザからアクセスします。

特定のデスクトップアプリケーションを使用するための**Amazon AppStream 2.0**というアプリケーションストリーミングサービスもあります。AppStream 2.0を使用すると、ユーザーは選択したデバイスで必要なアプリケーションにアクセスできます。

▶▶▶重要ポイント

- Amazon WorkSpacesは、クラウドで仮想デスクトップクライアントを使用できるようにするサービス。

Amazon Connect

Amazon Connectは、クラウドにコンタクトセンターを構築するサービスです。電話の着信に対する応答処理などを自動化できます。Lambda関数を呼び出して処理結果を分析することや、電話を自動発信することなども可能です。

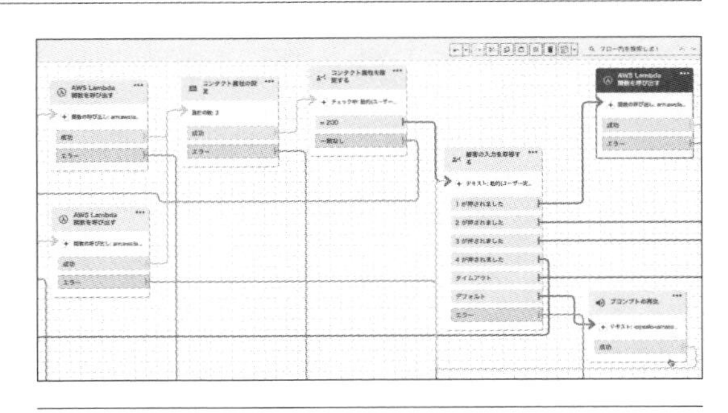

❏ Amazon Connect

▶▶▶重要ポイント

- Amazon Connectは、クラウドにコンタクトセンターを構築する。
- Amazon Connectは、電話の受信、発信を自動化できる。

9-3

分析サービス

AWSには、様々な目的に特化した分析サービスが数多く用意されています。

Amazon QuickSight

❑ Amazon QuickSight

Amazon QuickSightはビジネスインテリジェンス(BI)サービスです。Auroraや複数種類のデータベース、S3などをデータソースとしてグラフで可視化し、分析の手助けをしてくれます。

QuickSightの大きな特徴となっているのが**QuickSight Q**という機能です。これは、自然言語で質問するとその回答と参照グラフを生成してくれるというものです。このQuickSight Qはさらに進化を遂げ、生成AIを活用する**Amazon Q in QuickSight**として拡張されていく予定です。AI対応のグラフ可視化ツール、BIツールとして、QuickSightの重要性は今後ますます大きくなっていくと考えられます。

▶▶▶**重要ポイント**

- Amazon QuickSightはビジネスインテリジェンス（BI）サービス。
- Amazon QuickSight Qは自然言語の質問に対してAIが回答し、グラフを生成してくれる。

AWS Data Exchange

AWS Data Exchangeは、AWSユーザーがAWSクラウドでサードパーティーデータを簡単に検索、サブスクライブ、使用できるようにするサービスです。クラウド上の様々なサードパーティーのデータセットをS3バケットへ継続的に連携させることで、分析に役立てたりアプリケーションで使用したりできます。たとえばFourSquareの地理情報を利用したり、IMDbで映画情報を取得したりできます。

▶▶▶**重要ポイント**

- AWS Data Exchangeはクラウドでサードパーティーデータを利用するためのサービス。

Amazon Athena

❑ Amazon Athena

Amazon Athenaは、S3バケットに保存されているJSON、CSV、Parquetなどのテキストデータに対してSQLクエリを実行できます。たとえばJSON形式で保存されている大量のログデータに対する検索、集計、分析などの処理を一般的なSQLクエリで実行できます。SQLクエリの結果に基づいてSQLクエリを書き換えながらさらに分析を進めることができるので、「対話的なSQLクエリだ」「インタラクティブに分析できる」と評価されることがよくあります。

Athenaは、次に解説するGlueのデータカタログを使用して、S3に保存されたテキスト形式の非構造データを、データベースのテーブルのように扱っています。

▶▶▶重要ポイント

- Amazon Athenaは、S3に保存されているデータに対してSQLクエリを実行できるサービス。

AWS Glue

AWS Glueは、分析を行うユーザーが、複数のデータソースのデータを簡単に検出、準備、移動、統合できるようにするデータ統合サービスです。AWS Glueには様々な機能がありますが、代表的なものとしてETLとデータカタログが挙げられます。

ETLはExtract（抽出）、Transform（変換）、Load（読み込み）の略で、データを送信元から送信先へと連携させる機能です。送信元から必要なデータを抽出し、必要な形式に変換して、送信先へ読み込ませる一連の連携作業を意味します。企業はデータを連携させて集約することで、会社内のデータを横断的に分析して課題を発見したり、戦略を検討したりします。Glueでジョブを作成すれば、ETL処理を継続的に実行できます。

送信元であるデータソースからデータを抽出するためには、送信元のデータ形式を知る必要があります。Glueは**データカタログ**という機能によって、データソースのデータ形式を**テーブル**というリソースで管理しています。テーブルで管理するのはデータそのものではなく、あくまでもデータ形式情報です。テーブルには列名やデータ型、その他の属性など「メタ」情報が含まれますので、**メタデータテーブル**と呼ばれることもあります。

データカタログは手動で作成することもできますが、**クローラー**によって自動で作成することもできます。S3バケットに保存されているJSONなどに対応するカタログは、クローラーに任せられます。データ形式の調査や手動作成の手間をかけることなく、クローラーが自動で作成してくれます。Athenaはこのデータカタログを利用してSQLクエリを実行します。

データソース
クローラー
S3
データカタログ
Kinesis
RDS
Dynamo DB
Document DB
ジョブ
データ ターゲット
S3
RDS
Document DB

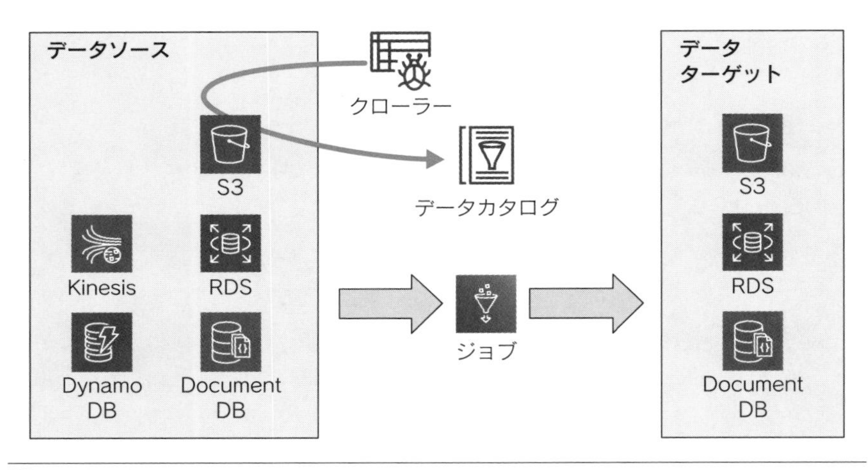

❏ AWS Glue

▶▶▶重要ポイント

- AWS GlueはETLとデータカタログを提供する。
- AWS Glueのクローラーによってデータカタログを自動作成できる。

Amazon Kinesis

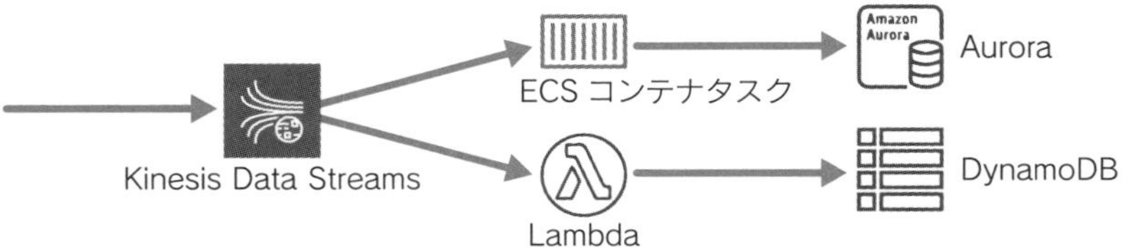

Kinesis Data Streams
ECS コンテナタスク
Lambda
Amazon Aurora
Aurora
DynamoDB

❏ Amazon Kinesis

Amazon Kinesisはリアルタイムなデータストリーミング処理のためのサービスです。**データストリーミング**というのは、データが生成されたらすぐに送信します。送信されてデータベースなどにたどり着いたデータはすぐに分析対象となります。こうしてデータが生成されてから即時に分析対象となることで、リアルタイムな対応が可能となります。リアルタイム対応が必要なケースとしては次のようなものがあります。

- ゲームアプリケーションのユーザー行動ログを分析し、離脱を抑え課金へ繋げる。
- SNSでのクリックやポスト内容により、広告を配信する。
- リアルに稼働している店舗の状況を把握して、人員配置を再調整する。
- 自動発信した電話に出たかどうかなどのアクティビティを確認し、次のアクションを実行する。

Kinesisはこういったストリーミングデータを受け取り、次のサービスへと効率よく渡す仲介をします。

▶▶▶重要ポイント

- Kinesis Data Streamsは、リアルタイムなストリーミングデータを処理する。

Amazon EMR

Amazon EMRは、Apache Hadoop、Apache Spark、Apache Hive、Prestoなどのビッグデータを扱うオープンソースソフトウェアの実行を簡素化して、ビッグデータを処理・分析するマネージドサービスです。対象のオープンソースソフトウェアをAWSで使用したい場合に利用します。

Amazon EMRは、設定済みのEC2インスタンスが必要な構成で起動されます。また、EMRFS（EMRファイルシステム）を使用してS3と高速に接続するなど、AWSの各サービスとも連携しながら使用できます。

▶▶▶重要ポイント

- EMRはビッグデータを扱うオープンソースソフトウェア（Hadoop、Spark、Hive、Presto）を実行できるマネージドサービス。

Amazon MSK

Amazon MSK（Amazon Managed Streaming for Apache Kafka）は、Apache Kafkaのマネージドサービスです。Kafkaはストリーミングデータを仲介するオープンソースソフトウェアです。KafkaをAWSで使用したい場合にAmazon MSKを選択します。

▶▶▶**重要ポイント**

- Amazon MSKはApache Kafkaのマネージドサービス。

Amazon OpenSearch Service

Amazon OpenSearch Serviceはデータ分析やモニタリングをサポートするサービスです。Elasticsearchというデータ分析/検索ソフトウェアから派生したもので、「ElasticSearch Service」から名称変更されて生まれました。

OpenSearchダッシュボードでは、グラフによるデータの可視化、ドリルダウン、検索、抽出などが行えます。全文検索エンジンとしても使用できます。ログ分析基盤として使用されるケースも多く、セキュリティログを分析するSIEM（Security Information Event Management）ツールとして使用されるケースもあります。

▶▶▶**重要ポイント**

- Amazon OpenSearch Serviceはデータ分析やモニタリングをサポートするサービス。OpenSearchダッシュボードでは高機能な分析ができる。

Amazon Redshift

Amazon Redshiftは高性能なデータウェアハウス（DWH）サービスです。データウェアハウスは企業内の様々なデータを統合して、SQLクエリで検索/抽出して分析やレポート作成を行えます。Redshiftは列指向のデータウェアハウスで、データ列の高速な取得を行えるように最適化されています。クエリに対して特定の列だけを扱うので、大量のデータの集計などを高速に行えます。

Auroraデータベースからのゼロ ETL機能により、アプリケーションデータをすぐに分析することも可能です。**ゼロETL**とは、ETLデータパイプラインを構築する必要性を排除する、または最小限に抑える一連の統合を意味します。これにより、ETL(抽出、変換、読み込み)のプロセスが簡素化、高速化されます。

▶▶▶重要ポイント

- Amazon Redshiftは高性能、列指向のデータウェアハウスサービス。

AWS IoT Core

AWS IoT Coreはセンサーなど、デバイス(機器)からのデータを受け取り、AWSサービスへ渡すサービスです。現在では、Internet of Things(モノのインターネット)として家電や車、工業製品など、あらゆるものがインターネットへ接続されています。それらのIoTデバイスから送信されるデータをIoT Coreで受け取って、AWSの様々なサービスへと渡します。各サービスは受け取ったデータを分析などに利用します。IoT Coreは、IoTデバイスの通信でよく使用されている**MQTT**(Message Queuing Telemetry Transport)プロトコルをサポートしています。

▶▶▶重要ポイント

- AWS IoT Coreは、センサーなどのデバイスからのデータを受け取り、AWSサービスへと渡すサービス。

AWS IoT Greengrass

AWS IoT Greengrassは、IoTデバイス側で処理を行えるようにするサービスです。デバイス上でLambda関数を実行したりすることで、送信するデータ量を減らすなどの効果が得られます。デバイス側で発生した出来事をリアルタイムで処理する、といった用途も考えられます。

IoT Greengrassのようにデバイス側で処理を行うことを**エッジコンピューティング**と言います。データの送信元やアクセス元から一番近い場所を**エッジ**と言い、IoTの場合はデバイスがエッジにあたります。

▶▶▶重要ポイント

- AWS IoT GreengrassはIoTデバイス側（エッジ）で処理を行えるようにするサービス。

本章のまとめ

▶▶▶AI/ML サービス

- Amazon Rekognitionは画像と動画を分析する。
- Amazon Comprehendは文章を分析する自然言語処理（NLP）サービス。
- Amazon Pollyはテキストを音声に変換する。
- Amazon Transcribeは音声をテキストに変換する。
- Amazon Translateは翻訳サービス。
- Amazon Textractは印刷物や手書き文書からテキストを抽出する。
- Amazon Lexは会話形botを構築できるサービス。
- Amazon Kendraは、様々な場所から情報を自然言語で検索できる。
- Amazon Bedrockは様々な生成AIをAWSのAPIから呼び出すサービス。
- Amazon QはAI機能を統合したサポートアシスタントサービス。
- AWS SageMakerにより、機械学習のための開発、学習環境の構築をすばやく簡単に実行できる。

▶▶▶ビジネスサービス

- Amazon SESはEメールの送受信を行うためのサービスで、受信メールに対するアクションを自動化したり、自動送信機能を開発したりできる。
- Amazon WorkSpacesは、クラウドで仮想デスクトップクライアントを使用できるようにするサービス。
- Amazon Connectは、クラウドにコンタクトセンターを構築する。
- Amazon Connectは、電話の受信、発信を自動化できる。

▶▶▶分析サービス

- Amazon QuickSightはビジネスインテリジェンス（BI）サービス。
- Amazon QuickSight Qは自然言語の質問に対してAIが回答し、グラフを生成してくれる。
- AWS Data Exchangeはクラウドでサードパーティーデータを利用するためのサービス。
- Amazon Athenaは、S3に保存されているデータに対してSQLクエリを実行できるサービス。
- AWS GlueはETLとデータカタログを提供する。
- AWS Glueのクローラーによってデータカタログを自動作成できる。
- Kinesis Data Streamsは、リアルタイムなストリーミングデータを処理する。
- EMRはビッグデータを扱うオープンソースソフトウェア（Hadoop、Spark、Hive、Presto）を実行できるマネージドサービス。
- Amazon MSKはApache Kafkaのマネージドサービス。
- Amazon OpenSearch Serviceはデータ分析やモニタリングをサポートするサービス。OpenSearchダッシュボードでは高機能な分析ができる。
- Amazon Redshiftは高性能、列指向のデータウェアハウスサービス。
- AWS IoT Coreは、センサーなどのデバイスからのデータを受け取り、AWSサービスへと渡すサービス。
- AWS IoT GreengrassはIoTデバイス側（エッジ）で処理を行えるようにするサービス。

練習問題

練習問題1

笑顔を検出するアプリケーションを開発します。どのサービスを使用しますか。1つ選択してください。

A. Polly
B. Rekognition
C. Transcribe
D. Comprehend

練習問題2

美容室の予約受け付け用にbotを開発します。どのサービスを使用しますか。1つ選択してください。

A. Lex
B. EMR
C. Textract
D. Translate

練習問題3

社内のナレッジドキュメントの検索を効率よく行うため、自然言語で検索するアプリケーションを開発します。どのサービスを使用しますか。1つ選択してください。

A. Rekognition
B. Comprehend
C. Polly
D. Kendra

練習問題4

一時的なキャンペーンのために、電話着信から申し込みまでを自動化したいです。どのサービスを使用しますか。1つ選択してください。

A. Amazon Kendra
B. Amazon Connect
C. Amazon Lex
D. Amazon Transcribe

練習問題5

企業独自の機械学習モデルを開発したいです。どのサービスを使用しますか。1つ選択してください。

A. Comprehend
B. Rekognition
C. SageMaker
D. Textract

練習問題6

CRM（顧客管理）で管理しているEメールアドレスにマーケティングメールを安全に送信したいです。どのサービスを使用しますか。1つ選択してください。

A. SNS
B. SES
C. SQS
D. MSK

練習問題7

Windowsアプリケーションを使用するために、Webブラウザから利用できる仮想デスクトップクライアントが必要です。どのサービスを使用しますか。1つ選択してください。

A. QuickSight
B. SageMaker
C. Kinesis
D. WorkSpaces

練習問題8

データをグラフで可視化して分析したいです。どのサービスを使用しますか。1つ選択してください。

A. Athena
B. QuickSight
C. Kinesis
D. WorkSpaces

練習問題9

自然言語での質問により分析結果の回答と参照グラフを生成したいです。どのサービスを使用しますか。1つ選択してください。

A. Athena
B. Data Exchange
C. QuickSight Q
D. WorkSpaces

練習問題10

S3に保存されているJSONデータを対話的なSQLクエリで分析したいです。どのサービスを使用しますか。1つ選択してください。

A. Athena
B. Data Exchange
C. Kinesis
D. WorkSpaces

練習問題11

データを変換して連携する機能が必要です。クローラーによって自動で作成されるデータカタログも必要です。どのサービスを使用しますか。1つ選択してください。

A. Athena
B. Data Exchange
C. QuickSight
D. Glue

練習問題12

リアルタイムにユーザーの行動を記録するためにDynamoDBに保存したいです。どのサービスを使用しますか。1つ選択してください。

A. OpenSearch Service
B. QuickSight
C. Redshift
D. Kinesis Data Streams

練習問題13

IoTデバイスでLambda関数を実行したいです。どのサービスを使用しますか。1つ選択してください。

A. Fargate
B. IoT Core
C. IoT Greengrass
D. Glue

練習問題の解答

✓練習問題1の解答

答え：B

Rekognitionの顔の分析では、笑顔の度合いを数値で評価できます。

A. Pollyはテキストを音声に変換するサービスです。
C. Transcribeは音声をテキストに変換するサービスです。
D. Comprehendはテキストデータから固有名詞やキーワード、言語の種類などを分析するサービスです。

✓練習問題2の解答

答え：A

Lexで、予約受け付けなどの対話型のbotを開発できます。

B. EMRはビッグデータを扱うオープンソースソフトウェア（Hadoop、Spark、Hive、Presto）を実行できるマネージドサービスです。
C. Textractは手書きメモや画像から文字を抽出するサービスです。
D. Translateは翻訳サービスです。

✓練習問題3の解答

答え：D

Kendraにより社内のドキュメントやサイトなどのナレッジ情報を、自然言語で検索できます。

A. Rekognitionは画像/動画を分析するサービスです。
B. Comprehendはテキストデータから固有名詞やキーワード、言語の種類などを分析するサービスです。
C. Pollyはテキストを音声に変換するサービスです。

✓練習問題4の解答

答え：B

Amazon Connectで、電話の着信からフローを作成して、Lambda関数を実行したり、自動で音声返答したりできます。

A. Kendraは社内文書を自然言語で検索するサービスです。
C. Lexは会話形のbotを開発するサービスです。
D. Transcribeは音声をテキストに変換するサービスです。

✓練習問題5の解答

答え：C

SageMakerにより機械学習推論モデルを開発するための環境をすばやく構築できます。開発者はモデルの開発に注力できます。

A. Comprehendはテキストデータから固有名詞やキーワード、言語の種類などを分析するサービスです。
B. Rekognitionは画像/動画を分析するサービスです。
D. Textractは手書きメモや画像から文字を抽出するサービスです。

✓ 練習問題6の解答

答え：B

SES（Simple Email Service）でマーケティングメールを複数の顧客に安全に送信できます。

A. SNS（Simple Notification Service）はサブスクリプションとしてEメールアドレスが設定できますが、固定の宛先にアラート通知を送信する場合などに使用します。複数の顧客などに送信する場合はSESを使用します。
C. SQS（Simple Queue Service）はキューのサービスです。
D. MSKはKafkaというストリーミング処理ソフトウェアのマネージドサービスです。

✓ 練習問題7の解答

答え：D

WorkSpacesはWebでWebブラウザからWindowsデスクトップクライアントが使用できます。

A. QuickSightはグラフで可視化、分析できるBIサービスです。
B. SageMakerにより機械学習の推論モデルの開発環境を構築できます。
C. Kinesisはリアルタイムなデータストリーミング処理に使用します。

✓ 練習問題8の解答

答え：B

QuickSightはグラフで可視化して分析のできるBIサービスです。

A. AthenaはS3に保存されているデータに対してSQLクエリを実行できるサービスです。
C. Kinesisはリアルタイムなデータストリーミング処理に使用します。
D. WorkSpacesは仮想デスクトップクライアントを使用するためのサービスです。

✓ 練習問題9の解答

答え：C

QuickSight Qは、自然言語で質問すると回答と参照するグラフを生成してくれます。

A. AthenaはS3に保存されているデータに対してSQLクエリを実行できるサービスです。
B. Data Exchangeはクラウドでサードパーティーデータを利用するためのサービスです。
D. WorkSpacesは仮想デスクトップクライアントを使用するためのサービスです。

✓練習問題10の解答

答え：A

Athenaにより S3バケットに保存されているJSONやCSVなどにSQLクエリを実行できます。

- **B.** Data Exchangeはクラウドでサードパーティーデータを利用するためのサービスです。
- **C.** Kinesisはリアルタイムなデータストリーミング処理に使用します。
- **D.** WorkSpacesは仮想デスクトップクライアントを使用するためのサービスです。

✓練習問題11の解答

答え：D

GlueのETLジョブでデータの連携ができます。データカタログはクローラーによって自動作成できます。

- **A.** AthenaはS3に保存されているデータに対してSQLクエリを実行できるサービスです。
- **B.** Data Exchangeはクラウドでサードパーティーデータを利用するためのサービスです。
- **C.** QuickSightはグラフで可視化して分析のできるBIサービスです。

✓練習問題12の解答

答え：D

DynamoDBテーブルにデータを保存するためには、Kinesis Data Streamsをトリガーとした Lambda関数を使用して、DynamoDBテーブルにアイテムを保存するコードをデプロイします。

- **A.** OpenSearch Serviceはデータ分析やモニタリングのサービスです。
- **B.** QuickSightはグラフで可視化して分析のできるBIサービスです。
- **C.** Redshiftは列指向型のDWHサービスです。

✓練習問題13の解答

答え：C

IoT Greengrassにより、IoTデバイス（エッジ）側でLambda関数を実行できます。

- **A.** Fargateはコンテナを実行するためのサーバーレス環境です。
- **B.** IoT Coreは、MQTTプロトコルなどでIoTデバイスからのデータを受信して、AWSサービスへ連携させるためのサービスです。
- **D.** GlueはETLジョブによりデータを連携し、クローラーによりデータカタログテーブルを作成できます。

第10章 オートメーション、デプロイ

第10章では自動化のためのサービス、運用をサポートするサービス、開発とデプロイのためのサービスについて解説します。

AWSの各サービスはインターネットを介したAPIリクエストによって構築できます。IaC（Infrastructure as Code）と呼ばれるように、AWSのリソースをコードで扱うことができ、自動化ができます。前半は自動化のメリットとそれを実現するサービスを解説します。後半では、運用、開発の負荷を軽減するサービスを解説します。

10-1 自動化サービス

　マネジメントコンソールからAWSの各サービスのリソースを作成できます。「同じ設計の構成で開発環境、テスト環境、本番環境と何度も繰り返し作成する」ときに、マネジメントコンソールによる手作業には次の課題があります。

- 設定ミス
- 時間がかかる
- 手順書と実際の環境に乖離が生じる

　どんなに優秀な人にとっても、手作業を間違いなく繰り返すことは非常に難しいことです。また、手作業は一般的に時間がかかります。さらに、手順書を作ったとしても、チェックリストを作ったとしても、そのとおりに実行される保証はありません。

　このような問題を解決するためには、環境の構築を自動化します。AWSでは、各サービスのリソース作成はAPIに対するリクエストとして実行されます。そのため、CLIコマンドやSDKのプログラムからAPIを呼び出すことで自動化できます。また、この章で解説する自動化のためのサービスを利用することもできます。

　自動化すると、何度実行しても同じ環境が構築できます。テスト環境なども簡単に再作成できるので、テストするときだけ構築してテストが終われば削除するというように、無駄なく使い捨てることができます。障害により復旧が必要なときも迅速に再構築できます。

▶▶▶重要ポイント

- 自動化によりミスを減らしすばやく環境を構築できる。
- 自動化により環境を使い捨てしやすくなる。

AWS CloudFormation

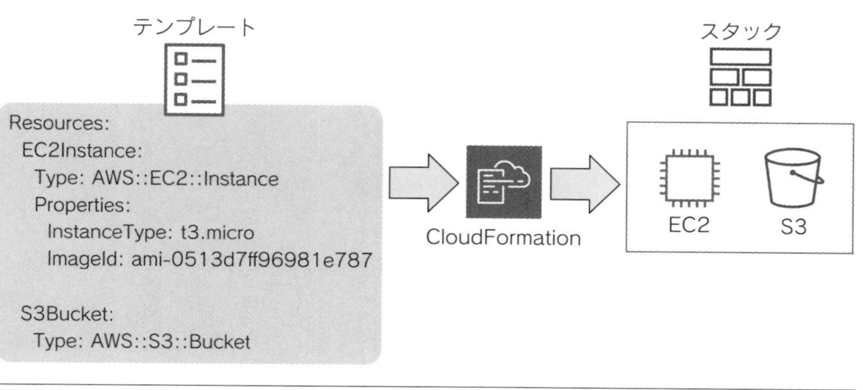

❑ AWS CloudFormation

AWS CloudFormationはIaC（Infrastructure as Code）サービスです。Infrastructure as Codeとは、インフラストラクチャをコードで扱うという意味です。CloudFormationでは、自動的なプロビジョニング（構築して準備すること）を**テンプレート**を用いて行えます。

YAML形式またはJSON形式のテキストファイルであるテンプレートに、どのようなリソースを作成するかを記述しておきます。CloudFormationで「スタックの作成」という操作をする際に、テンプレートをアップロードします。そうするとCloudFormationサービスがテンプレートに書かれているとおりに、リソースを作成します。こうして作成されたリソースのグループを**スタック**と言います。

次のテンプレートは、EC2インスタンスとS3バケットを作成するだけの非常にシンプルな例です。Propertiesで指定されていない項目はデフォルト設定が適用されます。

❏ テンプレートの例

```
Resources:
  EC2Instance:
    Type: AWS::EC2::Instance
    Properties:
      InstanceType: t3.micro
      ImageId: ami-0513d7ff96981e787

  S3Bucket:
    Type: AWS::S3::Bucket
```

VPC、Application Load Balancer、EC2 Auto Scaling、セキュリティグループなどをResourcesに記述して、システム全体をスタックとして作成できます。同一の内容のスタックを何度でも自動で作成できます。一時的なテスト環境の構築にも使用できます。スタックとして作成したリソースは、スタックの削除によってまとめて削除できます。**StackSets**という、複数リージョンや複数アカウントに同じ内容のスタックを一気に構築できる機能もあります。

▶▶▶**重要ポイント**

- CloudFormationは、自動的にプロビジョニングするIaCサービス。
- CloudFormationは、テンプレートに記述されているとおりに、リソースのグループであるスタックを作成する。

AWS Service Catalog

エンドユーザーにAWS上に構築するシステムを製品のリストとして提供するのが**AWS Service Catalog**です。エンドユーザーはCloudFormationや各AWSリソースの詳細を知る必要がなく、セルフで製品をサービスとして起動できます。

エンドユーザーには、Service Catalogにアクセスできる権限だけを付与します。管理者はService CatalogにCloudFormationテンプレートを「**製品**」として登録しておくことで、担当者が使えるようにできます。担当者が製品を起動すると、Service Catalogが代わりにスタックを作成してくれます。担当者はWebブラウザから業務ツールにはアクセスできますが、EC2インスタンスやセキュリティグループの設定にはアクセスできません。これで担当者にはセルフサービスとして自分で起動・終了してもらえて、かつ余計な操作を許可しない状態にできます。

▶▶▶重要ポイント

- AWS Service Catalogは、エンドユーザーにセルフサービスとしてスタックを作成、削除してもらえるサービス。

AWS Elastic Beanstalk

AWS Elastic Beanstalkは、Webアプリケーションの環境を簡単にAWSに構築します。CloudFormationと似ていますが、テンプレートを作成する必要はありません。設定パラメータを提供することで、ApacheやNginx、IIS、各言語の実行環境もあわせて簡単に構築できます。ただし、AWSのすべてのサービスを網羅しているわけではありません。Webアプリケーションやタスク実行環境を構築できます。アプリケーションの継続デプロイのためのebコマンドなどもあります。たとえばJavaの開発者がすばやくAWSにアプリケーションをデプロイするのに役立ちます。

▶▶▶重要ポイント

- AWS Elastic Beanstalkによって、開発者はすばやくAWS上にアプリケーションをデプロイできる。

10-2
運用サービス

ここでは、運用をサポートするAWS Systems Managerを解説します。

AWS Systems Manager

AWS Systems ManagerはEC2を中心にAWSの運用を広い範囲でサポートするサービスです。

サーバーの運用では、Linuxのコマンド操作や、Windowsの画面操作など、管理者が1つ1つのサーバーで行う作業が散在します。パッチの適用、追加ソフトウェアのインストール、インストール済みモジュールの確認、設定変更、再起動、特定時点のバックアップなどです。Systems Managerはこれらの運用を効率的に実行するための機能を豊富に提供しています。

試験範囲に該当する機能を以下に解説します。

なお、本書では解説しませんが、コマンドを一括実行するRun Command、定型作業を自動化するオートメーション、メンテナンスウインドウなどの機能もありますので、EC2を運用する際には機能を調べて検討してください。

パッチマネージャー

パッチマネージャーはセキュリティパッチを適用します。**パッチグループ**として複数のEC2インスタンスをまとめられるため、複数のEC2インスタンスに自動でセキュリティパッチを適用することができます。パッチの内容は**パッチベースライン**として事前に定義しておきます。AWSによって用意されているパッチベースラインもあります。どのパッチベースラインを適用するかは、パッチグループごとにコントロールできます。

セッションマネージャー

セッションマネージャーを使うと、SSHやRDPのインバウンドポートを許可することなく、LinuxコマンドやPowerShellコマンドを実行できます。5-1節にセッションマネージャーの使用例があるので参照してみてください。

パラメータストア

パラメータストアは、複数のアプリケーションの共通外部パラメータとして使用できます。アプリケーションプログラムからは、Systems ManagerのAPIアクション**GetParameter**をSDKなどから呼び出して使用します。

AppConfig

ソフトウェアのコンフィグ設定など、OSのローカルで複数の設定値のセットをファイルとして保持しておきたい場合もあります。そのような設定値ファイルとデプロイ先の環境を一元管理できるのが**AppConfig**です。問題があった場合は即時に以前のバージョンの設定値にロールバックできます。

▶▶▶**重要ポイント**

- パッチマネージャーによって、複数のEC2インスタンスにセキュリティパッチをリモートから一括して適用できる。
- セッションマネージャーによって、SSH、RDPのためのインバウンドポートを許可することなく、管理者権限でコマンドを実行できる。
- パラメータストアは、複数のアプリケーションから共通で使用できる外部パラメータ。
- ローカルで使用するコンフィグ設定などは、AppConfigでバージョン管理、デプロイできる。

10-3

開発、CI/CDサービス

AWSには、開発と、開発したアプリケーションのデプロイを支援するサービスが数多くあります。**CI/CD**というのは「Continuous Integration/Continuous Delivery, Deploy」の略で、一般的に「継続的（Continuous）な開発（Integration）と提供（Delivery, Deploy）」を意味します。

「継続的」と言っているのは、作ったら終わりではなく、改善、拡張をし続けるからです。次の図の左（ソース）から右（デプロイ）への流れを自動的に繰り返すことを**CI/CDパイプライン**と呼びます。AWSにはCI/CDパイプラインをサポートするサービスがあり、これらのうち試験ガイドに記載のあるサービスを解説します。

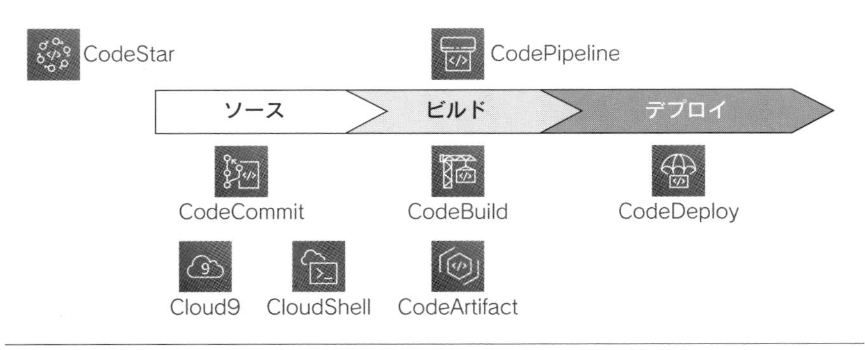

❏ 開発、CI/CDサービス

▶▶▶重要ポイント

- AWSでは、ユーザーを開発により集中できるようにするための開発サービス、CI/CDサービスが数多く提供されている。

AWS Cloud9

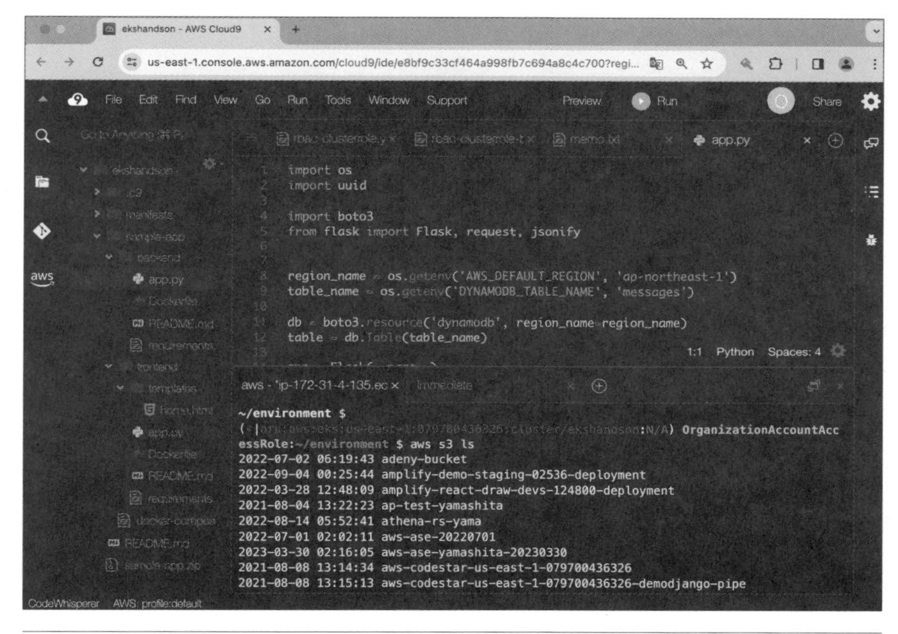

❏ AWS Cloud9

AWS Cloud9は統合開発環境（IDE、Integrated Development Environment）です。Webブラウザからアクセスできて、数クリックで開始できます。ローカルのクライアントに開発環境を構築するためには、IDEのインストール、ランタイムのインストール、AWSツールキットなどのプラグインのインストールが必要になりますが、Cloud9を使えばこれらは必要ありません。AWSで開発を始めるために必要な構成が用意されているため、すぐに使い始められます。また、複数のIAMユーザーで同じ環境を共有できます。

▶▶▶重要ポイント

- AWS Cloud9により、準備済みの統合開発環境をWebブラウザからすぐに使用できる。

AWS CloudShell

AWS CloudShellは、マネジメントコンソールに統合されている、Webブラウザのシェル（コマンドを入力する画面）です。無料で使用できて、AWS CLIコマンドを実行するのに最適です。マネジメントコンソールを操作しているIAMユーザー（スイッチロールやフェデレーションの場合はIAMロール）の権限でコマンドを実行できます。

Cloud9にもターミナルがあるのでAWS CLIコマンドを実行できますが、Cloud9をコマンド実行のためだけに使うのは、EC2の料金が発生するので不経済です。

▶▶▶**重要ポイント**

- AWS CloudShellはマネジメントコンソールに統合されたシェルで、CLIコマンドを簡単かつ無料で実行できる。

AWS CodeCommit

AWS CodeCommitはGitのマネージドサービスです。ソースコードを保管して、バージョン管理、複数の開発者との共有、レビュー、プルリクエストなどができます。git commitなど、Gitの標準コマンドで操作できます。アクセス権限はIAMポリシーによって制限できます。

▶▶▶**重要ポイント**

- AWS CodeCommitはGitのマネージドサービスで、ソースコードの共有、バージョン管理などをサポートする。

AWS CodeBuild

AWS CodeBuildは、ソースコードをもとに、ユニットテストやコンパイル、依存関係（ライブラリや外部モジュール）のインストール、パッケージングなどのビルドをするサービスです。ビルドする環境と本番の運用環境とでは、OSやソフトウェアのバージョンを合わせる必要があります。CodeBuildでは、あらかじめ構築済みのコンテナ環境を選択してビルドに使用できます。この環境は、ビルドが実行されている間だけの使い捨ての環境として実行されます。

▶▶▶重要ポイント

- AWS CodeBuildでは、一時的に作成される環境で、安全にスケーラブルにビルドが実行される。

AWS CodeDeploy

AWS CodeDeployはEC2/オンプレミス、ECS/Fargate、Lambda関数へアプリケーションをデプロイできます。単純にプログラムを新しいバージョンに置き換えるということではなく、安全なデプロイ設定のもとで実行されます。デプロイ設定には、ダウンタイムを減らしてロールバックをすばやく行うブルーグリーンデプロイや、障害発生に早いタイミングで気付けるローリングデプロイなどがあります。

▶▶▶重要ポイント

- AWS CodeDeployにより、EC2、ECS、Lambdaなどへのアプリケーションの安全なデプロイを自動化できる。

AWS CodePipeline

AWS CodePipelineはソース、ビルド、デプロイの各ステージを繋いで自動化するサービスです。ソフトウェアの変更を継続的にリリースするために必要なステップを自動化します。

CodeCommitのソースコードが更新されたことをきっかけに、CodeBuildが実行されてビルドが正常完了すれば、CodeDeployで安全なデプロイが行われます。この一連のプロセスをCodePipelineによって自動化できます。なお、ここで取り上げたCodeCommitなど以外のAWSサービスや、AWS以外のサービスも、CodePipelineの各ステージで選択できます。

▶▶▶**重要ポイント**

- AWS CodePipelineは、ソフトウェアの変更を継続的にリリースするために必要なステップを自動化する。

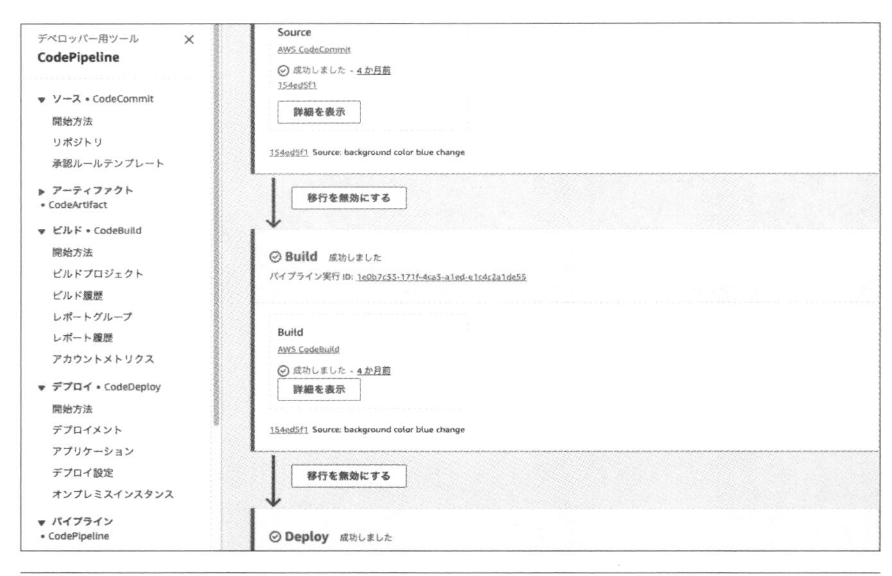

❏ AWS Codeサービスの画面

AWS CodeArtifact

AWS CodeArtifactは、開発チーム内や会社内で共通使用している独自ライブラリなどを保存する、プライベートなリポジトリ（保管場所）です。pip、npmなどでインストールできるよう設定できます。

▶▶▶**重要ポイント**

- AWS CodeArtifactではプライベートなリポジトリが作成できる。

10-4 モバイルアプリケーション、Webアプリケーション向けサービス

ここではモバイルアプリケーション向け、Webアプリケーション向けのサービスを紹介します。

AWS Device Farm

AWS Device Farmは、様々なWebブラウザと実際のモバイルデバイスでテストすることにより、Webアプリケーションとモバイルアプリケーションの品質を向上させるアプリケーションテストサービスです。Webアプリケーションは Webブラウザでテストされ、モバイルアプリケーションはiOSやAndroidを搭載したモバイルデバイスでテストされます。

▶▶▶重要ポイント

- AWS Device Farmにより、各種の端末や環境を用意しなくても、クラウド上でモバイルアプリケーション、Webアプリケーションのテストができる。

AWS Amplify

AWS Amplifyは、モバイルアプリケーションやWebアプリケーションの開発を迅速化するための開発フレームワークです。次の機能が提供されています。

○ AWS Amplify Studio：モバイルアプリケーションの構築、拡張、管理を行うためのGUI開発環境で、マネジメントコンソールから実行できます。
○ AWS Amplify Hosting：CloudFrontへのデプロイを、組み込みのCI/CDワークフローによって実行します。開発者の労力が軽減されるため、開発者は開発にのみ集中できます。

- **AWS Amplify CLI**：amplifyコマンドで、開発環境からプロジェクトのデプロイ、更新などを実行することができます。
- **AWS Amplifyライブラリ**：JavaScriptなどでの開発をすばやく行えるようにするライブラリが用意されています。

▶▶▶重要ポイント

- AWS Amplifyの各機能により、アプリケーションの開発、デプロイを迅速かつ簡単に実行できるため、開発者は開発に集中できる。

AWS AppSync

AWS AppSyncによって開発者はGraphQLおよびPub/Sub APIを使用して、アプリケーションやサービスをデータやイベントに接続できます。たとえば、GraphQL APIを使って、アプリケーションから安全にDynamoDBテーブルに接続することができます。

AppSyncは、Amplify CLIによってデプロイすることもできます。

▶▶▶重要ポイント

- AWS AppSyncはGraphQL APIのマネージドサービス。

Amazon Cognito

Amazon CognitoはWebアプリケーション、モバイルアプリケーションのエンドユーザーを管理するサービスです。ユーザープールとIDプールの2つの機能があります。

Cognitoユーザープール

ユーザープールによって、モバイルアプリケーション、Webアプリケーションのユーザーのサインアップ(新規登録)、サインインができます。認証のための仕組みを構築したり、認証サーバーを運用することなく、いくつかの設定でデプロイできます。

Cognito IDプール

IDプールは、Cognitoユーザープール、またはGoogle、Facebookなど他のIDプロバイダーでサインインしたユーザーに、認証されたロールとしてIAMロールを連携させて、AWSサービスへのアクセス権限が与えられます。サインインしていないゲストユーザー向けに、認証されていないロールとしてIAMロールを連携させることもできます。

たとえば、DynamoDBに情報があるWikipediaのようなサイトで、閲覧画面はサインインしなくても参照可能で、編集画面はサインインが必要とします。これを実現するには、認証されていないロールにはDynamoDBテーブルを参照するだけのIAMポリシーをアタッチし、認証されたロールには編集を許可するIAMポリシーをアタッチして、モバイルアプリケーションへ必要な権限を与えます。

▶▶▶重要ポイント

- Amazon CognitoはWebアプリケーション、モバイルアプリケーションのエンドユーザーを管理する。
- Cognitoユーザープールはサインアップ、サインインを実現する。
- Cognito IDプールはユーザーにAWSサービスへのアクセス権限を与える。

本章のまとめ

▶▶▶自動化サービス

- 自動化によりミスを減らしすばやく環境を構築できる。
- 自動化により環境を使い捨てしやすくなる。
- CloudFormationは、自動的にプロビジョニングするIaCサービス。
- CloudFormationは、テンプレートに記述されているとおりに、リソースのグループであるスタックを作成する。
- AWS Service Catalogは、エンドユーザーにセルフサービスとしてスタックを作成、削除してもらえるサービス。
- AWS Elastic Beanstalkによって、開発者はすばやくAWS上にアプリケーションをデプロイできる。

▶▶▶AWS Systems Manager

- パッチマネージャーによって、複数のEC2インスタンスにセキュリティパッチをリモートから一括して適用できる。
- セッションマネージャーによって、SSH、RDPのためのインバウンドポートを許可することなく、管理者権限でコマンドを実行できる。
- パラメータストアは、複数のアプリケーションから共通で使用できる外部パラメータ。
- ローカルで使用するコンフィグ設定などは、AppConfigでバージョン管理、デプロイできる。

▶▶▶開発、CI/CD サービス

- AWS Cloud9により、準備済みの統合開発環境をWebブラウザからすぐに使用できる。
- AWS CloudShellはマネジメントコンソールに統合されたシェルで、CLIコマンドを簡単かつ無料で実行できる。
- AWS CodeCommitはGitのマネージドサービスで、ソースコードの共有、バージョン管理などをサポートする。
- AWS CodeBuildでは、一時的に作成される環境で、安全にスケーラブルにビルドが実行される。
- AWS CodeDeployにより、EC2、ECS、Lambdaなどへのアプリケーションの安全なデプロイを自動化できる。
- AWS CodePipelineは、ソフトウェアの変更を継続的にリリースするために必要なステップを自動化する。
- AWS CodeArtifactではプライベートなリポジトリが作成できる。

▶▶▶モバイルアプリケーション、Web アプリケーション向けサービス

- AWS Device Farmにより、各種の端末や環境を用意しなくても、クラウド上でモバイルアプリケーション、Webアプリケーションのテストができる。
- AWS Amplifyの各機能により、アプリケーションの開発、デプロイを迅速かつ簡単に実行できるため、開発者は開発に集中できる。
- AWS AppSyncはGraphQL APIのマネージドサービス。
- Amazon CognitoはWebアプリケーション、モバイルアプリケーションのエンドユーザーを管理する。
- Cognitoユーザープールはサインアップ、サインインを実現する。
- Cognito IDプールはユーザーにAWSサービスへのアクセス権限を与える。

練習問題

練習問題1

繰り返し構築するAWSインフラストラクチャがあります。環境の構築を自動化したいです。環境の記述にはYAML形式のドキュメントを使い、バージョン管理もしたいです。次のどれを使用しますか。1つ選択してください。

A. Systems Manager
B. Cloud9
C. CloudFormation
D. CloudShell

練習問題2

EC2で運用している複数のLinuxサーバーに効率的にセキュリティパッチを適用したいです。次のどれを使用しますか。1つ選択してください。

A. Systems Managerセッションマネージャー
B. Systems Managerパッチマネージャー
C. Systems Manager AppConfig
D. Systems Managerパラメータストア

練習問題3

EC2で運用している複数のLinuxサーバーに安全に接続して、対話的にコマンドを実行したいです。次のどれを使用しますか。1つ選択してください。

A. Systems Managerセッションマネージャー
B. Systems Managerパッチマネージャー
C. Systems Manager AutoConfig
D. Systems Managerパラメータストア

練習問題4

インストールなど開発環境の準備に時間を要しています。すぐに開発を開始するためには次のどれを使用しますか。1つ選択してください。

A. CodeBuild
B. AppConfig
C. Cloud9
D. CodeDeploy

練習問題5

CLIコマンドを、IAMユーザーのアクセスキー、シークレットアクセスキーを作成せずに、最小コストですばやく実行したいです。次のどれを使用しますか。1つ選択してください。

A. EC2インスタンスを起動してIAMロールを設定する
B. Cloud9
C. CloudShell
D. PC端末

練習問題6

ソースコードを共有してバージョン管理をしたいです。次のどれを使用しますか。1つ選択してください。

A. CodeCommit
B. CodeBuild
C. CodeDeploy
D. CodePipeline

練習問題7

コードのユニットテストとコンパイルを自動化します。そのためのサーバーは用意したくありません。次のどれを使用しますか。1つ選択してください。

A. CodeCommit
B. CodeBuild
C. CloudFormation
D. CodeArtifact

練習問題8

Fargateで起動しているECSタスクへ安全に自動デプロイしたいです。次のどれを使用しますか。1つ選択してください。

A. CodeCommit
B. CloudShell
C. CodeDeploy
D. CodeArtifact

練習問題9

CI/CDパイプラインを構築して自動でビルド、デプロイなどを実行し、途中でエラーがあれば停止したいです。次のどれを使用しますか。1つ選択してください。

A. CodeCommit
B. CodeBuild
C. CodeDeploy
D. CodePipeline

練習問題10

複数のモバイル端末でのテストが必要なアプリケーションのテストを効率的に実行したいです。次のどれを使用しますか。1つ選択してください。

A. CodeCommit
B. Service Catalog

C. Device Farm
D. CodeArtifact

練習問題11

GraphQL APIの構築が必要です。次のどれが最適ですか。1つ選択してください。

A. API Gateway
B. AppSync
C. Device Farm
D. Elastic Beanstalk

練習問題12

Webアプリケーション、モバイルアプリケーションのエンドユーザーのサインアップ、サインインを実装します。次のどれを使用しますか。1つ選択してください。

A. IAMユーザー
B. IAMロール
C. Cognito IDプール
D. Cognitoユーザープール

練習問題の解答

✓練習問題1の解答

答え：C

CloudFormationのテンプレートはYAML形式で記述できます。テンプレートからスタックを何度でも作成できます。

A. Systems Managerは主に運用をサポートする機能セットです。インフラストラクチャを構築するサービスではありません。
B. Cloud9は統合開発環境です。ターミナルでコマンドなどを実行して環境構築はできますが、自動化するためのサービスではありません。
D. CloudShellはマネジメントコンソールからコマンドを実行します。コマンドによって環境構築はできますが、自動化するためのサービスではありません。

✓ 練習問題2の解答

答え：B

パッチマネージャーのパッチグループに一括でセキュリティパッチを適用できます。

- **A.** セッションマネージャーでは1つ1つのサーバーでコマンドを実行する必要があります。対話的にコマンドを実行したい場合に使用します。
- **C.** AppConfigはプログラム実行環境のローカルで参照する設定を、バージョン管理してデプロイする機能です。
- **D.** パラメータストアは複数のアプリケーションから共通使用できる外部パラメータを管理するものです。

✓ 練習問題3の解答

答え：A

セッションマネージャーを使用するためにインバウンドポートを許可する必要もなく安全です。対話的なコマンドを実行できます。

- **B.** パッチマネージャーは一括でセキュリティパッチを適用できる機能です。
- **C.** AppConfigはプログラム実行環境のローカルで参照する設定を、バージョン管理してデプロイする機能です。
- **D.** パラメータストアは複数のアプリケーションから共通使用できる外部パラメータを管理するものです。

✓ 練習問題4の解答

答え：C

Cloud9を使えば開発環境を数クリックで作成できます。実行環境もインストール済みですので、すぐに開発を始められます。

- **A.** CodeBuildはビルドを自動実行するサービスで、開発環境ではありません。
- **B.** AppConfigはプログラム実行環境のローカルで参照する設定を、バージョン管理してデプロイする機能です。
- **D.** CodeDeployはデプロイを安全に自動化するサービスで、開発環境ではありません。

✓ 練習問題5の解答

答え：C

CloudShellはマネジメントコンソールからアクセスできて、IAMユーザーに手動でアクセスキーIDとシークレットアクセスキーを作成する必要がありません。追加料金なしですぐに実行できます。

- **A.** この場合アクセスキーIDとシークレットアクセスキーは作成しませんが、EC2インスタンスの料金が発生します。CloudShellのほうが低いコストで実行できます。
- **B.** Cloud9でも実行できますし、アクセスキーIDとシークレットアクセスキーは作成しませんが、EC2で実行した場合はEC2の料金が発生します。Cloud9環境を構築する時間もかかります。

D. 端末にCLIのインストールと、アクセスキーIDとシークレットアクセスキーの設定をしなければならず、要件を満たしていません。

✓練習問題6の解答

答え：A

CodeCommitはGitのマネージドサービスで、ソースコードを共有してバージョン管理ができます。

B. CodeBuildはビルドを自動実行するサービスです。
C. CodeDeployはデプロイを安全に自動化するサービスです。
D. CodePipelineはCI/CDパイプラインを構築するサービスです。

✓練習問題7の解答

答え：B

CodeBuildを使えば、あらかじめ指定した環境でビルドを実行できます。ビルドでは指定しておいたコマンドも実行できるので、ユニットテストや言語ごとのコンパイルコマンドを実行できます。

A. CodeCommitはソースコードのバージョン管理ができるGitのマネージドサービスです。
C. CloudFormationはテンプレートをもとに、AWSのリソースセットのスタックを自動作成するIaCサービスです。
D. CodeArtifactはプライベートなリポジトリを作成して、開発チーム内で共有するサービスです。

✓練習問題8の解答

答え：C

CodeDeployはFargateで起動しているECSタスクへも安全にコンテナアプリケーションをデプロイできます。

A. CodeCommitはソースコードのバージョン管理ができるGitのマネージドサービスです。
B. CloudShellはマネジメントコンソールでコマンド実行用のシェルを使用できます。
D. CodeArtifactはプライベートなリポジトリを作成して、開発チーム内で共有するサービスです。

✓練習問題9の解答

答え：D

CodePipelineでソースコードの更新をトリガーに、ビルド、デプロイなどを自動で順番に実行できます。ビルドでエラーがあればデプロイには進まずに停止できます。

A. CodeCommitはソースコードのバージョン管理ができるGitのマネージドサービスで、CI/CDパイプラインが実行されるトリガーにできます。

B. CodeBuildはビルドを自動実行するサービスで、CodePipelineにより実行できます。
C. CodeDeployはデプロイを安全に自動化するサービスで、CodePipelineにより実行できます。

✓練習問題10の解答

答え：C

Device Farmでは、複数のモバイルデバイス環境やWebブラウザを使用した自動テストができます。

A. CodeCommitはソースコードのバージョン管理ができるGitのマネージドサービスです。
B. Service Catalogはエンドユーザーにセルフで製品サービスを起動してもらえるサービスです。
D. CodeArtifactはプライベートなリポジトリを作成して、開発チーム内で共有するサービスです。

✓練習問題11の解答

答え：B

GraphQL APIを構築するサービスはAppSyncです。

A. API GatewayはREST APIやWebSocket APIを構築できます。
C. Device Farmは複数のモバイル端末、Webブラウザでのテストを効率的に実行できるサービスです。
D. Elastic Beanstalkはebコマンドやマネジメントコンソールから、すばやくWebアプリケーションなどを構築できるサービスです。

✓練習問題12の解答

答え：D

Cognitoユーザープールで Webアプリケーション、モバイルアプリケーションのエンドユーザーのサインアップ、サインインを実装できます。

A. IAMユーザーはアプリケーションのエンドユーザーのためには使用しません。AWSアカウント内のサービスを開発、運用するユーザーのために使用します。
B. IAMロールはエンドユーザーのサインアップ、サインインのためには使用しません。
C. Cognito IDプールはWebアプリケーション、モバイルアプリケーションへAWSサービスへの安全なアクセス権限を与えられます。サインアップ、サインインのためには使用しません。

第11章

モニタリング、管理サービス

第11章ではモニタリングサービス、ログを扱うサービス、セキュリティモニタリングサービスについて解説します
CloudWatch、X-Ray、Healthダッシュボード、CloudTrail、Config、EventBridge、Trusted Advisorなどのモニタリング・ロギング・検出サービス、GuardDuty、Detective、Security Hub、Audit Managerのセキュリティモニタリングサービスについて解説します。クラウドにおける一般的な設計原則に「データ計測に基づいて設計する」があります。勘で設計するのではなく、モニタリングして得た情報やログデータという事実に基づいて設計を改善するということです。後から構成や設計を柔軟に改善できるクラウドだからこそ、モニタリング、計測することが重要です。

11-1

モニタリングサービス

ここでは、代表的なモニタリングサービスであるCloudWatch、X-Rayに加え、AWSサービスの状況を知るためのHealthダッシュボードについて解説します。

Amazon CloudWatch

Amazon CloudWatchは、たとえばこれまでに出てきたEC2インスタンス、RDSインスタンス、DynamoDBテーブルなどの各リソースの現在の状態、情報をモニタリングするサービスです。CloudWatchは、**標準メトリクス**という、AWSが管理している範囲の情報を、ユーザー側での追加の設定なしで収集しています。

次の画面は、筆者が個人的に運営しているブログサイト（ヤマムギ）のEC2インスタンス過去3時間のCPU使用率です。CloudWatchで何も設定しなくても、EC2インスタンスを起動しただけで、5分おきにCPU使用率のようなメトリクスデータが収集されます。メトリクスデータはダッシュボードで可視化できます。また、アラームも設定できます。

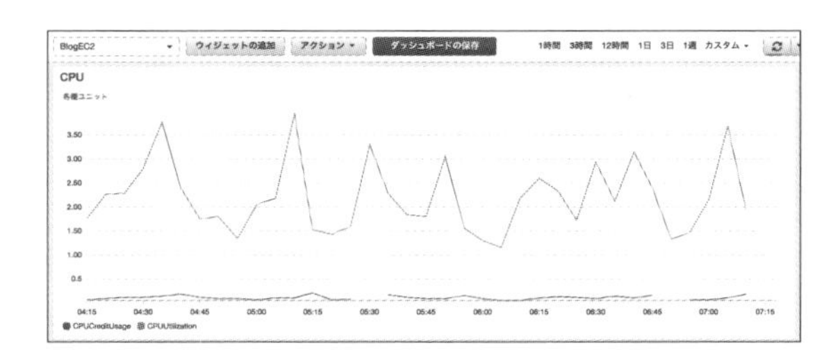

❑ CloudWatchのダッシュボード

▶▶▶重要ポイント

- AWSのサービスを使い始めると、サービスにより起動されたリソースのメトリクスがCloudWatchに自動的に収集され始める。

CloudWatchの特徴

CloudWatchには主に次の機能があります。

- ◎ 標準（組み込み）メトリクスの収集、可視化
- ◎ カスタムメトリクスの収集、可視化
- ◎ ログの収集
- ◎ アラーム

✱ 標準（組み込み）メトリクスの収集、可視化

CloudWatchは、AWSがコントロールできる範囲（たとえばEC2ではハイパーバイザーまで）の、AWSが提供している範囲で知り得る情報を**標準メトリクス**として収集しています。ユーザーのコントロール範囲のOS以上の情報については、AWSが勝手にモニタリングすることはありません。EC2では、CPU使用率や、ハードウェアやネットワークのステータス情報が標準メトリクスとして収集されます。

標準メトリクスとして収集された値は、マネジメントコンソールのメトリクス画面やダッシュボードで可視化できます。次の画面は、インスタンスタイプによっても異なりますが、EC2の標準メトリクスの例です。CPUがどれくらい使われているか、過不足はないかなどを確認できます。

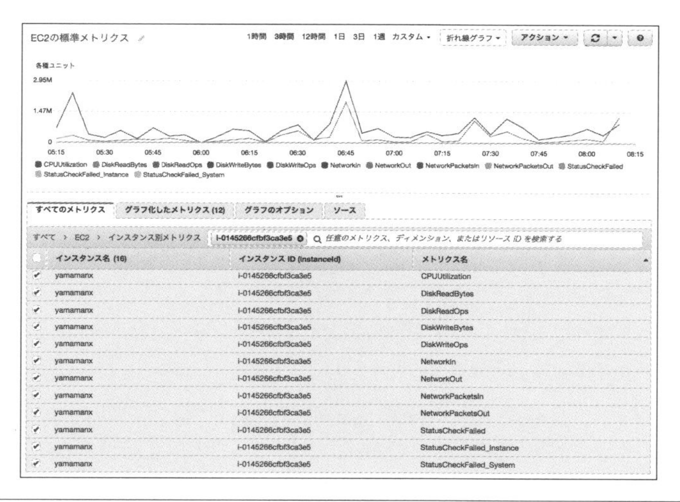

❑ EC2の標準メトリクスの例

マネージドサービスのRDSの場合はどうでしょうか。EC2では標準メトリクスに含まれなかった、メモリの情報やディスク使用量の情報が含まれています。これは、RDSではOSもAWSが提供している範囲の情報なので収集されています。

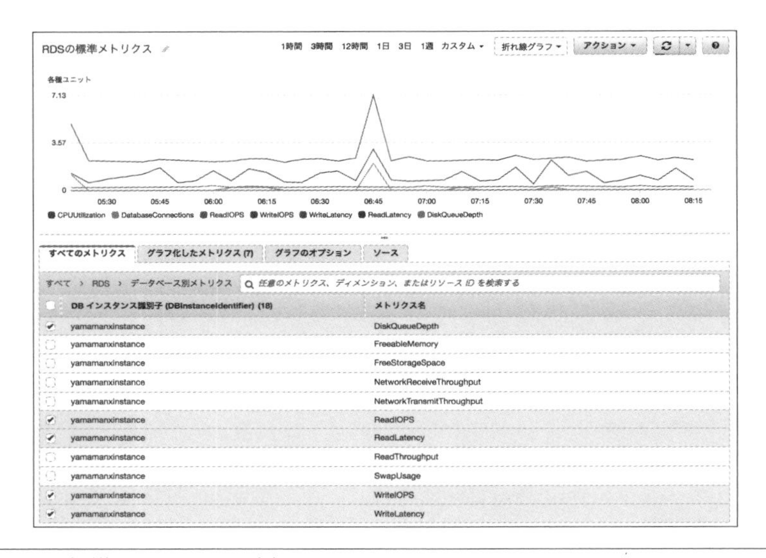

❏ RDSの標準メトリクスの例

▶▶▶重要ポイント

- CloudWatchの標準メトリクスは、使用するサービスによって取得される情報が異なる。

✱ カスタムメトリクスの収集、可視化

EC2では、メモリやアプリケーションのステータスなどOS以上の範囲、およびユーザーがコントロールしている範囲については標準メトリクスとしては収集されません。これらの情報は、CloudWatchの**PutMetricData** APIを使用してCloudWatchへ**カスタムメトリクス**として書き込むことができます。CloudWatchへメトリクスを書き込むプログラムは**CloudWatchエージェント**として提供されているので、EC2へインストールするだけで使用できます。このように、標準メトリクス以外の、ユーザーが設定して収集するメトリクスをカスタムメトリクスと言います。

すべてのメトリクス　グラフ化したメトリクス　グラフのオプション

すべて > CWAgent > AutoScalingGroupName, ImageId, InstanceId, InstanceType　任意のメトリクス、ディメンション、またはリソース ID を検

インスタンス名 (▲	AutoScalingG...	ImageId	InstanceId	InstanceType	メトリクス名
rm_asg	rm_asg	ami-0a399f56f1b1d4	i-05c4809148c5db1	t2.small	mem_used_percent
rm_asg	rm_asg	ami-0a399f56f1b1d4	i-005d0bafb225d43	t2.small	mem_used_percent
rm_asg	rm_asg	ami-0a399f56f1b1d4	i-005d0bafb225d43	t2.small	netstat_tcp_established
rm_asg	rm_asg	ami-0a399f56f1b1d4	i-05c4809148c5db1	t2.small	netstat_tcp_established
rm_asg	rm_asg ▾	ami-0a399f56f1b1d4	i-005d0bafb225d43	t2.small ▾	netstat_tcp_time_wait ▾
rm_asg	rm_asg	ami-0a399f56f1b1d4	i-05c4809148c5db1	t2.small	netstat_tcp_time_wait
rm_asg	rm_asg	ami-0a399f56f1b1d4	i-05c4809148c5db1	t2.small	swap_used_percent

❏ EC2カスタムメトリクスの例

カスタムメトリクスとして収集された値も標準メトリクスと同様に、マネジメントコンソールのメトリクス画面やダッシュボードで可視化できます。

▶▶▶重要ポイント

- EC2のカスタムメトリクスはCloudWatchエージェントで取得できる。

✱ログの収集

CloudWatchにはメトリクスだけではなく、ログを収集する機能もあります。**CloudWatch Logs**です。

CloudWatch Logsでは、EC2のアプリケーションのログや、Lambdaのログ、VPCフローログなどを収集できます。EC2では、カスタムメトリクスと同様にCloudWatchエージェントをインストールして少しの設定をすることでCloudWatch Logsへ書き出せます。ログの情報をEC2の外部に保管することで、EC2をよりステートレス（情報や状態を持たない構成）にできます。

たとえば障害が発生してログ調査が必要になったとします。EC2のローカルにだけログがある場合、そのログファイルを退避するまでEC2を終了できません。Auto Scalingの場合、異常と見なされたEC2インスタンスは自動で終了できますが、このような場合は自動で終了させるわけにはいきません。CloudWatch Logsへ書き出しておけば、異常なインスタンスや不要になったインスタンスをその時点でAuto Scalingによって終了させることができ、後でログを分析して調査できます。

ダッシュボードからCloudWatch Logsを見てみると（次の画面を参照）、設定したOSやアプリケーションのログが収集されていることが分かります。他にはLambdaの実行ログや、VPCフローログなどを書き出すことができます。

メトリクスフィルタの作成　アクション

フィルタ: ロググループ名のプレフィックス

ロググループ	次の期間経過後にイベントを失効	メトリクスフィルタ	サブスクリプション
/aws/lambda/cs_sequence	失効しない	0 フィルタ	なし
/aws/lambda/qa_sqa_to_redmine	失効しない	0 フィルタ	なし
/aws/lambda/qa_sqs_to_dynamo	失効しない	0 フィルタ	なし
/aws/lambda/qa_to_sns	失効しない	0 フィルタ	なし
RDSOSMetrics	1 か月 (30 日間)	0 フィルタ	なし
access_log	失効しない	0 フィルタ	なし
audit.log	失効しない	0 フィルタ	なし
boot.log	失効しない	0 フィルタ	なし
cloud-init.log	失効しない	0 フィルタ	なし
error_log	失効しない	0 フィルタ	なし
maillog	失効しない	0 フィルタ	なし
messages	失効しない	0 フィルタ	なし
mount.log	失効しない	0 フィルタ	なし
production.log	失効しない	0 フィルタ	なし
ssm-errors.log	失効しない	0 フィルタ	なし
ssm-hibernate.log	失効しない	0 フィルタ	なし
yum.log	失効しない	0 フィルタ	なし

❏ CloudWatch Logs

▶▶▶重要ポイント

- EC2のCloudWatch LogsはCloudWatchエージェントで取得できる。
- Cloud Watch LogsによりEC2をよりステートレスにできる。

✱CloudWatchアラーム

CloudWatchでは、各サービスから収集したメトリクス値に対してアラームを設定できます。

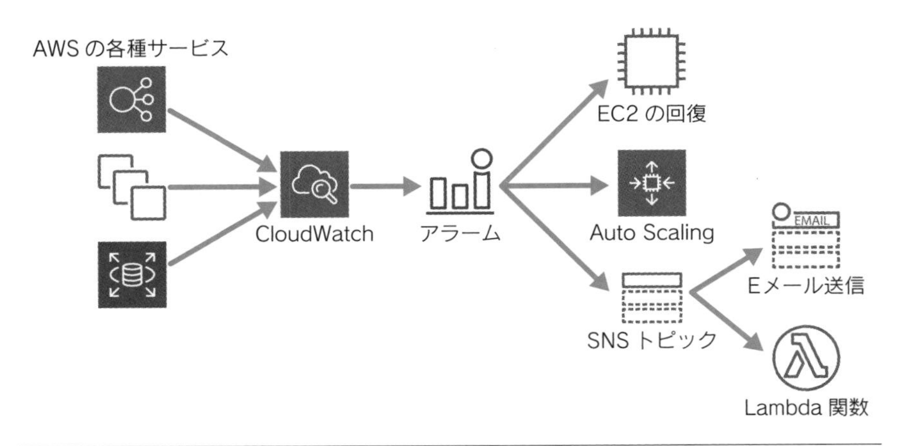

❏ CloudWatchアラーム

たとえば、次のようなサービス状態（＝メトリクス値）に対してアラームを設定できます。

- EC2のCPU使用率が10分間、80%を上回っているとき
- RDSのディスク空き容量が残り10GB未満になって5分間そのままのとき

アラームに対しては、主に次の3つのアクションを実行できます。

- **EC2の回復**：EC2のホストに障害が発生したときに自動で回復します。
- **Auto Scalingの実行**：Auto Scalingポリシーでは、CloudWatchアラームに基づいて、スケールイン／スケールアウトのアクションを実行します。具体的な実行手順については、5-3節の「スケーラブルなWebアプリケーション」の項を参照してください。
- **SNSへの通知**：SNSへ通知することにより、そのメッセージをEメールで送信したり、Lambdaへ渡して実行することなどができます。Eメールで送信することで、監視の仕組みを簡単に構築できます。また、Lambdaにメッセージを渡して実行することで、アラームの次の処理を自動化できます。

▶▶▶重要ポイント

- CloudWatchアラームを設定することにより、モニタリング結果に基づく運用を自動化できる。

AWS X-Ray

AWS X-Rayの役割は大きく2つです。

- アプリケーションの各処理の記録を一貫したトレース情報で調査
- アプリケーションのボトルネックの特定と潜在的なエラーを分析

X-Rayが対象とするアプリケーションは主に、Lambdaを中心とするサーバーレスアプリケーションやマイクロサービスです。複数のLambda関数やコンテナで構成されているアプリケーションでは、どこがボトルネックとなっているかを特定するのが困難です。また、エラーが1つのLambda関数で発生した際には、その原因を分析するためにリクエストの入り口から一貫したトレースとして調査することもあります。

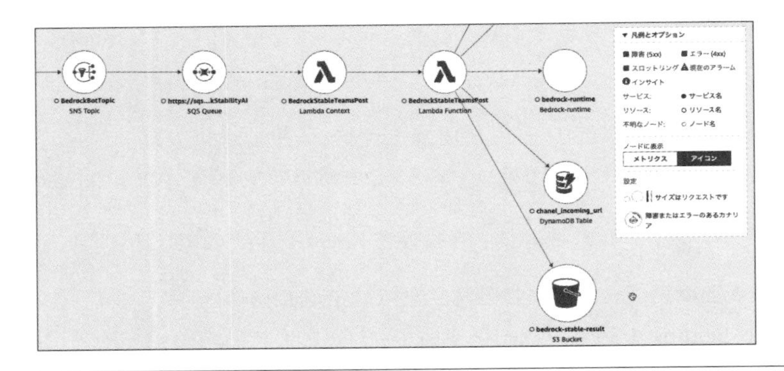

❑ AWS X-Rayサービスマップ

このような調査、分析を迅速に行うためのサービスがX-Rayです。X-RayとはX線を意味しますが、これは、レントゲンにでもかけたかのように、アプリケーションの実行結果をサービスマップという機能で可視化することを示しています。

指定した時間範囲内の各処理の処理時間平均が表示されるため、ボトルネックとなっている処理を特定できます。エラーが発生している処理のアイコンには色がついて、判別しやすくなります。エラーのアイコンをクリックすると、詳細な情報を確認できます。

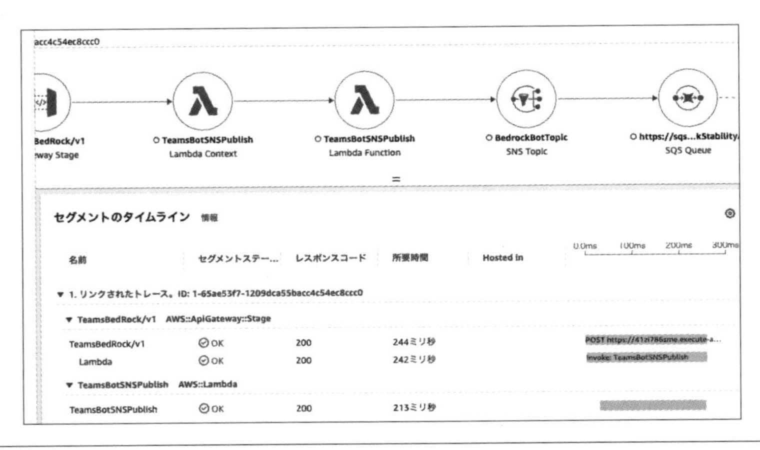

❑ X-Rayのトレース例

この例にあるように、1つのリクエストをトレースしてIDを付与しています。処理の入り口から最後までを1つの流れとして調査できます。

▶▶▶重要ポイント

- AWS X-Rayは、サーバーレスアプリケーションのボトルネックの特定と潜在的なエラーの分析ができる。
- AWS X-Rayでは、各処理の記録を一貫したトレース情報として調査できる。

AWS Healthダッシュボード

AWS Healthダッシュボードでは、AWSアカウントに影響のあるサービスの情報やメンテナンスのイベントなどをモニタリングできます。たとえば、EC2インスタンスが実行されているハードウェアのリタイアなどです。イベントによっては、11-3節で紹介するEventBridgeによって、発生時に自動アクションの実行もできます。

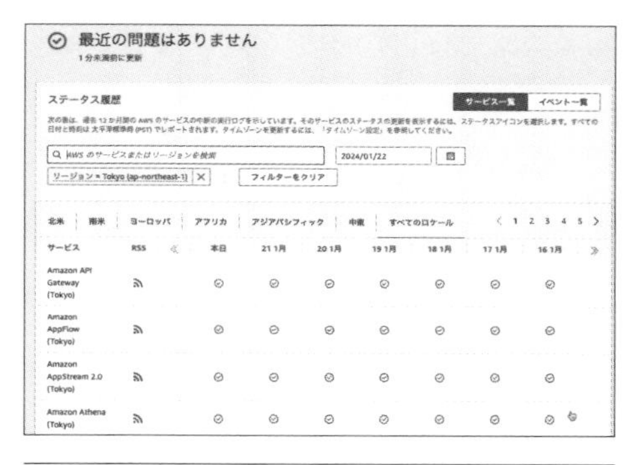

❏ AWS Healthダッシュボード－サービスヘルス

イベント情報には、**AWS Health API**を使ってプログラムからアクセスすることも可能です。ただし、Health APIを使用するためには、AWSサポートでビジネス、エンタープライズOn-Ramp、エンタープライズプランを使用している必要があります（AWSサポートについては13-3節を参照してください）。

AWSアカウントにサインインせずに参照できる、**サービスヘルス**もあります。サービスヘルスダッシュボードでは特定のアカウントに関係するヘルスイベントではなく、AWSユーザーすべてに影響するサービスヘルスイベントが確認できます。

▶▶▶重要ポイント

- AWS HealthダッシュボードはAWSアカウントに影響のあるイベントを確認できる。
- イベント情報にはAWS Health APIを使ってプログラムからもアクセスできるが、AWSサポートのビジネスプラン以上が必要。

11-2

ロギングサービス

CloudWatch Logsにはサービスのログやアプリケーションのログが収集されました。CloudWatch Logsは様々なログを収集する汎用的なログ機能です。それとは別に、AWSアカウントのAPIリクエストログとAWSリソースの設定情報の記録に特化した2つのサービスがあります。CloudTrailとConfigです。

AWS CloudTrail

AWS CloudTrailは、AWSアカウント内のほぼすべてのAPIリクエストとその結果を記録します。APIリクエストを記録することは、AWSアカウント内のほぼすべての操作を記録することになります。

たとえばEC2インスタンスを作成するとします。マネジメントコンソールからは、EC2インスタンスの起動ボタンから作成します。

AWS CLIでは、次のようなコマンドでEC2インスタンスを作成します(コマンドはイメージです)。

❏ EC2インスタンスの作成(CLI)

```
aws ec2 run-instances \
    --image-id ami-xxxxxxxx \
    --count 1 \
    --instance-type t3.micro \
    --security-group-ids sg-xxxxxxxx \
    --subnet-id subnet-xxxxxxxx
```

AWS SDK for Python(boto3)の場合は、次のようなコードでインスタンスを起動します(コードはイメージです)。

❏ EC2インスタンスの作成（Python）

```
ec2.run_instances(
    ImageId="ami-xxxxxxxx",
    InstanceType="t3.micro",
    SecurityGroupIds=["sg-xxxxxxxx"],
    SubnetId="subnet-xxxxxxxx"
)
```

上記のどの方法でも、EC2インスタンスを起動するAPIが呼び出されます。CloudTrailはこのAPI呼び出しを記録するので、ほぼすべての操作が記録されます。監査や調査に使用できます。

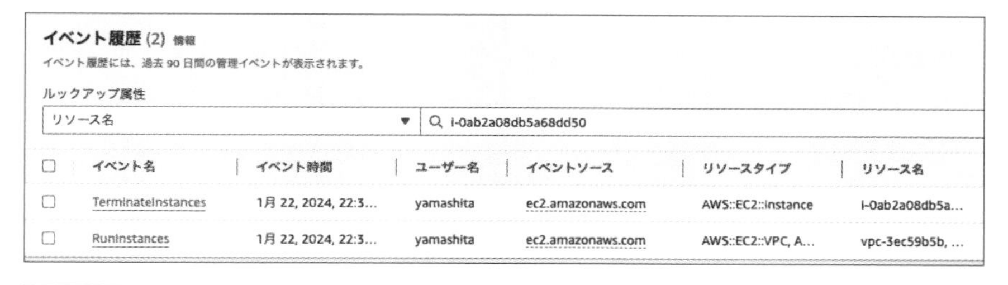

❏ CloudTrailイベント履歴

この例では、EC2インスタンスを起動してすぐに終了した記録を確認しています。

重要ポイント

- AWS CloudTrailは、AWSアカウント内のほぼすべてのAPIリクエストと結果を記録する。

AWS Config

AWS Configを有効にすると、AWSリソースの設定情報の記録が開始されます。設定に変更が発生した場合も記録されるので、現在の設定情報はもちろんのこと、設定履歴も確認できます。

リソース ID	リソースタイプ	リソース名
subnet-0271acab3210e2e0d	AWS::EC2::Subnet	-

イベント
すべての時刻 Asia/Tokyo (UTC+09:00)
開始日 2024/01/22 今すぐ
イベントタイプ すべてのイベントタイプ ▼

2024年1月20日

時刻	イベント	変更
08:43:51	設定変更	1 フィールドの変更
01:09:25	設定変更	1 フィールドの変更
01:09:23	設定変更	2 フィールドの変更

❏ AWS Configリソースタイムライン

組織として行うべき設定を**AWS Configルール**として定義しておけば、ルールどおりに設定していないリソースを非準拠として抽出できます。

	ルール名	コンプライアンス	リージョン
○	securityhub-s3-bucket-public-read-pro...	⚠ 1 非準拠リソース	us-west-2
○	securityhub-lambda-function-public-a...	⊘ 準拠	us-west-2
○	securityhub-s3-bucket-logging-enable...	⚠ 10 非準拠リソース	us-west-2

❏ AWS Configルール

この例では、オレゴンリージョン(us-west-2)で、公開設定になっているS3バケットが1つ、S3のサーバーログが有効になっていないバケットが10あることが分かります。ルールは必要に応じて有効化できます。また、ルールに準拠しないリソースの自動的な修復もできます。

▶▶▶重要ポイント

- AWS Configはリソースの設定情報を記録する。
- AWS Configルールにより非準拠リソースを抽出できる。

11-3

検出サービス

ここでは、イベントなどの発生時に自動アクションしたり、検出結果によって改善できるサービスを解説します。EventBridgeとTrusted Advisorです。

Amazon EventBridge

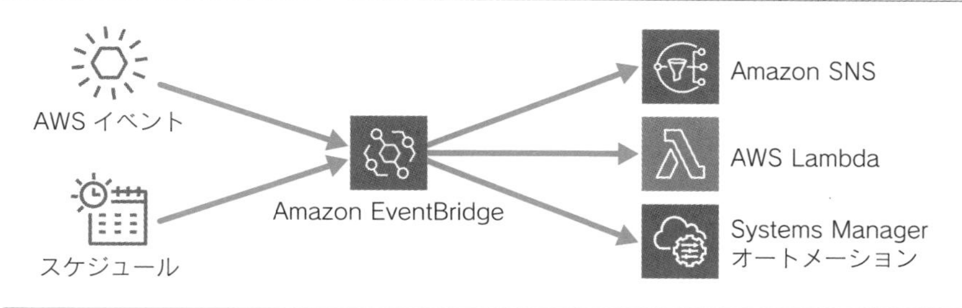

❏ Amazon EventBridge

Amazon EventBridgeを使うと、AWSアカウント内で発生したイベントを検知して、アクションを自動実行できます。検知には、イベントのパターンをルールとして設定して、マッチしたらアクションが実行されます。スケジュール機能で特定の時間にアクションを実行したり、定期的に実行したりできます。アクションには複数のターゲットを設定できます。SNSで特定のEメールアドレスに通知したり、Lambda関数を実行したり、Systems Managerオートメーションを実行したりできます。

たとえば、本番環境のEC2インスタンスの状態が起動中からシャットダウン中に変化した、といったイベントを検知した際にEメールで通知する、という使い方ができます。

▶▶▶重要ポイント

- Amazon EventBridgeにより、AWSアカウント内で発生したイベントを検知して、自動アクションを実行できる。

AWS Trusted Advisor

AWS Trusted Advisorは、ユーザーのAWSアカウント環境の状態を自動的にチェックします。そして、ベストプラクティスに対してどうであったか、どうすればより良くなるかといったアドバイスをレポートします。

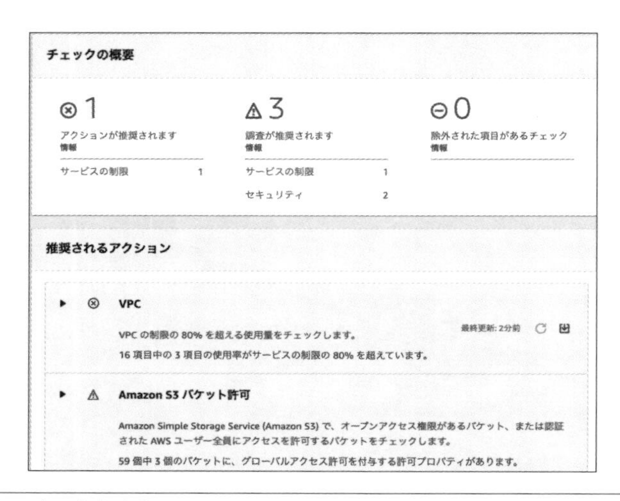

❏ AWS Trusted Advisor

チェックするカテゴリーは次の6つです。

- コスト最適化
- パフォーマンス
- セキュリティ
- フォールトトレランス（耐障害性）
- サービスの制限
- 運用上の優秀性

重要ポイント

- AWS Trusted AdvisorはAWS環境を自動でチェックして、ベストプラクティスに沿ったアドバイスをレポートする。

コスト最適化

コスト最適化では、ここを見直せばコストを最適化できる、という視点でチェックしたアドバイスがレポートされます。具体的にどれくらい月額コストが下がるかという金額も計算されて提示されます。コスト最適化の主な項目を以下に紹介します。

✱ 使用率の低いEC2インスタンス

使用率が低いということは、たとえば次の状態が考えられます。

- ○ 使っていないのに起動中のインスタンスがある。
- ○ 検証やテストで使って終了を忘れているインスタンスがある。
- ○ 過剰に高いスペックのインスタンスがある。

これらはすべて無駄なコストの発生源です。使っていないものは終了する、過剰なインスタンスは適切なサイズに変更するなどの対策で、コストを最適化できます。使用率の低いものとしては、他にEBSやRedshiftもチェックされます。アイドル状態（使われていない）か否かは、ELB、RDS、Elastic IPアドレスに対してもチェックされます。

✱ リザーブドインスタンス、Savings Plansの最適化

EC2の利用状況をチェックして、リザーブドインスタンスを購入したほうがコスト最適化に繋がるかどうかをレポートします。このレポートに上がってきた内容で1年または3年の継続が見込めるときは、リザーブドインスタンスを購入することでコストが最適化されます。

EC2、Fargate、Lambdaの状況も確認され、第13章で解説するSavings Plans購入の推奨事項も示されます。

▶▶▶ **重要ポイント**

- AWS Trusted Advisorのコスト最適化では、無駄なコストが発生していないかがチェックされる。

パフォーマンス

システムのパフォーマンスを低下させる原因はいくつかあり、その原因となる設定や選択がされていないかがチェックされます。主な項目を紹介します。

✱使用率の高いEC2インスタンス

コスト最適化とは逆で、使用率の高いインスタンスをチェックします。EC2に実装している処理に対してリソースが不足している可能性があります。対象の処理が最も早く完了するインスタンスタイプに変更することが推奨されます。

✱コンテンツ配信の最適化

CloudFrontにキャッシュを持つことで、S3から直接配信するよりもパフォーマンスが向上します。また、キャッシュがどれだけ使われているかを示すヒット率についてもチェックされます。

▶▶▶重要ポイント

- AWS Trusted Advisorのパフォーマンスでは、最適なサービス、サイズが選択されているかがチェックされる。

セキュリティ

セキュリティリスクのある状態になっていないかをチェックします。主な項目を解説します。

✱S3バケットのアクセス許可

誰でもアクセスできるS3バケットがないかチェックします。もちろん意図してそのように設定しているケースはあります。1つの方法としては、バケット全体を公開にせずに、オブジェクトのプレフィックス（特定のパスなど）や条件に基づいて公開します。そうすることでそのバケットに誤って機密情報をアップロードしてしまっても、バケット自体は公開設定になっていないので公開されることはありません。

✱セキュリティグループの開かれたポート

リスクの高い特定のポートが、送信元無制限でアクセス許可されているセキュリティグループをピックアップします。悪意あるアクセスによって攻撃される可能性があります。

✱ パブリックなスナップショット

EBSやRDSのスナップショットは他の特定のアカウントへの共有もできますし、アカウントを特定せずに公開共有することもできます。必要なアカウント間のみで共有するようにしましょう。

✱ ルートユーザーのMFA、IAMの使用

IAMユーザーがいないアカウントということは、ルートユーザーを使用しているということです。ルートユーザーという、権限を制限できないユーザーを運用で使うことは非常に危険です。そのルートユーザーにMFA（多要素認証）を設定していない、ということも非常に危険です。運用するための最低権限を設定したIAMユーザーを作成して、ルートユーザーにもIAMユーザーにもMFAを設定しましょう。

Trusted Advisorでは他に、IAMパスワードポリシーが有効化されているかどうかなどもチェックされます。

▶▶▶重要ポイント

- AWS Trusted Advisorのセキュリティでは、環境にリスクのある設定がないかがチェックされる。

フォールトトレランス（耐障害性）

耐障害性が低い状態がないかをチェックして、耐障害性を高めるためのアドバイスを提供します。主な項目を解説します。

✱ EBSのスナップショット

EBSのスナップショットが作成されていない、または最後に作成されてから時間が経過していることがチェックされます。EBSボリュームはアベイラビリティゾーン内で複製されていますが、アベイラビリティゾーンに障害が起こる可能性はあります。EBSのスナップショットを作成するとスナップショットはS3に保持されるので、複数のアベイラビリティゾーン上で高い耐久性でデータが保持されることになります。

✱ EC2、ELBの最適化

複数のアベイラビリティゾーンでバランス良く配置されているかがチェックされます。ELBではクロスゾーン負荷分散やConnection Draining（セッション完了を待ってから切り離す機能）が無効になっているロードバランサーがないかもチェックされます。

✱ RDSのマルチAZ配置

マルチAZ配置になっていないデータベースインスタンスがチェックされます。

▶▶▶重要ポイント

- AWS Trusted Advisorのフォールトトレランスでは、耐障害性が低い状態がないかがチェックされる。

サービス制限（サービスクォータ）

AWSアカウントを作った最初の時点では、いくつかのサービス制限があります。この制限（**クォータ**）によって、以下のような問題を回避できます。

○ 誤った過剰な操作による意図しない請求を回避する。
○ 不正アクセスによる過剰な操作による意図しない請求を回避する。

クォータの中には引き上げをリクエストできるものもあります。

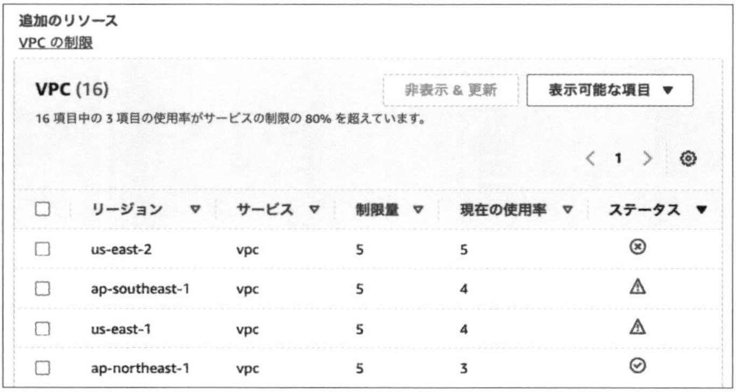

追加のリソース
VPC の制限

VPC (16)　非表示 & 更新　表示可能な項目 ▼
16 項目中の 3 項目の使用率がサービスの制限の 80% を超えています。
< 1 >

	リージョン	サービス	制限量	現在の使用率	ステータス
☐	us-east-2	vpc	5	5	⊗
☐	ap-southeast-1	vpc	5	4	⚠
☐	us-east-1	vpc	5	4	⚠
☐	ap-northeast-1	vpc	5	3	⊘

❑ VPCの制限

この画面はVPCの制限で、オハイオ（us-east-2）は制限に達しています。シンガポール（ap-southeast-1）、バージニア北部（us-east-1）は制限に近づいています。デフォルトのクォータ5を超えるVPCが必要な場合は、AWSサポートへ引き上げをリクエストしておきます。

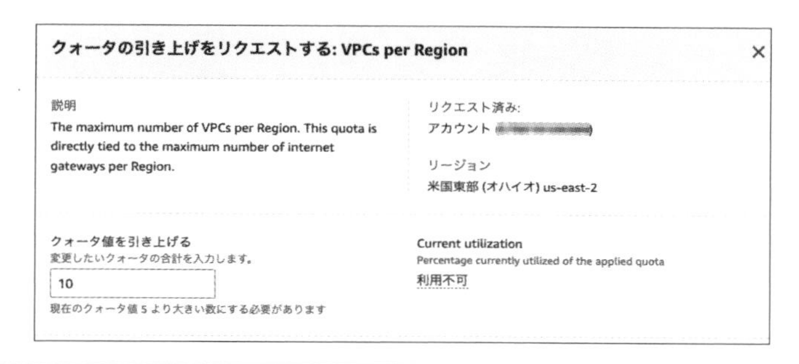

❏ クオータの引き上げリクエスト

▶▶▶重要ポイント

- AWS Trusted Advisorのサービス制限では、制限に近づいたサービスがアラートとして報告される。

運用上の優秀性

より良い運用のために不足している設定などを教えてくれます。

＊記録されていないログ

CloudFront、Application Load Balancer、VPCフローログ、ECSタスクなどのログが記録されていないものが報告されます。

＊Systems Managerによって管理されていないEC2インスタンス

Systems Managerの管理対象になっていないEC2インスタンスが報告されます。

▶▶▶重要ポイント

- AWS Trusted Advisorの運用上の優秀性では、ログや自動管理などが無効化されているものが報告される。

11-4 セキュリティのモニタリングサービス

AWSには、ログや運用の状態から、異常や望ましくない状態が発生していないかを自動検出してくれるサービスが用意されています。ここでは、セキュリティをモニタリングする4つのサービスを取り上げます。

Amazon GuardDuty

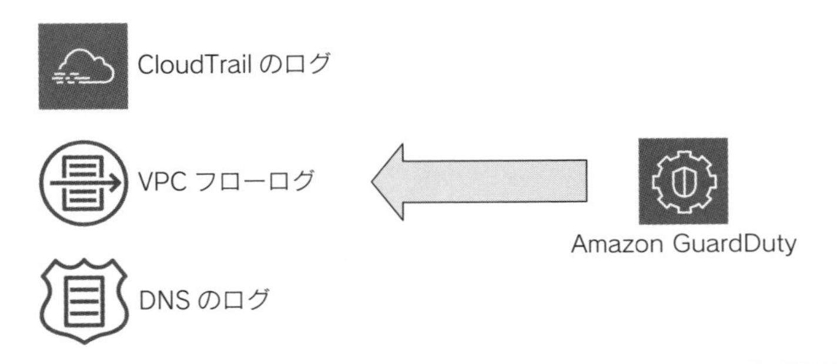

❑ Amazon GuardDuty

Amazon GuardDutyは、CloudTrailのログ、VPCフローログ、DNSクエリログを自動的に分析して、外部からの侵入や不正使用などの脅威が発生していないかを検出します。ユーザーが検出のための細やかな設定をするのではなく、有効化するだけで分析と検出が開始されます。

▶▶▶重要ポイント

- Amazon GuardDutyを有効化するだけで、脅威に対する分析と検出が開始される。

Amazon Detective

Amazon Detective

❑ Amazon Detective

Amazon Detectiveは、サービスアイコンのイメージにもあるように「探偵」の役割を担うサービスです。GuardDutyなどで脅威が検出された際に、調査をサポートします。脅威イベントが検出されると、関係するログなどを調べて情報を収集して、今後の対策や対応を検討したり、セキュリティを設定したりします。Detectiveを有効にしておけば、該当する関連ログを取り込んでおくなど、調査を迅速に行えるように前準備しておいてくれます。

▶▶▶重要ポイント

- Amazon Detectiveは調査を迅速に行うためのサービス。

AWS Security Hub

❑ AWS Security Hub

AWS Security Hubは、ここまでに出てきたMacie、GuardDuty、Inspectorなどのイベントを集約して、統合されたダッシュボードで管理できるようにします。各イベントにはセキュリティの重大度スコアが付けられます。これは、検出サービスをまたがって優先度を判断するのに役立ちます。

▶▶▶**重要ポイント**

- AWS Security Hubは複数の検出サービスをまたがって管理できるダッシュボードサービス。

AWS Audit Manager

❑ AWS Audit Manager

監査の担当者は、コンプライアンス要件を満たしているかどうかの証跡（エビデンス）を収集して確認する必要があります。しかし収集を手作業で行うのは労力がかかります。**AWS Audit Manager**を使用して、必要とするコンプライアンス要件のフレームワークを選択してセットアップすると、証跡が自動で収集されます。監査担当者は収集された証跡を使用して、監査業務の手間を軽減できます。

▶▶▶**重要ポイント**

- AWS Audit Managerは監査業務のための証跡（エビデンス）を自動収集してくれる。

本章のまとめ

モニタリングサービス

- AWSのサービスを使い始めると、サービスにより起動されたリソースのメトリクスがCloudWatchに自動的に収集され始める。
- CloudWatchの標準メトリクスは、使用するサービスによって取得される情報が異なる。
- EC2のカスタムメトリクスはCloudWatchエージェントで取得できる。
- EC2のCloudWatch LogsはCloudWatchエージェントで取得できる。
- CloudWatch LogsによりEC2をよりステートレスにできる。
- CloudWatch Logsは文字列のフィルタリング結果をメトリクスとして扱える。
- CloudWatchアラームを設定することにより、モニタリング結果に基づく運用を自動化できる。
- AWS X-Rayは、サーバーレスアプリケーションのボトルネックの特定と潜在的なエラーの分析ができる。
- AWS X-Rayでは、各処理の記録を一貫したトレース情報として調査できる。
- AWS HealthダッシュボードはAWSアカウントに影響のあるイベントを確認できる。
- イベント情報にはAWS Health APIを使ってプログラムからもアクセスできるが、AWSサポートのビジネスプラン以上が必要。

ロギングサービス

- AWS CloudTrailは、AWSアカウント内のほぼすべてのAPIリクエストと結果を記録する。
- AWS Configはリソースの設定情報を記録する。
- AWS Configルールにより非準拠リソースを抽出できる。

▶▶▶検出サービス

- Amazon EventBridgeにより、AWSアカウント内で発生したイベントを検知して、自動アクションを実行できる。
- AWS Trusted AdvisorはAWS環境を自動でチェックして、ベストプラクティスに沿ったアドバイスをレポートする。
- AWS Trusted Advisorのコスト最適化では、無駄なコストが発生していないかがチェックされる。
- AWS Trusted Advisorのパフォーマンスでは、最適なサービス、サイズが選択されているかがチェックされる。
- AWS Trusted Advisorのセキュリティでは、環境にリスクのある設定がないかがチェックされる。
- AWS Trusted Advisorのフォールトトレランスでは、耐障害性が低い状態がないかがチェックされる。
- AWS Trusted Advisorのサービス制限では、制限に近づいたサービスがアラートとして報告される。
- AWS Trusted Advisorの運用上の優秀性では、ログや自動管理などが無効化されているものが報告される。

▶▶▶セキュリティのモニタリングサービス

- Amazon GuardDutyを有効化するだけで、脅威に対する分析と検出が開始される。
- Amazon Detectiveは調査を迅速に行うためのサービス。
- AWS Security Hubは複数の検出サービスをまたがって管理できるダッシュボードサービス。
- AWS Audit Managerは監査業務のための証跡（エビデンス）を自動収集してくれる。

練習問題

練習問題1

CloudWatch標準メトリクスのうち、EC2で収集される情報を2つ選択してください。

A. メモリ空き容量
B. CPU使用率
C. システムステータスチェック
D. ディスク空き容量
E. OSユーザーのログイン失敗数

練習問題2

標準メトリクスでモニタリングできない情報はどうすればモニタリングできるようになりますか。すばやく開始できる最適なものを1つ選択してください。

A. CloudWatchではモニタリングできない。
B. プログラムをコーディングしてCloudWatchのPutMetricData APIを呼び出す。
C. EC2のダッシュボードでカスタムメトリクスを有効にする。
D. CloudWatchエージェントをEC2にインストールして、EC2がメトリクスを書き込めるようにIAMロールを設定する。

練習問題3

CloudWatch Logsについて正しく説明しているものを1つ選択してください。

A. CloudWatchエージェントで最初から定義されているログファイルを対象にCloudWatch Logsにログが書き込まれる。
B. CloudWatch LogsにはOSやアプリケーションのログをCloudWatchエージェントによって書き込める。
C. CloudWatchエージェントはLogsに書き込むときに権限を必要としない。

D. CloudWatchエージェントは何も設定しなくてもVPC内からアクセスができるので、プライベートサブネットから直接Logsへログを書き込む。

練習問題4

EC2 Auto ScalingグループでCPU平均使用率が70%を上回った際に、EC2インスタンスを増加させたいです。次のどの機能を使用しますか。1つ選択してください。

A. CloudWatch Logs
B. CloudWatchアラーム
C. CloduWatchエージェント
D. CloudWatchダッシュボード

練習問題5

サーバーレスアプリケーションのエンドユーザーより、一部のリクエストの結果が返ってこないとの報告がありました。俯瞰的なサービスマップで確認するには次のうちどれを使用しますか。1つ選択してください。

A. AWS CloudTrail
B. AWS Config
C. AWS X-Ray
D. Amazon EventBridge

練習問題6

AWSアカウントに影響のあるサービス障害の情報などをプログラムから取得したいです。次のどれを使用して実現しますか。1つ選択してください。

A. AWS CloudTrail
B. AWS Health API
C. AWS X-Ray
D. AWS Trusted Advisor

練習問題7

以下のうち、追跡可能性を有効にする、ほぼすべてのAPI呼び出しを記録するサービスはどれですか。

A. AWS Config
B. AWS CloudFormation
C. AWS CloudTrail
D. Amazon CloudWatch

練習問題8

リソースの設定変更履歴を簡単に確認できるサービスはどれですか。

A. AWS Config
B. AWS Trusted Advisor
C. IAM
D. Amazon CloudWatch

練習問題9

本番環境のEC2インスタンスがユーザーの操作ミスで停止していることに、時間が経ってから気がつきました。次回同じことがあった際にはすぐに知りたいです。次のどれを使用しますか。1つ選択してください。

A. AWS Trusted Advisor
B. AWS CloudFormation
C. Amazon Macie
D. Amazon EventBridge

練習問題10

ある組織ではコストの最適化を検討しています。どこから着手すれば良いのか、見当もついていません。見直しの対象を確認するために、まずはどのサービスを使えば良いでしょうか。1つ選択してください。

A. Trusted Advisor
B. AWS CloudFormation
C. AWS Config
D. Amazon Elastic Compute Cloud

練習問題11

Trusted Advisorのコスト最適化のチェック項目を次から1つ選択してください。

A. 使用率の低いEC2インスタンス
B. 使用率の高いEC2インスタンス
C. S3バケットのアクセス許可
D. EBSのスナップショット

練習問題12

Trusted Advisorのパフォーマンスのチェック項目を次から1つ選択してください。

A. リザーブドインスタンスの最適化
B. コンテンツ配信の最適化
C. パブリックなスナップショット
D. IAMパスワードポリシーの設定

練習問題13

Trusted Advisorのセキュリティのチェック項目を次から1つ選択してください。

A. セキュリティグループの増大
B. セキュリティグループの開かれたポート
C. 複数のアベイラビリティゾーン使用
D. リージョンで作成できるVPCの数

練習問題14

Trusted Advisorのフォールトトレランス（耐障害性）のチェック項目を次から1つ選択してください。

A. ルートユーザーのMFA
B. RDSのマルチAZ配置
C. 記録されていないログ
D. Systems Managerによって管理されていないEC2インスタンス

練習問題15

AWSアカウントで構築しているリソースに脅威が発生していないかを検出したいです。どのサービスを選択しますか。1つ選択してください。

A. Macie
B. GuardDuty
C. Firewall Manager
D. Shield

練習問題16

監査担当者は監査のための証跡を収集するのに多くの工数をかけていて、削減したいと考えています。次のどのサービスを検討しますか。1つ選択してください。

A. Audit Manager
B. Security Hub
C. Detective
D. GuardDuty

練習問題の解答

✓練習問題１の解答

答え：B、C

　EC2インスタンスのCPU使用率、システムステータスチェックは標準メトリクスとして収集されます。その他の選択肢はOSレベル以上の情報であり、これらはユーザーの担当範囲になるため、AWSが勝手に情報を収集することはありません。

✓練習問題２の解答

答え：D

　CloudWatchエージェントによって、指定したカスタムメトリクスが収集されます。EC2インスタンスが引き受けるよう設定したIAMロールによってCloudWatchエージェントにPutMetricDataアクションを実行する権限を与えられます。

- **A.** CloudWatchはAPI経由からメトリクスを書き込めます。
- **B.** プログラムを開発しなくてもCloudWatchエージェントによって実現できます。
- **C.** そのような機能はありません。

✓練習問題３の解答

答え：B

　CloudWatchエージェントをインストールして、指定したログファイルのログをCloud Watch Logsへ書き出せます。

- **A.** CloudWatchエージェントではログ収集の対象ファイルを定義します。最初から定義されているものはありません。
- **C.** 権限が必要です。Logsに書き込む権限をIAMポリシーで定義してIAMロールにアタッチし、EC2に引き受けさせます。
- **D.** プライベートサブネット内のインスタンスの場合は、パブリックサブネット内のNAT Gatewayを経由します。もしくはCloudWatch LogsのVPCエンドポイントを設定して、プライベートサブネット内より直接書き込みアクセスをします。

✓練習問題４の解答

答え：B

　CloudWatchアラームは、EC2 Auto Scalingのスケーリングポリシーで使用されます。

- **A.** 標準メトリクスとアラームで実行できるので、何らかのログからメトリクスフィルタを作成する必要はありません。
- **C.** 標準メトリクスとアラームで実行できるので、カスタムメトリクスを取得する必要はありません。
- **D.** ダッシュボードはメトリクスを固定のグラフで可視化できます。Auto Scalingに連携する機能はありません。

✓練習問題5の解答

答え：C

　サーバーレスアプリケーションを構成している要素のうち、どこかでタイムアウトやエラーが発生している可能性があります。X-Rayサービスマップで該当時間のエラーやボトルネックを確認できます。他のサービスにサービスマップはありません。

- A. CloudTrailは、ほぼすべてのAWS APIへのリクエストと結果を記録します。
- B. Configはリソースの設定情報を記録します。
- D. EventBridgeではAWSのイベントやカスタムイベントに対して、アクションを実行して自動化できます。

✓練習問題6の解答

答え：B

　AWSアカウントに影響のある障害情報などはAWS Healthダッシュボードで確認できます。AWS Health APIにプログラムからアクセスして情報を取得できます。

- A. CloudTrailは、ほぼすべてのAWS APIへのリクエストと結果を記録します。
- C. X-Rayではサーバーレスアプリケーションなどのボトルネックやエラーをサービスマップで可視化できます。
- D. Trusted Advisorは、AWSアカウント内の状態に対して、ベストプラクティスに基づく提案をします。

✓練習問題7の解答

答え：C

　CloudTrailが記録しているAPIリクエスと結果のログにより追跡調査ができます。

- A. Configは変更履歴を記録します。
- B. CloudFormationはリソースの作成を自動化します。
- D. CloudWatchはメトリクスとログをモニタリングします。

✓練習問題8の解答

答え：A

　Configはリソースの設定情報を記録し、設定変更時にも記録します。リソースタイムラインで変更履歴を確認できます。

- B. Trusted Advisorは、AWSアカウント内の状態に対して、ベストプラクティスに基づく提案をします。
- C. IAMはAWSのサービスに対して誰が何をできるかを制御します。
- D. CloudWatchはメトリクスとログをモニタリングします。

✓練習問題9の解答

答え：**D**

EventBridgeによりAWSリソースやサービスに発生した状態変更を検知できます。EC2がユーザーの操作によって、起動中からステータスが変わったことも検知できます。ターゲットのアクションでSNSトピックを設定できるので、サブスクリプションとして管理者のEメールアドレスに通知できます。

- **A.** Trusted Advisorは、AWSアカウント内の状態に対して、ベストプラクティスに基づく提案をします。特定のEC2インスタンスが停止していて、使用されていない期間が続けばコストの最適化カテゴリーでは確認できますが、すぐには知れません。
- **B.** CloudFormationはリソースの作成を自動化します。障害などの停止時に復旧のためにCloudFormationを使用してリソースを作成することなどは検討できます。
- **C.** MacieはS3バケット内の機密情報の有無、暗号化形式、バケットのパブリック設定を検出してレポートするサービスです。

✓練習問題10の解答

答え：**A**

まずはTrusted Advisorの結果を確認して、コスト削減できるものから対応します。

- **B.** CloudFormationはリソースの作成を自動化します。コスト最適化された設計を再現しやすくするために使用することは検討できます。
- **C.** Configはリソースの設定を記録します。Configルールによって過剰な設定のリソースが作成されたことの検知はできますが、特定できていない場合はまずTrusted Advisorで確認しましょう。
- **D.** Elastic Compute CloudとはEC2のことです。EC2のコストを最適化する際は、1つの方法として、CloudWatchメトリクスのCPU使用率などを確認します。過剰な状態になっているのであれば、インスタンスタイプを小さいものに変更します。

✓練習問題11の解答

答え：**A**

使用率の低いEC2インスタンスのインスタンスタイプを見直すことで、コストの最適化ができます。

- **B.** 使用率の高いEC2インスタンスはパフォーマンスカテゴリーです。レスポンスが遅いなどパフォーマンスを悪化させている可能性があります。
- **C.** S3バケットのアクセス許可はセキュリティカテゴリーです。パブリック設定になっているS3バケットを教えてくれます。
- **D.** EBSのスナップショットは耐障害性カテゴリーです。長期にわたりスナップショットが作成されていないEBSボリュームを教えてくれます。

✓練習問題12の解答

答え：B

コンテンツ配信の最適化では、S3バケットからの直接的なデータ転送が多く発生している場合に、CloudFrontの使用が検討できます。CloudFrontでエッジロケーションからキャッシュを配信してパフォーマンスを向上できます。

A. リザーブドインスタンスの最適化はコスト最適化のカテゴリーです。リザーブドインスタンスの購入によるコスト削減の可能性をレポートします。

C. パブリックなスナップショットはセキュリティのカテゴリーです。全アカウントから使用できる状態になっているEBS/RDSスナップショットをチェックします。

D. IAMパスワードポリシーはセキュリティカテゴリーです。アカウントのIAMパスワードポリシーが有効になっているかがチェックされます。

✓練習問題13の解答

答え：B

セキュリティグループで特定のポートへの無制限アクセス（0.0.0.0/0）を許可するルールをチェックします。

A. セキュリティグループの増大はパフォーマンスカテゴリーです。セキュリティグループのルールが多すぎるとパフォーマンスが低下する可能性があります。

C. 複数のアベイラビリティゾーン使用は耐障害性のカテゴリーです。RDSインスタンスがマルチAZ配置になっていないことなどがチェックされます。

D. リージョンで作成できるVPCの数はサービス制限カテゴリーです。VPCはデフォルトで、リージョンごとAWSアカウントごとに5つまでです。

✓練習問題14の解答

答え：B

RDSインスタンスがシングルAZで起動している場合、チェック対象となります。

A. ルートユーザーのMFAはセキュリティカテゴリーです。MFAはルートユーザーにもIAMユーザーにも設定しましょう。

C. 記録されていないログは運用上の優秀性カテゴリーです。CloudFrontやVPCフローログなど、ログを記録できるサービスで、有効化されていないリソースが検出されます。

D. Systems Managerによって管理されていないEC2インスタンスは運用上の優秀性カテゴリーです。Systems ManagerでEC2インスタンスを管理すると、自動でパッチを適用したりメンテナンスコマンドを実行したりできます。

✓ 練習問題15の解答

答え：B

GuardDutyは、有効化するだけで、自動でCloudTrail、VPCフローログ、DNSクエリログを分析して脅威を検出します。

- A. MacieはS3バケットに保存されている機密情報の検出、バケットの公開設定、暗号化設定をレポートします。
- C. Firewall Managerは複数アカウント、複数リソースのWAFルール設定を一元管理します。非準拠リソースを検出して自動設定することもできます。
- D. ShieldはDDoS攻撃を自動的に緩和します。

✓ 練習問題16の解答

答え：A

Audit Managerは監査のための証跡を自動で収集します。

- B. Security Hubはセキュリティイベントを集約して一元管理できるダッシュボードです。
- C. Detectiveはセキュリティインシデントの調査を支援するサービスです。
- D. GuardDutyは自動でログを検査して、脅威を検出します。

第12章

移行、導入戦略

第12章では移行の考慮事項、移行サービス、ハイブリッドサービスについて解説します。

移行の考慮事項ではAWS CAFを中心に解説します。移行サービスではMigration Hub、Application Migration Service、Database Migration Service、Snowファミリーを解説します。ハイブリッドサービスではStorage Gatewayと試験ガイド対象サービスのTransfer Family、Elastic Disaster Recoveryを解説します。

12-1 移行についての考慮

移行の目的

AWSへの移行には理由があるはずです。その理由がビジネスの目的になります。AWSへの移行によって発生するビジネスの目的は様々で、次のようなものがあります。

- ◎ 規模の経済メリット（大量に使用されているからコストが低くなる）によるコストの削減。
- ◎ 従量課金による無駄のないコスト利用（使わないときは終了、停止）。
- ◎ 自動化やマネージドサービスを使用して、運用も含めた全体的なコスト（総所有コスト、TCO：Total Cost of Ownership）の削減。
- ◎ システム開発スピードを向上し、組織の俊敏性を高める。
- ◎ AI/IoTなど新しい技術を、使いやすい方法で提供されている標準サービスとして利用する。
- ◎ キャパシティの拡大（ストレージ、コンピューティングの大量なリソースを使用する）。
- ◎ データセンター、ハードウェア、ソフトウェアの契約終了による移行。
- ◎ 災害対策先のサイトとして使用。

ビジネスの目的に到達するためには、AWSのメリットを十分に活かした使い方を検討します。そのためには、オンプレミスデータセンターとは違う使い方、そして変化に対応する必要があります。

▶▶▶重要ポイント

- 移行の目的を達成するために、AWSのメリットを活かした使い方をする。

AWS CAF

クラウドへの移行を最初にスタートする際には、担当エンジニアの決定や選択だけでは進められないこともあります。組織全体にもこれまでとは違う新しい変化が発生するからです。ビジネスメリット、仕事のやり方の変化、求める人材への期待、経理財務、責任共有モデル、開発、設計、運用、文化。それぞれの変化にはステークホルダー（関係者）が存在します。このステークホルダーが考慮するべき事項をなるべく先に検討しておき、移行時に迷いや大きな方向性の向き直しなどができるだけ発生しないようにします。

そのために利用できるガイダンスが**AWS CAF**（Cloud Adoption Framework、クラウド導入フレームワーク）です。AWS CAFでは、6つのパースペクティブ（Perspective、視点）に分けて解説されています。

- ビジネス
- 人材
- ガバナンス
- プラットフォーム
- セキュリティ
- オペレーション

ビジネス、人材、ガバナンスはビジネスサイドの領域、プラットフォーム、セキュリティ、オペレーションはエンジニアサイドの領域と言えます。クラウド導入に関する考慮事項は、エンジニアサイドだけではなくビジネスサイドにもあるので、それぞれのステークホルダーが検討するべきです。

▶▶▶重要ポイント

- AWS CAF（クラウド導入フレームワーク）はAWSを使い始める際の組織全体のためのガイダンス。

ビジネス

- **主なステークホルダー**：CEO（最高経営責任者）、COO（最高執行責任者）、CFO（最高財務責任者）、CIO（最高情報責任者）、CTO（最高技術責任者）
- **パースペクティブ**：クラウドを活用したIT戦略がそのままビジネス戦略になる。

ITとビジネスを分離して考えるのではなく、IT投資がビジネスを阻害する要因として捉えるのでもなく、ビジネスの成果を加速するためのものとしてITをフル活用して考えます。初期投資が不要なクラウドでは、事前に計画を詰めきってから動くのではなく、「チャレンジ→検証」を繰り返し、結果を確認しながら対応できます。クラウドにアップロードできる大量のデータと新しいサービスや技術を積極的に試すことで、これまで実現できなかった新たなビジネス価値が創造できます。また、ビジネスを阻害してきた課題の解決を加速できます。

▶▶▶**重要ポイント**

- AWS CAFのビジネスパースペクティブは、ビジネス担当者に、IT戦略をビジネス戦略に直結させる。

人材

○ **主なステークホルダー**：人事部門、各部門のマネージャー/リーダーなど人材について関わる人

○ **パースペクティブ**：クラウドスキルを活かして変革を推進しリーダーシップを発揮する人と、その人が活躍できる組織になる。

俊敏性を持ってすばやく改善や開発を推進していく人をロールモデルとし、それらを推奨することを組織の文化にします。そのためには、チームごとの意思決定や、少人数での意思決定を推奨する組織作りを検討します。クラウドスキルに熟練している、または新しい技術の習得に熱心な人を採用したり、トレーニング提供により育ちやすい環境を検討したりします。

▶▶▶**重要ポイント**

- AWS CAFの人材パースペクティブは、人事担当者に、クラウド人材育成/採用と組織変革をもたらす。

ガバンナンス

- **主なステークホルダー**：CRO（最高リスク管理責任者）、CDO（最高デジタル責任者）、CIO、CTO、CFO
- **パースペクティブ**：クラウドによるIT技術を活用した方法で、リスクを最小限に抑えるための管理を自動的・継続的に行う。

プロジェクト、アプリケーション、データ、コストなど、リスクの要因となる要素を管理する必要があります。アプリケーション要素の関係性や、それらの潜在的なリスクは最初から見えているものではありません。アジャイルによるプロジェクトの進め方によって、進めながら最小のリスク対応を検討します。データをクラウドに移行することで、データ監査の自動化や整合性確認の自動化が検討できます。コストについても、データとして自動的なモニタリングを検討できます。

重要ポイント

- AWS CAFのガバナンスパースペクティブは、リスク管理担当者に、リスクを最小限に抑えるクラウド活用を推進する。

プラットフォーム

- **主なステークホルダー**：CTO、ソリューションアーキテクト（設計担当）、エンジニア
- **パースペクティブ**：クラウドによるすばやい開発とデプロイができることを活かしながら、機能によって誤りを減らす。

自動的な制御や最小権限の原則によって、安全に開発、構築、運用ができます。開発スピードを向上させるための開発ツールや、自動的なデプロイを繰り返しすばやく実行できるサービスが用意されています。データの分析や連携の自動化、処理をするリソースの自動構築が可能ですので、それらを活かした設計を考えます。

重要ポイント

- AWS CAFのプラットフォームパースペクティブは、技術担当者に、迅速で安全に繰り返せる開発と運用方法を提供する。

セキュリティ

- **主なステークホルダー**：CISO（最高情報セキュリティ責任者）、CCO（最高顧客責任者）、内部監査担当、セキュリティアーキテクト、エンジニア
- **パースペクティブ**：セキュリティを実現するための、可視性、追跡可能性、制御性、機密性、可用性を実装する。

インフラストラクチャの設定や保護、データの暗号化や制御、外部攻撃からの保護、アプリケーションの保護など、セキュリティ実装の必要性を理解します。脆弱性や脅威など、まだ直接的なセキュリティリスクになっていないものを検出する必要性についても理解します。セキュリティインシデントが発生した際の対応を事前に計画することによる効率性も理解します。

▶▶▶重要ポイント

- AWS CAFのセキュリティパースペクティブは、セキュリティ担当者に、クラウドセキュリティの責務とメリットを認識させる。

オペレーション

- **主なステークホルダー**：インフラ担当エンジニア、SRE（サイト信頼性エンジニア）、サービスマネージャー
- **パースペクティブ**：運用の自動化と最適化により、提供するシステム/サービスの信頼性を高める。

状況を知るためのモニタリングだけではなく、トラブルの原因やパフォーマンス改善点などにたどり着きやすくするためにオブザーバビリティを実装します。インシデントによって発生するビジネスへの悪影響を取り除くための自動化やワークフローを検討します。リソースやソフトウェアの設定管理/変更管理、継続的なパッチ適用を自動的に行います。複数のアベイラビリティゾーンを使用したり、スケーリングを実装して、高可用性による信頼性を高めます。

▶▶▶重要ポイント

- AWS CAFのオペレーションパースペクティブは、運用担当者に、運用の自動化と最適化の理解を与え、システムの信頼性を高める。

デプロイモデル

AWSを使用するからといって、必ずすべてのリソースをAWSで構築/運用しなければならないということはありません。既存のオンプレミスデータセンターとAWSの両方を使用するケースは多くあり、代表的なデプロイモデルの1つです。このようなデプロイモデルを**ハイブリッド**と呼びます。

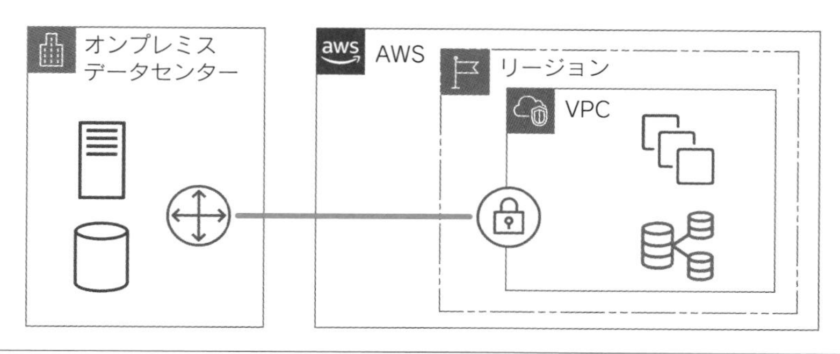

❏ ハイブリッドデプロイモデル

AWSには、VPCとのマネージドなVPN接続やDirect Connect専用接続など、ハイブリッドデプロイモデルを構築しやすくするサービスがいくつもあります。それらのうちAWS Storage Gateway、AWS Transfer Family、AWS Elastic Disaster Recoveryを12-3節で紹介します。

▶▶▶**重要ポイント**

- オンプレミスデータセンターとAWSの両方を使ったハイブリッド構成は多く採用されている。

12-2 移行サービス

ここでは、AWSへの移行を楽にする主要なサービスを解説します。

AWS Migration Hub

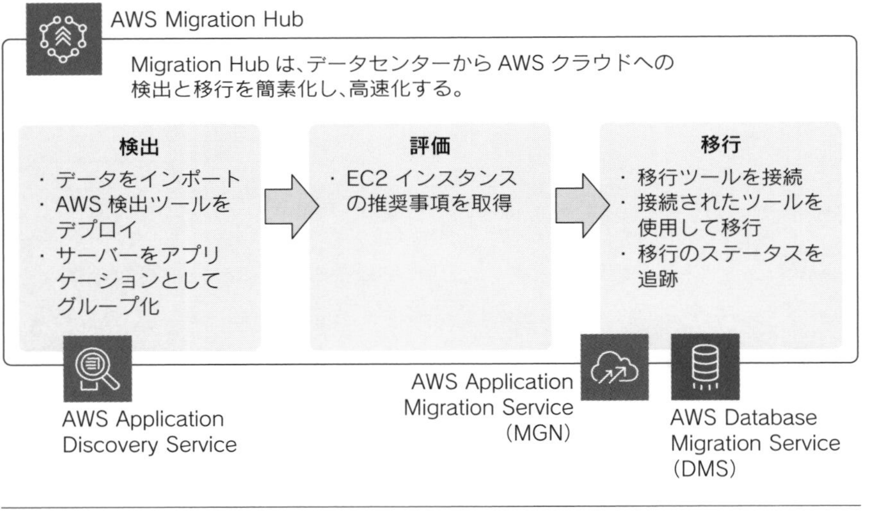

❑ AWS Migration Hub

AWS Migration Hubは、マイグレーション(移行)を可視化するダッシュボードサービスです。検出、評価/戦略、移行などそれぞれのフェーズにおいて、収集した情報、状況、推奨事項を確認できます。

▶▶▶重要ポイント

- AWS Migration Hubは移行を可視化するダッシュボード。

AWS Application Discovery Service

AWS Application Discovery Serviceは、オンプレミスサーバーにインストールするエージェントプログラムにより、自動的に情報を収集します。確実で正しい現在の情報が収集されます。収集した情報はMigration Hubへ送信されて、ダッシュボードで確認できます。CPUやメモリなどの性能情報や、どこと通信しているかなどのネットワーク接続情報が収集されます。

▶▶▶**重要ポイント**

- AWS Application Discovery Serviceはオンプレミスサーバーの情報を収集する。

AWS Application Migration Service（AWS MGN）

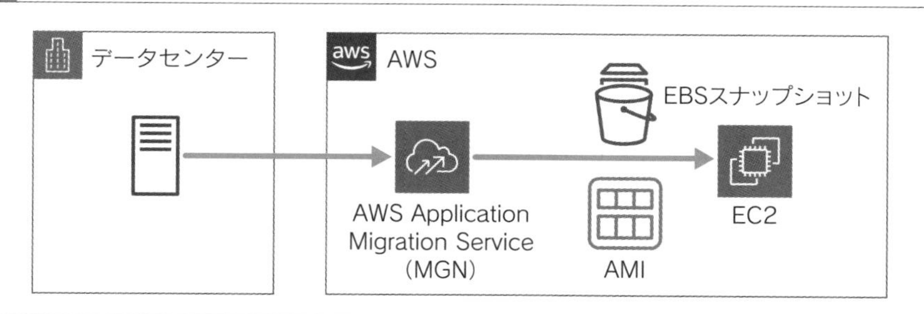

❏ AWS Application Migration Service（AWS MGN）

AWS Application Migration Service（AWS MGN）は、オンプレミスのサーバーの移行を簡単に楽にします。エージェントがオンプレミスサーバーをEBSスナップショットに継続的に変換します。EBSスナップショットはAMIとして登録されて、EC2インスタンスを起動できます。オンプレミスからサーバーをそのままの構成で移行する場合に使用します。

▶▶▶**重要ポイント**

- AWS Application Migration Service（AWS MGN）はサーバーをOSごと移行する。

AWS Database Migration Service (AWS DMS)

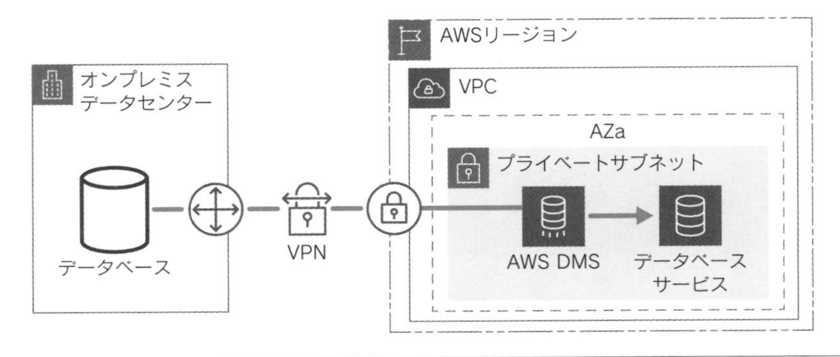

❑ AWS Database Migration Service (AWS DMS)

AWS Database Migration Service (AWS DMS) はデータベースの移行を簡単に楽にします。DMSインスタンスがオンプレミスデータベースに接続し、継続的にAWSのデータベースサービスへデータを移行します。OracleからMySQLなど、異なるデータベースエンジン間のデータ移行もサポートしています。

▶▶▶重要ポイント

- AWS Database Migration Service (AWS DMS) はデータベースを継続的に移行する。

AWS Schema Conversion Tool (AWS SCT)

AWS Schema Conversion Tool (AWS SCT) はDMSの付属ソフトウェアです。Windows端末などにインストールして使用します。

SCTは、異なるデータベースエンジンへの移行の際に、テーブル定義などのスキーマを変換します。移行元のデータベースのテーブル定義を変換して、移行先のデータベースへテーブルを作成します。

▶▶▶重要ポイント

- AWS Schema Conversion Tool (AWS SCT) は異なるデータベース間のスキーマを変換する。

AWS Snowファミリー

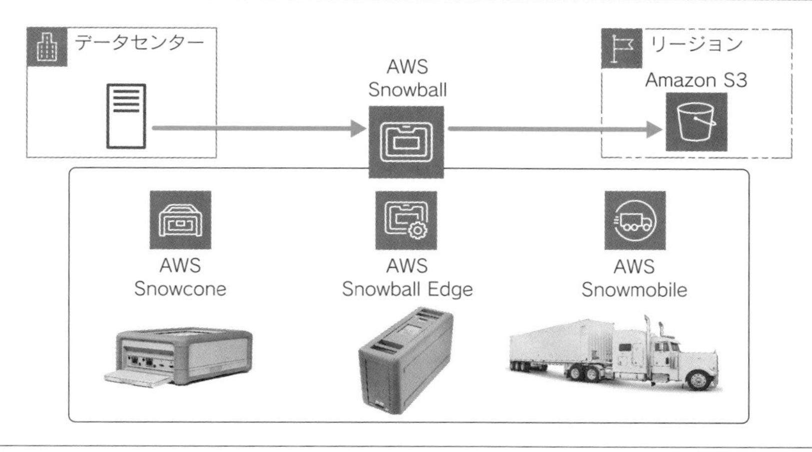

❏ AWS Snowファミリー

ストレージやデータベースのデータをクラウドへ移行する際に、オンラインでのアップロードに時間のかかるケースがあります。データ量が多い場合や、ネットワーク回線速度が遅い場合などです。そのような場合に**AWS Snowファミリー**の利用を検討します。ローカルで物理デバイスにデータをコピーして、配送によりデータを移動します。

AWS Snowファミリーのサービスでジョブを作成すると、データを保存するための物理デバイスが指定したデータセンターなどに届きます。ローカルネットワークでデータをコピーして、デバイスをAWSへ専門の配送業者により返送します。AWSデータセンターに到着したデバイスからS3へデータがコピーされます。

AWS Snowファミリーには**Snowcone**、**Snowball**、**Snowmobile**があります。使用可能なストレージ量が違います。Snowconeは**8TB**、Snowballは**80TB**、Snowmobileは**100PB**です。

▶▶▶**重要ポイント**

- AWS Snowファミリーは物理的にデータを輸送する。

12-3 ハイブリッドサービス

ハイブリッド構成（オンプレミスデータセンターとAWSの両方を使用する構成）の場合に使用できるサービスを3つ解説します。

AWS Storage Gateway

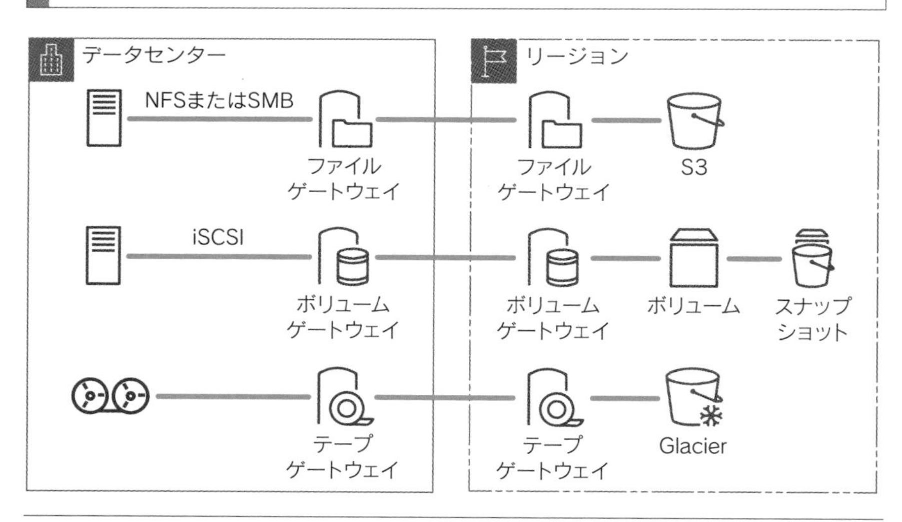

❏ AWS Storage Gateway

AWS Storage Gatewayは、オンプレミスデータセンターからS3などのクラウドストレージへの入り口（ゲートウェイ）となるサービスです。

オンプレミスデータセンターに保存されたデータをS3などに同期します。アプリケーションはオンプレミスで運用しつつ、データはAWSの他のサービスで使用したいケースに有効です。S3に保存されたデータを分析サービスでビジネス戦略のために使用したり、機械学習モデルの作成に使用したり、強固なバックアップ先として使用したりできます。

NFS、SMB、iSCSIといった標準ストレージプロトコルを使用できるので、アプリケーションのカスタマイズは必要ありません。

Storage Gatewayの種類うち、テープゲートウェイを使用すれば、バックアップテープ装置の代わりとして使用できます。

重要ポイント

- AWS Storage Gatewayは標準のストレージプロトコル（NFS、SMB、iSCSI）を使用して、オンプレミスからAWSへデータを同期する。

AWS Transfer Family

SFTP、FTPS、FTPクライアントからS3やEFSを使用できるサービスが、**AWS Transfer Family**です。オンプレミス環境で使用していたFTPサーバーをS3に移行した場合などに、クライアントソフトウェアを変更することなく使用できます。

重要ポイント

- AWS Transfer FamilyはSFTP、FTPS、FTPクライアントからS3やEFSを使用できるようにする。

AWS Elastic Disaster Recovery

オンプレミスデータセンターに災害が発生した際に、AWSへ復旧する手段として、**AWS Elastic Disaster Recovery**（DRS）が使用できます。オンプレミスサーバーのレプリケーションをAWSへ向けて設定して、障害発生時にリカバリー（復旧）に使用します。災害復旧時のオンプレミスへのフェイルバックにも対応しています。

重要ポイント

- AWS Elastic Disaster Recoveryによって、オンプレミスの災害対策先としてAWSでサーバーを復旧できる。

本章のまとめ

▶▶▶移行についての考慮

- 移行の目的を達成するために、AWSのメリットを活かした使い方をする。
- AWS CAF（クラウド導入フレームワーク）はAWSを使い始める際の組織全体のためのガイダンス。
- AWS CAFのビジネスパースペクティブは、ビジネス担当者に、IT戦略をビジネス戦略に直結させる。
- AWS CAFの人材パースペクティブは、人事担当者に、クラウド人材育成/採用と組織変革をもたらす。
- AWS CAFのガバナンスパースペクティブは、リスク管理担当者に、リスクを最小限に抑えるクラウド活用を推進する。
- AWS CAFのプラットフォームパースペクティブは、技術担当者に、迅速で安全に繰り返せる開発と運用方法を提供する。
- AWS CAFのセキュリティパースペクティブは、セキュリティ担当者に、クラウドセキュリティの責務とメリットを認識させる。
- AWS CAFのオペレーションパースペクティブは、運用担当者に、運用の自動化と最適化の理解を与え、システムの信頼性を高める。
- オンプレミスデータセンターとAWSの両方を使ったハイブリッド構成は多く採用されている。

▶▶▶移行サービス

- AWS Migration Hubは移行を可視化するダッシュボード。
- AWS Application Discovery Serviceはオンプレミスサーバーの情報を収集する。
- AWS Application Migration Service（AWS MGN）はサーバーをOSごと移行する。
- AWS Database Migration Service（AWS DMS）はデータベースを継続的に移行する。
- AWS Schema Conversion Tool（AWS SCT）は異なるデータベース間のスキーマを変換する。
- AWS Snowファミリーは物理的にデータを輸送する。

▶▶▶ハイブリッドサービス

- AWS Storage Gatewayは標準のストレージプロトコル（NFS、SMB、iSCSI）を使用して、オンプレミスからAWSへデータを同期する。
- AWS Transfer FamilyはSFTP、FTPS、FTPクライアントからS3やEFSを使用できるようにする。
- AWS Elastic Disaster Recoveryによって、オンプレミスの災害対策先としてAWSでサーバーを復旧できる。

練習問題

練習問題1

AWSに移行する目的として考えられるものは次のどれですか。2つ選択してください。

A. 規模の経済メリット、従量課金とマネージドサービスの活用によりTCOを削減する。

B. 見学可能なデータセンターを長期契約する。

C. 初期投資と月額の固定コストにより、財務管理をシンプルにする。

D. 最新技術の活用と開発スピードの向上により、組織の俊敏性を高める。

E. ソースコードレベルで把握できるサービスを使用して、サービス障害に備えたい。

練習問題2

次のうちAWS CAFのビジネスパースペクティブはどれですか。1つ選択してください。

A. データを活用して戦略を立て、新たな技術により問題を解決し、市場価値を高める。

B. クラウドに熟練した人の採用を促進する。

C. 継続的な監査を自動化する。

D. 安全にすばやいデプロイを実現するために自動化する。

練習問題3

次のうちAWS CAFの人材パースペクティブはどれですか。1つ選択してください。

A. アジャイルアプローチによりプロジェクトを進めながら、小さく発生するリスクに対応する。
B. マネージドサービスによりデータを暗号化する。
C. クラウドスキルを活かした変革を推進する人がリーダーシップを発揮できる組織にする。
D. 自動化されたデータ連携を設計する。

練習問題4

次のうちAWS CAFのガバナンスパースペクティブはどれですか。1つ選択してください。

A. 自動的なデプロイをすばやく繰り返す。
B. コストリスクを最小限に抑えるために可視化し管理する。
C. モニタリングデータを収集しオブザーバビリティを実装する。
D. 外部攻撃から安全に保護する。

練習問題5

次のうちAWS CAFのプラットフォームパースペクティブはどれですか。1つ選択してください。

A. 脅威や脆弱性を検出する。
B. 継続的な進化を安全に繰り返すために自動的なデプロイを実装する。
C. ビジネス成果を加速するためにIT技術を活用する。
D. 高可用性を高めて信頼性を実装する。

練習問題6

次のうちAWS CAFのセキュリティパースペクティブはどれですか。1つ選択してください。

A. 従業員にクラウドトレーニングを提供する。
B. クラウドにより試した結果に対してビジネス判断をする。
C. 継続的なパッチ適用を自動化する。
D. 不正アクセスなどインシデント発生時の対応を事前に計画する。

練習問題7

次のうちAWS CAFのオペレーションパースペクティブはどれですか。1つ選択してください。

A. 大量のデータの活用によりインサイトを得て営業戦略を検討する。
B. アプリケーションのパフォーマンス改善のためのロギングを検討する。
C. IaCを導入する。
D. 発生した不正アクセスに対して、追跡調査が行えるようにロギングしておく。

練習問題8

AWSを使用する際の検討事項を次から1つ選択してください。

A. AWSにすべてを移行する必要がある。
B. 移行しないシステムとAWSとの通信はできない。
C. オンプレミスデータセンターとAWSを専用線で接続できる。
D. オンプレミスデータセンターとAWSはパブリックインターネットのみでの接続が可能。

練習問題9

オンプレミスのLinuxサーバーにMySQLデータベースがあります。EC2インスタンスにOSの設定などなるべくそのままの構成で移行します。次のどれを使用しますか。1つ選択してください。

A. Application Discovery Service
B. Schema Conversion Tool
C. Application Migration Service
D. Database Migration Service

練習問題10

オンプレミスのPostgreSQLデータベースをRDSのMySQLへデータ移行します。次のどれを使用しますか。1つ選択してください。

A. Application Discovery Service
B. Schema Conversion Tool
C. Application Migration Service
D. Database Migration Service

練習問題11

Oracleデータベースから MySQLへデータを一次移行するためにスキーマの変換が必要です。次のどれを使用しますか。1つ選択してください。

A. Migration Hub
B. Schema Conversion Tool
C. Application Migration Service
D. Database Migration Service

練習問題12

音楽配信サイトのオンプレミスからのMP3データの移行で、既存の回線速度から試算したところ、データのアップロードに半年かかる計算となりました。移行期間を短縮できる可能性があるのは次のどれですか。1つ選択してください。

A. Transfer Family
B. Snowball
C. DMS
D. MGN

練習問題13

オンプレミスのアプリケーションが生成するデータを、同期的にS3へアップロードして機械学習モデルの生成に使用したいです。データのアップロードには次のどれを使用しますか。1つ選択してください。

A. Storage Gateway
B. Snowball
C. SageMaker
D. Elastic Disaster Recovery

練習問題の解答

✓練習問題1の解答

答え：A、D

規模の経済メリット、従量課金、マネージドサービスの活用によりTCO（総所有コスト）を削減できます。標準化された最新技術と開発スピードの向上により組織の俊敏性が高まります。

B. データセンターは非公開です。
C. 割引のために最初に支払うサービスやサブスクリプションサービスも少数ありますが、ほとんどは従量課金で無駄なく使えます。
E. ソースコードなどの見えない仕組みを把握することに注力するのではなく、複数のアベイラビリティゾーンを使用するなど、AWSの特性を活かして信頼性を高めます。

✓練習問題2の解答

答え：A

AWSを活用したIT戦略がビジネス戦略に直結することを認識してフル活用します。

B. 人の採用は人材パースペクティブです。
C. 監査の自動化はガバナンスパースペクティブです。
D. デプロイの自動化はプラットフォームパースペクティブです。

✓練習問題3の解答

答え：C

クラウドスキルを活かした人をリーダーとして変革を促進します。

A. アジャイルアプローチでの早期のリスク発見はガバナンスパースペクティブです。
B. データの暗号化はセキュリティパースペクティブです。
D. データ連携の自動化はオペレーションパースペクティブです。

✓練習問題4の解答

答え：B

コストの可視化と効率的な管理により、リスクを最小限に抑えます。

A. デプロイの自動化はプラットフォームパースペクティブです。
C. オブザーバビリティの実装はオペレーションパースペクティブです。
D. 外部攻撃からの保護はセキュリティパースペクティブです。

✓練習問題5の解答

答え：B

構築しているシステムサービスを継続的に進化させます。そのためにデプロイを自動化します。

A. 脅威、脆弱性の検出はセキュリティパースペクティブです。
C. ビジネス成果のためのIT技術の活用判断はビジネスパースペクティブです。
D. 信頼性の実装はオペレーションパースペクティブです。

✓練習問題6の解答

答え：D

セキュリティインシデント発生時にすばやく対応できるよう計画します。可能な対応は自動化します。

A. トレーニングの促進は人材パースペクティブです。
B. すばやいチャレンジと結果に対してのビジネス判断はビジネスパースペクティブです。
C. 継続的なパッチ適用の自動化はオペレーションパースペクティブです。

✓練習問題7の解答

答え：B

パフォーマンス改善のためにロギングし、オブザーバビリティを実装します。

A. データ活用によるビジネス戦略はビジネスパースペクティブです。
C. Infrastructure as Codeの実装はプラットフォームパースペクティブです。
D. 不正アクセスなどのセキュリティインシデントに対しての追跡可能性の実装はセキュリティパースペクティブです。

✓練習問題8の解答

答え:C

AWS Direct Connectを使用するとAWSとの専用接続が使用できます。AWSにはハイブリッドな構成をサポートするサービスや機能があります。

- A. すべてを移行する必要はありません。
- B. オンプレミスデータセンターとAWSで構築したシステムは通信できます。
- D. Direct Connectもありますし、VPN接続で暗号化通信もできます。

✓練習問題9の解答

答え:C

移行先がEC2インスタンスで、OSの構成もあわせて移行するので、Application Migration Serviceを使用します。

- A. Application Discovery Serviceはエージェントによりオンプレミスサーバーの調査結果を収集します。
- B. Schema Conversion Toolは異なるデータベースエンジン間でスキーマを変換します。
- D. Database Migration Serviceはデータベースのみを移行する場合に使用します。

✓練習問題10の解答

答え:D

Database Migration Serviceで、異なるデータベースエンジンであってもサポートされていれば移行できます。PostgreSQLからMySQLへの移行はサポートされています。

- A. Application Discovery Serviceはエージェントによりオンプレミスサーバーの調査結果を収集します。
- B. Schema Conversion Toolは異なるデータベースエンジン間でスキーマを変換します。移行そのものは実行しません。
- C. Application Migration Serviceの移行対象はEC2インスタンスであり、RDSインスタンスではありません。

✓練習問題11の解答

答え:B

Schema Conversion ToolでOracleデータベースからMySQLへのスキーマの変換ができます。

- A. Migration Hubは移行を可視化するダッシュボードです。
- C. Application Migration ServiceはOSを含むサーバーを移行します。
- D. Database Migration Serviceはデータベースを移行します。

✓練習問題12の解答

答え：**B**

Snowballを使用して物理的にデータを輸送することで、移行期間を短縮できる可能性があります。

A. Transfer FamilyはSFTP、FTPS、FTPを使用してアップロードできますが、既存の回線を使用することに変わりありません。

C. Database Migration Serviceはデータベースを移行するサービスです。ファイルデータを移行するサービスではありません。また、既存の回線を使用することに変わりありません。

D. Application Migration ServiceはOSを含むサーバーを移行します。また、既存の回線を使用することに変わりありません。

✓練習問題13の解答

答え：**A**

Storage Gaterwayを使用してオンプレミスから同期的にS3へアップロードできます。

B. Snowballは大量のデータを物理的に輸送します。同期的なアップロードではありません。

C. SageMakerは機械学習モデルを生成するためのサービスで、データアップロードのためのサービスではありません。

D. Elastic Disaster Recoveryは災害対策時にAWSでサーバーを復旧できるように、レプリケーションします。

第13章

請求、料金、およびサポート

第13章ではコスト管理サービス、コスト改善の検討事項、AWSサポート、AWSの利用を支援するサービスについて解説します。

コスト管理サービスでは、Cost Explorer、Budgets、コスト配分タグ、Organizations、Pricing Calculatorを解説します。コスト改善の検討事項では、EC2の購入オプション、S3のストレージクラス、サイズの調整、マネージドサービスの活用について解説します。AWSサポートごとの違いと他の利用支援サービスを解説します。AWSではコストを意識した設計、開発をし、運用後も改善を繰り返します。

13-1

コスト管理サービス

AWSの料金モデルは、使った分だけに請求が発生する**従量課金**です。固定費ではなく、**変動費**としてITリソースを利用できることで無駄のないコスト最適化ができます。

ここでは、コストを最適化するためのコストのモニタリング、管理に役立つサービスや機能について解説します。AWS Well-Architectedフレームワークにもコスト最適化の柱があります。AWSを使用する上でコストを最適化することは非常に重要です。改善するためにはコストのモニタリングや分析が必要です。それらをサポートする機能を見ていきましょう。

AWS Cost Explorer

請求とコスト管理のホーム画面で、その月の合計請求金額や、着地予測を確認できます。ですが、いつどのサービスにどれくらいコストが発生したかはホーム画面では分かりません。いつ何にどれくらいのコストが発生したかを確認したり分析するには、AWS Cost Explorerを使用します。

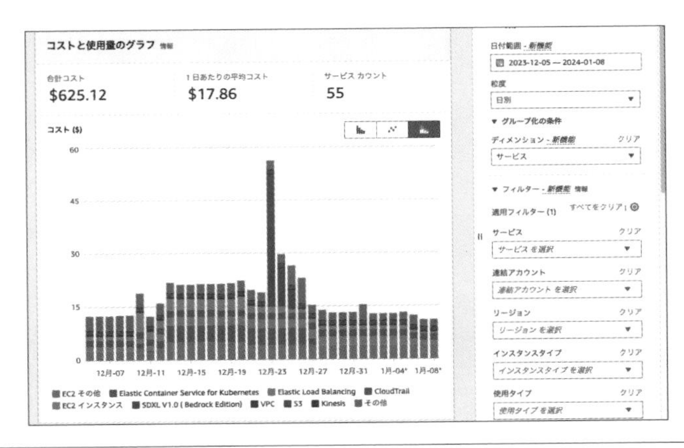

❑ AWS Cost Explorer

横軸は時間/日/月の時系列で、縦軸が金額です。サービスやリージョンなどのディメンションというカテゴリーでグループ化して、積み上げグラフで特に何にコストがかかっているかを見たりできます。デフォルトではアカウント全体の総額が対象となっていますが、フィルターによって、特定サービスや特定リージョンで限定したり、月に1回の税金請求を除外して確認したりできます。

▶▶▶重要ポイント

- AWS Cost Explorerはコストを時系列のグラフで可視化する。グループ化やフィルタリングによってコストを分析できる。

AWS Cost and Usage Report

AWS Cost and Usage Reportは、請求情報を詳細レベルで自動出力する機能です。有効化すると、指定したS3バケットにCSV圧縮データまたはApache Parquet形式で情報が保存されます。これを、Athenaなどのサービスと連携させて分析します。Cost and Usage Reportは現在ではレガシーとなっており、コスト分析とレポートのデータエクスポートが後継機能です。

AWS Budgets

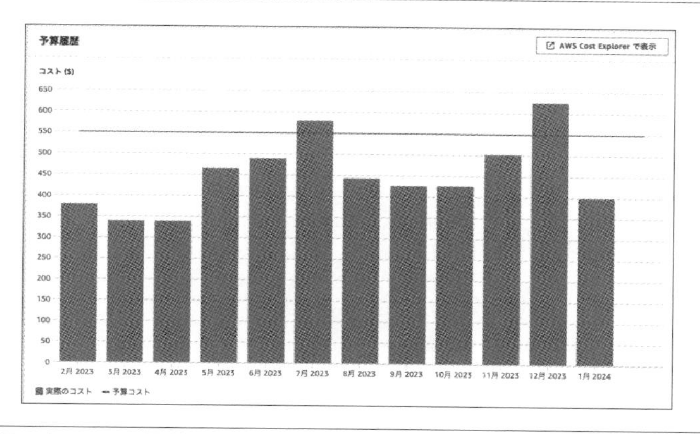

❑ AWS Budgets ー予算の履歴

AWS Budgetsは予算を管理します。予算を設定して、実績と着地予測に対してのアラートアクションを設定できます。予算は金額だけではなく、リクエスト量やデータ転送量などの使用量にも設定できます。対象の予算を特定のリージョンやサービスに限定するフィルターも設定できます。アラートアクションとしては、Eメールやチャットへの通知と、IAMポリシーなどの設定による抑制ができます。予算の過去の実績は履歴として確認できます。

▶▶▶重要ポイント

- AWS Budgetsは予算を設定し、アラートアクションによる通知、自動対応ができる。
- AWS Budgetsの予算は、コスト、使用量に対して、フィルターを追加して設定できる。

コスト配分タグ

Name	インスタンスID	インスタンスの状態	インスタンス...
BlogWeb	i-01afcebad14ab5fba	実行中	t4g.small

インスタンス: i-0550ffc8441d56116 (BlogWeb)

タグ

Key	Value
aws:autoscaling:groupName	blog-asg
aws:ec2launchtemplate:id	lt-0debeac7ce83a1a04
project	blog
aws:ec2launchtemplate:version	3
aws:ec2:fleet-id	fleet-c4a41d0d-d3b6-c334-2c9a-8c024936d236
Name	BlogWeb

❑ EC2インスタンスのタグ

EC2インスタンスなどのAWSリソースには**タグ**を50個までつけられます。タグはキーと値のセットで、人が見たときの目印になったり、IAMポリシーでアクセスを制限するために使ったり、プログラムから特定のリソースにアクセスするために使ったりできます。なお、タグのキーと値では大文字小文字が区別されるので注意しましょう。

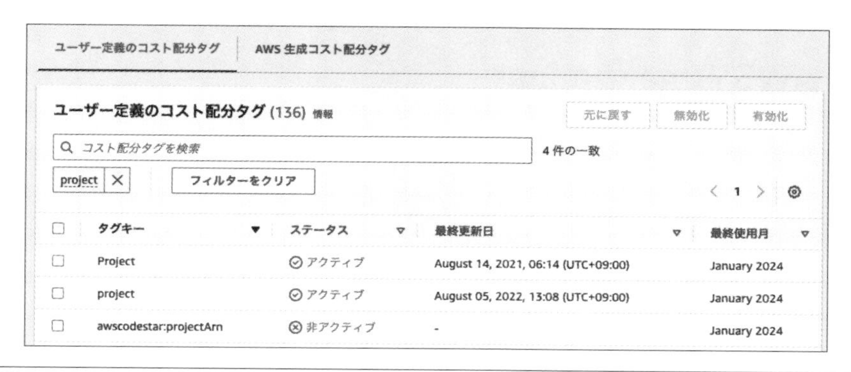

❏ コスト配分タグ

タグを**コスト配分タグ**としてアクティブにすると、Cost Explorerでの分析や、Budgetsでのフィルターにも使用できます。特定のプロジェクトに発生した請求で分析したり、予算を管理できたりします。

▶▶▶重要ポイント

- リソースのタグは、コスト配分タグとしてコスト分析や予算設定に使用できる。

AWS Resource Groupsとタグエディタ

AWS Resource Groupsでは、特定のリソースをグループにしてAWSの様々なサービスで使用できます。

リソースグループにする対象リソースはタグを条件にして抽出できるので、タグを設定し忘れているリソースにはまずタグを設定します。マネジメントコンソールのAWS Resource Groupsには**タグエディタ**があります。S3バケットなど、リソースタイプで検索して、複数のリソースを対象にまとめてタグを設定できます。

▶▶▶重要ポイント

- AWS Resource Groupsのタグエディタでリソースタグのメンテナンスができる。

AWS Organizations

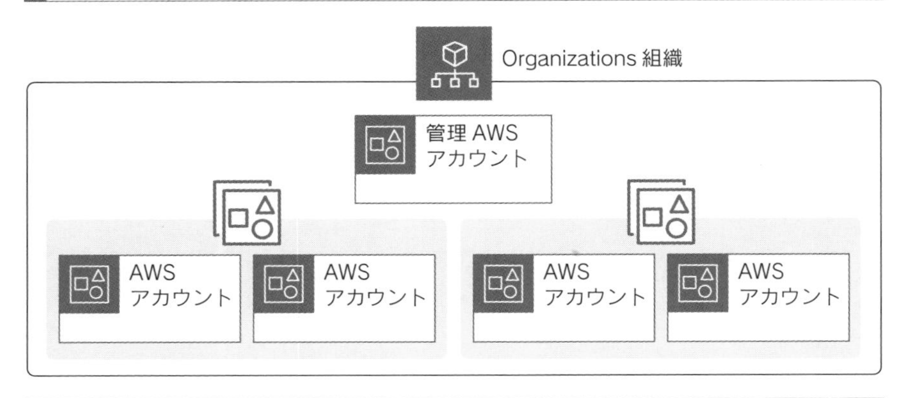

❑ AWS Organizations

AWS Organizationsを使うと、複数のアカウントを組織としてまとめて管理できます。様々なAWSの機能と連携できますが、本書では試験ガイドに記載のあるコストについてのみを解説します。

一括請求（コンソリデーティッドビリング）

Organizations組織に含まれる複数のアカウントの請求は、まとめられて1つの請求になります。企業の経理部門も10個20個とバラバラに請求が発生するよりも、1つにまとまっているほうが支払い管理は楽になります。総額に対しても、それぞれのアカウント別でもCost Explorerで分析したり、Budgetsで予算管理したりできます。Cost ExplorerもBudgetsもOrganizations管理アカウントで一元管理して操作できます。

使用量の結合

Organizations組織に含まれる複数のアカウント全体の使用量に対して、ボリューム割引が適用されます。ボリューム割引は、たとえばS3の使用容量に対するストレージ料金で、50TBを超えた分の料金に割引が適用される場合などです。1つのアカウントで50TBを超えていなくても、Organizationsで一括請求している複数のアカウントの合計で超えれば割引が適用されます。

EC2リザーブドインスタンスの予約や、Savings Plansのコミットも、1つのアカウントで予約分を使用しなくても、Organizations組織の複数アカウントに対して適用されます。

AWS Billing Conductor

AWS Billing Conductorでは、AWSに支払う請求とは別に特定のルールで再計算した料金を適用した請求明細を作成できます。請求代行サービスなどを提供している企業が、Organizations組織で顧客のAWSアカウントを管理するケースがあります。Organizations組織内の顧客のアカウントをグループにして、料金プランを設定して元の請求金額に割引や割増を設定できます。

AWS Resource Access Manager

AWS Resource Access Managerは、複数のAWSアカウントでいくつかのリソースを共有できます。共有先にアカウントIDを指定することもできますし、Organizations組織全体の共有も設定できます。

AWS License Manager

AWS License Managerはソフトウェアライセンスを管理します。ライセンスにAMIを紐付けたりして、自動で使用数を反映し管理します。Organizations組織でResource Access Managerを使用して共有できます。組織内で無駄なソフトウェアライセンスがあれば、解約してコスト削減になります。

AWS Control Tower

AWS Control Towerは、Organizations組織のベストプラクティス構成を数クリックで自動で作成できます。作成後もControl Towerのダッシュボードで継続的に管理できます。

▶▶▶**重要ポイント**

- AWS Organizationsの一括請求で複数アカウントの請求をまとめられる。
- AWS Organizations組織の合計使用量でボリューム割引を受けられたり、リザーブドインスタンスやSavings Plansを共有できる。
- AWS Billing Conductorは特定のアカウントグループに対して、割引・割増の料金で請求明細を作成できる。

AWS Pricing Calculator

AWSでどれくらいのコストがかかるのかを事前に知るためには、**AWS Pricing Calculator**を使用します。

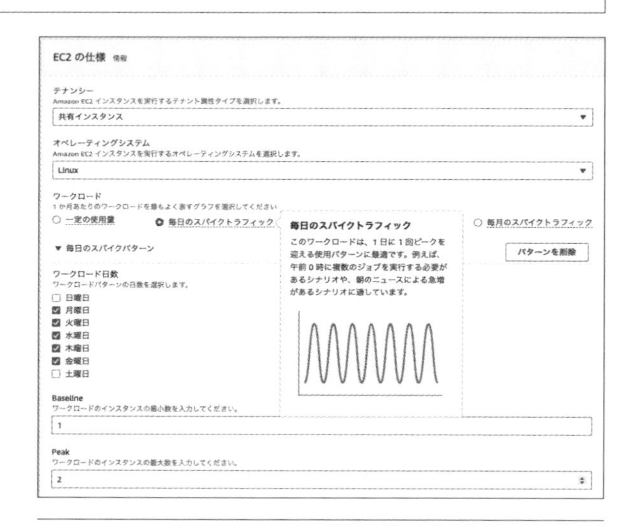

❏ AWS Pricing Calculator

AWSの各サービスを選択でき、そのサービスを使用する予定のリージョンを選択できます。クイック見積もりで簡易的に計算できるサービスもあります。各サービスの特性に応じてワークロード、データ転送コスト、ストレージオプションや使用ライフサイクルに基づいて見積もり計算を行えます。サービスによっては無料利用枠を含めた計算も可能です。Pricing Calculatorはマネジメントコンソールにログインしなくても使えます。

▶▶▶**重要ポイント**

- AWS Pricing Calculatorでは、ワークロードなどの特性や日毎のアクセスパターンなどに合わせて料金予測を計算できる。

13-2

コスト改善の検討事項

AWSに移行したり、新規に構築したりした後も運用開始後の状況を見ながら、継続的に改善できます。改善はシステム面だけではなく、コスト面でも継続的に行います。ここでは、コスト改善の代表的な検討事項を解説します。

コンピューティング購入オプション

リザーブドインスタンスとInstance Savings Plans

たとえば24時間365日（またはその75%以上）稼働し続けることが決まっているインスタンスがある場合、リザーブドインスタンスかInstance Savings Plansが検討できます。1年または3年の使用期間を事前設定することで、割引を受けることのできる料金オプションです。

EC2**リザーブドインスタンス**の主な検討項目には以下があります。

- 1年もしくは3年継続
- 全額前払い/一部前払い/前払いなし
- インスタンスタイプ
- リージョン
- OS
- テナンシー、提供クラス、キャパシティ予約の有無と、有の場合のAZ

テナンシーとは専有かどうかを意味します。キャパシティ予約はアベイラビリティゾーン（AZ）を指定して1年か3年、確実に起動させせます。

コンバーティブルという、期間中に属性を変更できる提供クラスもあります。コンバーティブルにすることで割引率は少し低くなります。

最も割引率の高いリザーブドインスタンスは、3年間、前払い、スタンダード（コンバーティブルではない）提供クラスです。リザーブドインスタンスは予約した分の請求が発生しますので、使用率が低い場合はオンデマンドインスタンスのほうが適しています。

EC2 **Instance Savings Plans**の主な検討項目には以下があります。

- 1年もしくは3年
- 全額前払い/一部前払い/前払いなし
- インスタンスファミリー
- リージョン
- 1時間ごとのコミット金額

インスタンスファミリーとリージョンを1年間もしくは3年間固定できて、その期間使い続ける場合はこれらのオプションを検討します。EC2リザーブドインスタンスはサイズを変更しない場合にシンプルに検討できます。EC2 Instance Savings Plansはインスタンスタイプではなくファミリーを指定するのみでサイズを指定しなくて良い点と、OSを指定しなくて良い点がリザーブドインスタンスと異なります。これにより途中でサイズに変更があった場合や複数のサイズを使用している場合も柔軟に対応しやすくなります。金額は時間単位のコミットメントとして、1時間あたり何ドル使うのかを指定します。

どちらのコストが低いかは予定しているインスタンスに対して、それぞれの料金表で確認してください。いずれにせよ、1年以上の継続利用が決まっている、共通アプリケーションや基盤アプリケーションなどのためのEC2インスタンスに適用します。

スポットインスタンス

AWSには、ユーザーがEC2インスタンスを使いたいときに必要な量を提供できるように、未使用のEC2キャパシティがあります。この未使用のキャパシティ量によって変動するスポット料金があります。未使用キャパシティが多ければスポット料金は下がり、未使用キャパシティが少なければスポット料金は上がります。いわば市場取引のように変動します。

この未使用キャパシティに対して支払っても良い金額をリクエストとして設定することで利用できるのが、**スポットインスタンス**です。

次の画面は、東京リージョン、Amazon Linux、r4.8xlargeのスポット料金の過去3か月の履歴です。画面を見て分かるように、スポット料金はアベイラビリティゾーンごとに決定されます。オンデマンド価格2.56USD(米国ドル)に対して最低で0.5211USDまで下がっている時期もあるので、5分の1くらいの料金で使うことも可能です。

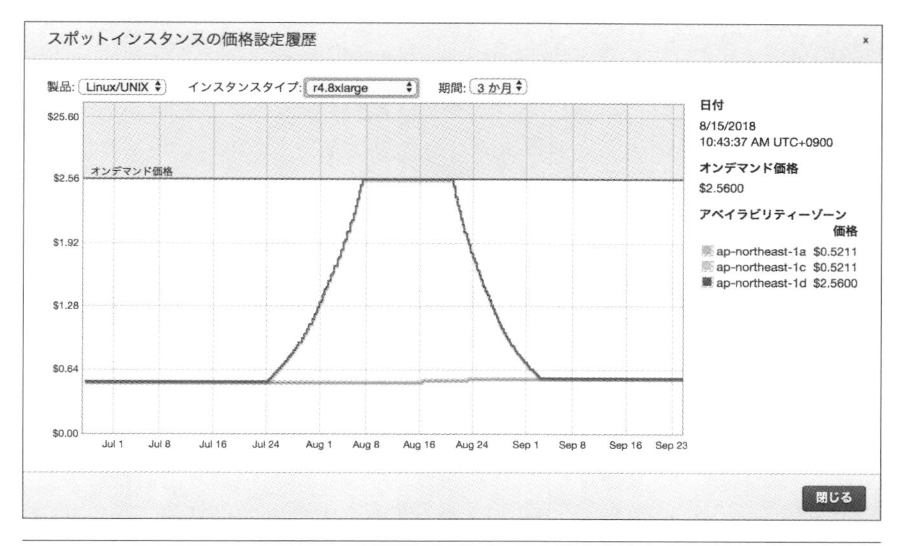

❏ スポットインスタンスの価格設定履歴

EC2スポットインスタンスの主な検討項目には以下があります。

○ 途中で中断されてもかまわない

アベイラビリティゾーンとインスタンスタイプごとで変動する余剰量が少なくなれば中断されます。そのためスポットインスタンスは、処理が中断されてもシステム全体に大きな影響がないケースで使用します。

たとえば、やるべきジョブメッセージはSQSにあって、結果はRDSに記録するとします。この場合、中断があったとしてもジョブメッセージはSQSに残っており、他のアベイラビリティゾーン、または他のインスタンスタイプのEC2インスタンスによって処理されます。このようなリトライ可能な柔軟でステートレスな構成でスポットインスタンスを使用してコストを削減します。

厳密なリアルタイム性を伴わないバッチ処理などを低コストで実現したい場合に適しています。検証やテストでコストを抑えたい場合にも向いています。起動したインスタンスで一定時間の処理を続けなければならない場合は、オンデマンドインスタンスの使用を検討してください。

オンデマンドインスタンス

料金オプションを使わずにEC2インスタンスを起動すると、**オンデマンドインスタンス**の単価が適用されます。いわば定価料金です。秒単位、時間単位の課金により、必要なときに必要なインスタンスを起動できます。

スポットインスタンスも指定せず、リザーブドインスタンスやSavings Plansも購入せずに、オンデマンドインスタンスを選ぶほうがいいのは以下の場合です。

- 1年継続しない
- 毎日数時間しか使わない
- 中断されては困る

たとえば、夏季だけのキャンペーンサイトで常にユーザーアクセスを受け付けてリアルに処理しているので中断できないなどの場合です。

オンデマンドインスタンスであっても、起動時、アベイラビリティゾーンに、指定したインスタンスタイプを起動するためのキャパシティがなければ、起動できません。その場合は**オンデマンドキャパシティ予約**を使用します。そうすれば特定の時間、確実に起動させられます。

Dedicated Hosts、Dedicated Instance

ソフトウェアによりますが、BYOL（Bring Your Own License、ライセンス持ち込み）の場合に、**Dedicated Hosts（専有ホスト）**か**Dedicated Instance（ハードウェア専有インスタンス）**を使用するケースがあります。追加コストが発生することになりますが、ライセンスの持ち込みによって全体のコストを削減できるケースがあります。

どちらを使うかはソフトウェアのライセンス要件によります。どちらでも良いのであれば、Dedicated Hostsはホストに対しての従量課金、Dedicated Instanceはインスタンスに対しての従量課金と専有追加料金ですので比較して検討します。

Compute Savings Plans

Compute Savings PlansはEC2、Fargate、Lambdaに適用されるコミット

金額を1年、または3年で契約できます。たとえば1時間1USDでコミットした場合、EC2、Fargate、Lambdaのいずれかを使用した際に、それぞれのサービスごとの割引率で算出されたSavings Plansの割引料金でリソースを使用できます。

EC2 Instance Savings Plansのようにリージョンやファミリーを決める必要はないので、契約期間内にも柔軟に変更ができます。たとえば契約期間内の最初はEC2インスタンスを多く使用していて、次にFargateのコンテナに移行して、さらにLambda関数でサーバーレスアーキテクチャに変更していった場合も、Compute Savings Plansは適用されます。

Compute Savings Plansの主な検討項目には以下があります。

- 1年もしくは3年
- 全額前払い/一部前払い/前払いなし
- 1時間ごとのコミット金額

Compute Savings Plansの料金表ページで各サービスごとの割引率を条件ごとに確認できます。実際に見てみると、イメージがつかめるでしょう。

Compute Savings Plans
URL https://aws.amazon.com/jp/savingsplans/compute-pricing/

▶▶▶重要ポイント

- EC2リザーブドインスタンスは、1年以上同じインスタンスタイプ、リージョン、OSを継続的に使用できる場合に検討する。
- EC2 Instance Savings Plansは、1年以上同じインスタンスファミリー、リージョンを継続的に使用できる場合に検討する。
- EC2スポットインスタンスは、リトライ可能な柔軟でステートレスな構成で使用する。
- EC2のオンデマンドインスタンスは、1年継続しない、処理を中断できない場合に選択する。
- BYOLではDedicated Hosts（専有ホスト）、Dedicated Instance（ハードウェア専有インスタンス）を使用する。
- Compute Savings PlansはEC2、Lambda、Fargateに適用される最も柔軟な料金オプション。

S3の料金

第6章で解説したAmazon S3のデータ転送料金の特徴とストレージクラスのユースケースを解説します。

データ転送料金

S3のデータ転送料金は以下の場合、発生しません。

- インターネットから転送されたデータ（インのデータ）
- S3バケットと同じリージョン内のAWSサービスに転送されたデータ（別アカウントを含む）
- CloudFrontに転送されたデータ

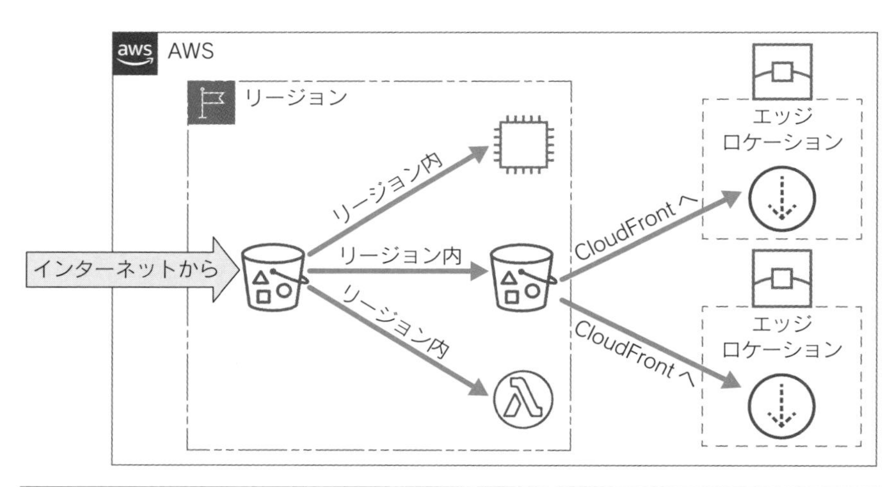

❏ 転送料金が発生しないデータ転送

リージョン外から入ってきたデータ、リージョン内でのやり取り、CloudFrontへの転送は転送料金が発生しないということを押さえておいてください。コストの予測をしたり、設計をしたりする際に重要です。

ストレージクラス

インターネットで「S3料金」などを検索すると、Amazon S3の料金ページを参照できますので、あわせて確認してください。オブジェクトの保存先のストレージクラスをユースケースに応じて使い分けることでコストの最適化が図れます。

📖 Amazon S3の料金

URL https://aws.amazon.com/jp/s3/pricing/

S3の各ストレージクラスについて、ユースケースとコストの違いを解説します。

- **Intelligent-Tiering**：アクセス頻度が予測できない場合に使用します。Intelligent-Tieringは自動的に高頻度アクセス階層、低頻度アクセス階層、アーカイブアクセス階層を移動してコスト効率化を図ってくれます。自動で移動させるためのモニタリング料金は発生しますが、アクセスパターンが不明なケースでは最も有効なストレージクラスです。動画サイトの動画ファイル、ブログやニュースの画像、ニュースリリースのPDFなどの公開資料などのケースが該当します。エンドユーザーに人気のコンテンツと人気がないコンテンツは予測できません。今日はアクセスが少なくても明日になれば急に増える場合もありますし、経過日数によって判断できるものでもないので、ライフサイクル設定も使えません。アクセス頻度やアクセスパターンが予測できない、不明な場合はIntelligent-Tieringを使用します。
- **標準**：ストレージクラスを指定しない場合のデフォルトのストレージクラスです。執筆時点の東京リージョンの料金は0.025USD/GB（最初の50TB）です。アプリケーションなどから頻繁にアクセスする場合に使用します。1か月に1回以上のアクセスが継続されることが分かっている場合は、最もコストが低くなります。静的Webコンテンツの配信やユーザーへの利用規約PDFやトップページの動画など、頻繁なアクセスが想定されるケースです。
- **標準-IA（低頻度アクセス）**：1か月に1回未満のアクセスする頻度の少ないオブジェクトを格納することで、S3のトータルコストを下げられます。執筆時点の東京リージョンの料金は0.019USD/GBです。ストレージ料金は標準ストレージよりも安価になりますが、リクエスト料金が標準ストレージよりも上がり、さらに取り出し料金が追加されます。標準という名前が付いているのは、Glacierのようなアーカイブでもなく、Expressのような高速性もなく、One Zoneのように1つのアベイラビリティゾーンでもないという意味です。複数のアベイラビリティゾーンが使用できるので、高い可用性でバックアップデータなどを保存しておきたい場合などに使用します。

- 1ゾーン-IA：1つのアベイラビリティゾーンだけを使用する分、可用性を下げてコストを下げます。オンプレミスにもバックアップデータがあって、災害対策でAWSに保存したい場合や複数リージョンにコピーを持っておく場合など、万が一アクセスできなくても他の場所にコピーがあるケースで、低コストに抑えたい場合などに使用します。
- Express One Zone：ストレージクラスの中で最高速度のパフォーマンスを提供するので、高パフォーマンス、低レイテンシーを求める場合に使用します。コストよりもパフォーマンスを重視するストレージクラスです。

Amazon Glacierはストレージクラスの1つですが、単独のサービスとしても使用できるアーカイブサービスです。リアルタイムのアクセスは必要ないものの、保存はしておかなければならない、といったアーカイブデータを格納します。

- Glacier Instant Retrieval：執筆時点の東京リージョンの料金は0.005USD/GBです。取り出し時間を要さずすぐに取り出せるアーカイブストレージクラスです。3か月に1回未満程度のアクセス頻度で検討します。過去年度の報告資料や、分析のもとになったエビデンス資料など、普段は使わないが必要となったらすぐにアクセスしたい、といったデータを保存します。
- Glacier Flexible Retrieval：取り出し時間が必要です。取り出しに12時間かかって良い場合は無償で取り出せます。コストをかければ数分でも取り出せます。事前予告によりアクセスできる、普段は使用しないデータを保存します。たとえば、事前予告の監査に使用するデータセットなどです。
- Glacier Deep Archive：取り出しに12時間必要でコストもかかる分、ストレージ料金が最も低いです。アクセスする予定のないデータの保存に使用します。たとえば、動画コンテンツのための、編集前の撮影データなどを保存します。

✱ライフサイクル設定

S3では、初回のアップロード時から各ストレージクラスを指定することもできます。また、アップロードした日から起算して、自動でストレージクラスを変更するライフサイクルを設定することもできます。

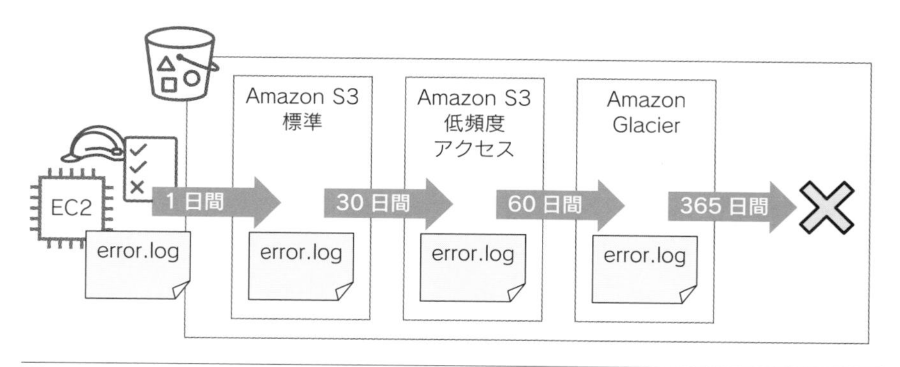

❏ S3のライフサイクル設定

この例では、EC2で稼働しているアプリケーションのエラーログファイルが1日ごとに作成されています。EC2（EBS）には当日のエラーログファイルのみを書き込み、過去のエラーログファイルはS3に保存しています。S3へのアップロードから30日間は、調査などのために参照する可能性があるので、標準ストレージを使用しています。その後の30日間は、あまりアクセスすることはありませんが、緊急で調査が必要になる場合もあるので低頻度アクセスストレージを使用します。60日が経過するとほとんど参照することはなくなるのですが、会社の規程で1年間の保存が義務付けられているのでGlacierにアーカイブします。そして1年が経過したら自動で削除します。こうすることで不要なオブジェクトに保存コストがかかることを避けながら、コスト効率の良い使用ができます。

このようにアップロード日から起算して、アクセス頻度が変化することが明確な場合は、ライフサイクル設定が有効です。しかしアクセスパターンが不明な場合は、Intelligent-Tieringストレージクラスが有効です。保存期間後に自動削除する場合はライフサイクル設定が有効です。

▶▶▶重要ポイント

- アクセス頻度に応じて適切なS3ストレージクラスを使用する。
- アクセス頻度が不明な場合はIntelligent-Tieringを使用する。
- アーカイブデータにはGlacierを使用する。

適切なサイジング

過剰なサイジングは余計なコストを発生させます。

- **EC2インスタンスのインスタンスタイプ**：EC2インスタンスは、使用しているインスタンスタイプに基づき、秒単位で課金が発生します。必要なくXlargeなど大きなサイズを使用すると、その分コストが上がります。小さくすればコストは下がりますが、小さいサイズにした場合にアプリケーションのパフォーマンスを落とさないよう考慮する必要があります。過剰なサイズの場合は、パフォーマンスに影響が出ない範囲で調整してコストを最適化できます。
- **EBSのボリュームタイプ、サイズ**：EBSは確保しているボリュームのサイズに対してコストが発生します。使い始める際に過剰とならないように検討します。アクセス頻度が低いセカンダリボリュームの場合は、HDDの使用も検討します。
- **Lambda関数のメモリ**：Lambda関数は、設定しているメモリ容量に基づいてミリ秒単位で課金が発生します。過剰に多くのメモリ容量を設定すると余分なコストが発生します。メモリ容量を下げすぎると、パフォーマンスが落ちてコードの実行時間が長くなり、余計なコストに繋がる可能性もあるので、下げれば良いというものではありません。ログを確認しながら、すばやく実行されるメモリ容量を検討しましょう。

AWS Compute Optimizer

AWS Compute Optimizerは、EC2インスタンス、EBSボリューム、Fargateコンテナ、Lambda関数の使用状況をモニタリングして、機械学習ベースの分析により適切なサイズを推奨してくれます。

Compute Optimizerの推奨事項を参考に、EC2インスタンスタイプやLambda関数のメモリ設定などを見直せます。

▶▶▶重要ポイント

- AWS Compute Optimizerは、EC2インスタンス、Lambda関数などの最適なサイズを機械学習分析により推奨する。

マネージドサービスによるTCO削減

EC2を使用していると起動中の時間すべてに料金が発生します。OSのメンテナンスやアプリケーションデータのバックアップなど、使い方にもよりますが、私たちユーザーのやることが、他のサービスよりも比較的多くあります。他のサービスよりも運用コストが多く発生するということです。

同じ要件を実現できるのであれば、EC2とは別のサービスを使うことでこれらの運用コストを減らせます。ここでは、運用コストを含むTCO（総所有コスト）を軽減する4つの例を解説します。

データベース

EC2インスタンスのOSにデータベースソフトウェアをインストールして運用するよりも、RDSや他の該当するデータベースサービスや互換性のあるデータベースサービスを使用します。OS/ソフトウェアのメンテナンス、バックアップ、マルチアベイラビリティゾーン（AZ）でのレプリケーションフェイルオーバーなどをサービスの標準機能に任せられ、運用コストを軽減します。

静的Webサイト

Linuxの運用
Webサーバーのインストール、設定
パッチ適用
セキュリティグループ設定
障害復旧、可用性
コンテンツの配置
アクセス権限の設定

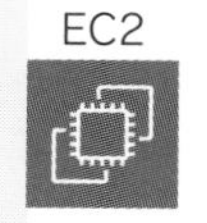

コンテンツの配置
アクセス権限の設定

❏ EC2とS3 －ユーザーの範囲の違い

静的なWebコンテンツをインターネットに配信するためだけに、LinuxのEC2インスタンスでWebサーバーを使用するのであれば、S3を使用したほうが運用コストも、AWS使用料金も下がる可能性があります。複数のアベイラビリティゾーンに分散された高い可用性のインターネット対応ストレージを、バケットを作るだけで使用できます。

サーバーレスアーキテクチャ

OSの運用
ランタイムのインストール
パッチ適用
障害復旧、高可用性
プログラムのデプロイ
IAMロールの設定
継続的な秒課金

EC2

Lambda

プログラムのデプロイ
IAMロールの設定
実行時のみのミリ秒課金

❑ EC2とLambda －ユーザーの範囲の違い

EC2インスタンスで行っている処理をLambda関数に置き換えられれば、OSを気にすることも、起動しながら待ち受ける必要もなくなります。Lambda関数はリクエストに対して並列で、自動的に一時的な実行環境を起動させるので、Auto Scaling設定も必要ありません。トリガーイベントが発生していないときは料金が発生せず、ミリ秒単位の無駄のない課金ですので、AWS使用料金も下がる可能性があります。

オンプレミス環境からの移行

ハードウェアの所有には資産コスト、物理設備/施設の管理に多くの運用コストが発生します。AWSへの移行自体が運用コストを軽減するメリットを持っています。

▶▶▶重要ポイント

- 要件を満たせるのなら、EC2インスタンスではなくマネージドサービスを使用したほうがTCOを削減できる。
- RDSなどのマネージドデータベースサービスを使用すれば、OSメンテナンスやバックアップなどが不要になる。
- S3を使用して静的Webサイトを配信すれば、高い可用性のインターネット対応ストレージを使用できる。
- Lambda関数でコードを実行すれば、リクエストに対して処理は並列で実行され、実行している間だけミリ秒単位で課金される。

13-3 AWSサポート

AWSアカウントには5つのサポートプランがあります。**AWSサポート**というのは言葉どおりのサポートサービスです。一部のハードウェアの保守サポートやソフトウェアのライセンスサポートのように、使うために必須で加入しなければならない、使用する権利を提供するだけというものではありません。適切なサポートプランを選択することで、運用の安全性を保ち、エスカレーションパス(問い合わせ先)を確保できます。

サポートプランの種類と特徴

サポートプランには次の5種類があります。

- **ベーシック**
  - AWSアカウントを作ったときに提供されている無料のサポートプラン
  - 技術サポートは、AWSサービスの稼働状況をモニタリングしているヘルスチェックについてのサポートのみ
  - Trusted Advisorは最低限必要な項目のみ
- **デベロッパー**
  - 29USDと使用料の3%の大きいほう
  - クラウドサポートアソシエイツへの営業時間内Webでの問い合わせ
  - アーキテクチャは一般的なガイダンス
  - Trusted Advisorは最低限必要な項目のみ
  - ケース重要度と応答時間は、一般的なガイダンス(24時間以内)、システム障害(12時間以内)

- ビジネス
  - 100USDと使用料に応じた計算式の大きいほう
  - クラウドサポートエンジニアへの24時間、Web/電話/チャットでの問い合わせ
  - アーキテクチャはユースケースのガイダンス
  - **Trusted Advisorは全項目**
  - ケース重要度と応答時間は、開発者プランに加え、**本番システムの障害(4時間以内)、本番システムのダウン(1時間以内)**
  - **サポートAPI**の使用可
  - サードパーティー製ソフトウェアのサポート
- エンタープライズOn-Ramp
  - 5,500USDと使用料の10%の大きいほう
  - クラウドサポートエンジニアへの24時間、Web/電話/チャットでの問い合わせ
  - アーキテクチャはアプリケーションに基づき年1回のコンサルティングレビューとガイダンス
  - **Trusted Advisorは全項目**
  - ケース重要度と応答時間は、ビジネスプランに加え、**ビジネスクリティカルなシステムのダウン(30分以内)**
  - **サポートAPI**の使用可
  - サードパーティー製ソフトウェアのサポート
  - **テクニカルアカウントマネージャー(TAM)**のプール
  - 年に1回の**AWS Countdown**による製品発表などのイベントサポート
  - 請求に関する問題についてのコンシェルジュチームへの問い合わせ
- エンタープライズ
  - 15,000USDと使用料に応じた計算式の大きいほう
  - クラウドサポートエンジニアへの24時間、Web/電話/チャットでの問い合わせ
  - アーキテクチャはアプリケーションに基づくコンサルティングレビューとガイダンス
  - **Trusted Advisorは全項目チェック**、**Trusted Advisor Priority**による推奨優先順位も利用可能

- ケース重要度と応答時間は、ビジネスプランに加え、**ビジネスクリティカルなシステムのダウン(15分以内)**
- **サポートAPI**の使用可
- サードパーティー製ソフトウェアのサポート
- **テクニカルアカウントマネージャー(TAM)**は専任
- **AWS Countdown**による製品発表などのイベントサポート
- 請求に関する問題について事前対応型のコスト最適化、分析など積極的なサポート

本番稼働している環境がある場合はビジネスプラン以上が推奨です。問い合わせ先を確保して運用することが重要です。

▶▶▶重要ポイント

- サポートプランが上位になるにつれ、サポートケース(問い合わせ)の応答最短時間が短くなる。
- サポートプランが上位になるにつれ、アーキテクチャガイダンスのレベルがより詳細に基づく。
- AWS Trusted Advisorの全項目チェックはビジネスプラン以上。
- サポートAPIの使用によって自動でケース作成できるのはビジネスプラン以上。
- テクニカルアカウントマネージャー(TAM)によるガイダンスはエンタープライズOn-Ramp以上、専任はエンタープライズ。
- AWS CountdownによるイベントサポートはエンタープライズOn-Ramp以上。

13-4 支援サービス

ここでは、AWSへの移行、運用、開発など、AWSを使用する組織をサポートする支援サービスについて解説します。

AWS Activate

AWS Activateはスタートアップ企業をサポートするプログラムです。最大10万ドルのAWSクレジットを使用できます。AWS Activateコンソールというリソースへのアクセスやサポート情報がある特別なコンソールや、限定的なマーケットプレイスサービスへのアクセスもできます。

AWS IQ

AWS IQはAWS以外のAWS認定エキスパート企業による、プロジェクトへのサポートを受けられます。支払いはAWS請求でまとめて支払えます。

AWS Managed Services

AWS Managed Servicesは、AWS環境の運用をAWSに任せられます。AWSを使用する各社の差別化に繋がらないような共通の運用をAWSが行います。運用はモニタリング、インシデント管理、セキュリティ、パッチ、バックアップ、コスト最適化など多岐にわたります。

APN（AWS Partner Network）

APN（AWS Partner Network）はAWSのパートナーとして、ユーザーにAWSの導入、開発、運用支援、Marketplaceを通じたソフトウェアサービスなどを提供します。APNしかアクセスできないプログラムを使用したり、ユーザー企業との接点を得ることで、より高い価値を提供できます。APNはパートナーエコシステムとして機能しており、様々な得意分野を持つAPN同士の協業により、ユーザー企業へ効率的に価値を提供できます。

公式ドキュメント

AWSにはユーザーガイド、開発者ガイド、管理者ガイド、様々なホワイトペーパーなど、公式のドキュメントが多数、無料でインターネットに公開されています。

本書のような書籍は、AWSによって確認されているものではなく非公式なコンテンツです。可能な限り公式のドキュメントやSkill Builder、AWS Workshopなどのコンテンツを用いて学習して、補助的に非公式コンテンツを使用しましょう。その際にも公式ドキュメントで確認することをお勧めします。

AWS規範的ガイダンス

AWS規範的ガイダンス（AWS Prescriptive Guidance）は、AWSで設計、開発、運用するためのガイダンス集です。戦略、ガイド、パターンの3つのカテゴリーに分かれています。

- **戦略**には「ゼロトラストの採用：安全かつ機敏なビジネス変革のための戦略」のように、組織が導入する戦略についてのガイダンスが用意されています。
- **ガイド**には「モニタリング、レポート、コスト最適化のためにタグ付けする際のベストプラクティスの使用」のような運用/構築ガイドが用意されています。
- **パターン**には「サーバーレスアプローチを使用してAWSサービスをつなぎ合わせる」のような設計パターンと設定についてのガイドが用意されています。

「AWS規範的ガイダンス」や「Prescriptive Guidance」でWeb検索すると以下のサイトにたどり着けます。AWSで実現したい内容について検索してみてください。

📖 AWS規範ガイダンス
URL https://aws.amazon.com/jp/prescriptive-guidance/

AWS re:Post

❑ AWS re:Post

AWS re:Postは、AWSを使用するユーザーからの質問に、ユーザーが答えるコミュニティです。他の人の質問と回答を検索したり、情報センターとして公式のナレッジが蓄積されています。

コミュニティ

AWSにはre:Postのような公式コミュニティの他、ユーザー主体のコミュニティが多数存在します。たとえば以下のようなAWSコミュニティがあり、さかんに勉強会やイベントが開催されています。

- JAWS-UG
- AWS Startup Community
- Amplify Japan User Group

筆者も最初コミュニティに参加して、ユーザーの皆さんに教えていただきながらAWSに触れ始めました。Webで検索するとオフライン、オンラインの勉強会の情報にアクセスできます。ぜひ、日程や場所などご都合の良い勉強会に参加してみて、AWSの学習を楽しんでください。

AWSプロフェッショナルサービス

AWSプロフェッショナルサービスは、主にエンタープライズ企業に向けて、AWSの専門家チームがサポートするサービスです。プロジェクトをより迅速に、かつベストプラクティスに基づく信頼性をもって提案し、支援します。技術カテゴリーなどのソリューション別、金融や医療などの業種別のエキスパートであるAWS専門家チームが対応します。

AWSソリューションアーキテクト

AWSにはソリューションアーキテクト(SA)という役割があります。直訳すると「解決を設計する人」です。担当ユーザー企業の設計レビューをしたり、相談に対してアドバイスなどのサポートをします。

AWS Launch Wizard

AWS Launch Wizardは、Microsoft SQL Server Always OnやHANAベースのSAPシステムなどのエンタープライズアプリケーションのベストプラクティスなAWSリソースを構築してくれます。いくつかのパラメータを入力するだけで、必要なリソースが構築されます。CloudFormationテンプレートが生成されスタックが作成されます。執筆時点で次のアプリケーション用のLaunch Wizardが用意されています。

- Microsoft SQL Server
- SAP
- Amazon EKS
- Microsoft IIS

○ Microsoft Active Directory

○ Remote Desktop Gateway

○ Exchange Server

▶▶▶重要ポイント

- AWS Activateは、AWSクレジットやリソースの提供によりスタートアップ企業をサポートする。
- AWS IQは、AWS認定エキスパート企業によるプロジェクトサポートでAWS請求で支払いできる。
- AWS Managed ServicesはAWS環境の運用をAWSに任せられる。
- AWS Prescriptive Guidanceは設計、開発、運用のための規範的ガイダンス集。
- AWS re:Postはユーザー同士の質問と回答などの情報の公式コミュニティ。
- AWSプロフェッショナルサービスはソリューション別、業種別の専門家チームがサポートする。

本章のまとめ

▶▶▶コスト管理サービス

- AWS Cost Explorerはコストを時系列のグラフで可視化する。グループ化やフィルタリングによってコストを分析できる。
- AWS Budgetsは予算を設定し、アラートアクションによる通知、自動対応ができる。
- AWS Budgetsの予算は、コスト、使用量に対して、フィルターを追加して設定できる。
- リソースのタグは、コスト配分タグとしてコスト分析や予算設定に使用できる。
- AWS Resource Groupsのタグエディタでリソースタグのメンテナンスができる。
- AWS Organizationsの一括請求で複数アカウントの請求をまとめられる。
- AWS Organizations組織の合計使用量でボリューム割引を受けられたり、リザーブドインスタンスやSavings Plansを共有できる。
- AWS Billing Conductorは特定のアカウントグループに対して、割引・割増の料金で請求明細を作成できる。
- AWS Pricing Calculatorでは、ワークロードなどの特性や日毎のアクセスパターンなどに合わせて料金予測を計算できる。

▶▶▶コスト改善の検討事項

- EC2リザーブドインスタンスは、1年以上同じインスタンスタイプ、リージョン、OSを継続的に使用できる場合に検討する。
- EC2 Instance Savings Plansは、1年以上同じインスタンスファミリー、リージョンを継続的に使用できる場合に検討する。
- EC2スポットインスタンスは、リトライ可能な柔軟でステートレスな構成で使用する。
- EC2のオンデマンドインスタンスは、1年継続しない、処理を中断できない場合に選択する。
- BYOLではDedicated Host(専有ホスト)、Dedicated Instance(ハードウェア専有インスタンス)を使用する。
- Compute Savings PlansはEC2、Lambda、Fargateに適用される最も柔軟な料金オプション。
- アクセス頻度に応じて適切なS3ストレージクラスを使用する。

- アクセス頻度が不明な場合はIntelligent-Tieringを使用する。
- アーカイブデータにはGlacierを使用する。
- AWS Compute Optimizerは、EC2インスタンス、Lambda関数などの最適なサイズを機械学習分析により推奨する。
- 要件を満たせるのなら、EC2インスタンスではなくマネージドサービスを使用したほうがTCOを削減できる。
- RDSなどのマネージドデータベースサービスを使用すれば、OSメンテナンスやバックアップなどが不要になる。
- S3を使用して静的Webサイトを配信すれば、高い可用性のインターネット対応ストレージを使用できる。
- Lambda関数でコードを実行すれば、リクエストに対して処理は並列で実行され、実行している間だけミリ秒単位で課金される。

▶▶▶AWSサポート

- サポートプランが上位になるにつれ、サポートケース（問い合わせ）の応答最短時間が短くなる。
- サポートプランが上位になるにつれ、アーキテクチャガイダンスのレベルがより詳細に基づく。
- AWS Trusted Advisorの全項目チェックはビジネスプラン以上。
- サポートAPIの使用によって自動でケース作成できるのはビジネスプラン以上。
- テクニカルアカウントマネージャー（TAM）によるガイダンスはエンタープライズOn-Ramp以上、専任はエンタープライズ。
- AWS Countdownによるイベントサポートはエンタープライズ On-Ramp以上。

▶▶▶支援サービス

- AWS Activateは、AWSクレジットやリソースの提供によりスタートアップ企業をサポートする。
- AWS IQは、AWS認定エキスパート企業によるプロジェクトサポートでAWS請求で支払いできる。
- AWS Managed ServicesはAWS環境の運用をAWSに任せられる。
- AWS Prescriptive Guidanceは設計、開発、運用のための規範的ガイダンス集。
- AWS re:Postはユーザー同士の質問と回答などの情報の公式コミュニティ。
- AWSプロフェッショナルサービスはソリューション別、業種別の専門家チームがサポートする。

練習問題

練習問題1

時間や日次月次で、サービスやリージョンごとのコストを分析できるサービスはどれですか。1つ選択してください。

A. AWS Resource Access Manager
B. AWS Resource Groupsとタグエディタ
C. AWS Cost Explorer
D. AWS Organizations

練習問題2

特定のリージョンやアカウントのコストや使用量の予算を設定して、アラートを通知したいです。どのサービスを使用しますか。1つ選択してください。

A. AWS Billing Conductor
B. AWS Cost and Usage Report
C. AWS License Manager
D. AWS Budgets

練習問題3

Cost Explorerで特定のプロジェクト別にコストを分析したいです。次のどれを使用しますか。1つ選択してください。

A. コスト配分タグ
B. AWS Resource Access Manager
C. AWS Control Tower
D. Glacier Instant Retrieval

練習問題4

複数アカウントの請求を1つにまとめたいです。次のどれを使用しますか。1つ選択してください。

A. AWS Cost Explorer
B. AWS Budgets
C. AWS License Manager
D. AWS Organizations

練習問題5

AWS Organizationsによって可能になることを2つ選択してください。

A. 専門家チームによるサポートを受けられる
B. サポートAPIが使用できる
C. 合計容量でボリュームディスカウントを受けられる
D. Savings Plansを共有できる
E. Trusted Advisorで全項目がチェックされる

練習問題6

請求代行を提供しているリセラーが、お客様への割引を適用した請求明細を必要としています。次のどれを使用しますか。1つ選択してください。

A. AWS License Manager
B. AWS Billing Conductor
C. AWS Control Tower
D. AWS Resource Access Manager

練習問題7

AWSの使用を開始する前に請求予測を計算しておきたいです。次のどれを使用しますか。1つ選択してください。

A. Cost Explorer

B. Budgets

C. Pricing Calculator

D. Organizations

練習問題8

1年以上継続することが決まっている、常時稼働の業務アプリケーションのためのサーバーがあります。次のどの方法が最もコスト最適ですか。1つ選択してください。

A. 1年使用、前払いをしないリザーブドインスタンス

B. 3年使用、全額前払のリザーブドインスタンス

C. スポットインスタンス

D. 専有インスタンス

練習問題9

1年以上継続することが決まっている、常時稼働の業務アプリケーションのためのサーバーがあります。次のどの方法が最もコスト最適ですか。1つ選択してください。

A. スポットインスタンス

B. オンデマンドインスタンス

C. EC2 Instance Savings Plans

D. 専有インスタンス

練習問題10

夜間に実行されている分析処理があります。ジョブメッセージはSQSから受信して処理されます。次のどの方法が最もコスト最適ですか。1つ選択してください。

A. EC2 Instance Savings Plans

B. リザーブドインスタンス

C. スポットインスタンス

D. オンデマンドインスタンス

練習問題11

通常の予約サイトとは別に、投票サイトを2か月間運用します。投票は有料会員特典のため、サイトの停止は極力避けたいです。次のどの方法が最もコスト最適化できるでしょうか。1つ選択してください。

A. スポットインスタンス
B. オンデマンドインスタンス
C. リザーブドインスタンス
D. EC2 Instance Savings Plans

練習問題12

オンプレミスで使用しているあるソフトウェアライセンスをAWSで使用する際にEC2のホストを専有する条件がありました。次のどれを使用しますか。1つ選択してください。

A. オンデマンドキャパシティ予約
B. Dedicated Hosts
C. スポットインスタンス
D. EC2 Auto Scaling

練習問題13

画像共有サイトで比較的新着画像のダウンロードが多い傾向にはあるものの、過去にアップロードされた画像も人気があります。次のどの方法でコストを最適化しますか。1つ選択してください。

A. すべての画像をGlacier Deep Archiveに移動する。
B. すべての画像を標準-IA（低頻度アクセス）に移動する。
C. すべての画像をInteligent-Tieringに移動する。
D. すべての画像を標準ストレージに保存して、ライフサイクル設定で特定の日数が経過した画像を標準-IAに移動する。

練習問題14

年次の報告資料作成と翌年度予算の作成が完了しました。計算元となった出力データや資料は再分析や確認が必要になった際にはアクセスしますが、その可能性はほぼありません。5年間保存しておくことがルールで決まっています。次のどのストレージクラスに保存するとコストを最適にできますか。1つ選択してください。

A. 標準-IA
B. Intelligent-Tiering
C. Glacier Deep Archive
D. 1ゾーン-IA

練習問題15

RDSを使用しているユーザーが実行するのは次のどれですか。1つ選択してください。

A. データベースのマイナーバージョンアップ
B. データベーステーブルの作成
C. Linuxへのパッチ適用
D. プライマリデータベース障害時のフェイルオーバー

練習問題16

S3を使ってWebサイトを運用します。次のどの要件が実現できますか。1つ選択してください。

A. Pythonを実行するWebアプリケーション
B. PHPを実行するWebアプリケーション
C. クライアントサイドJavaScriptを実行するWebアプリケーション
D. nginxで実行する静的Webサーバー

練習問題17

60秒で終わるPythonスクリプトがときどき呼び出されています。現在EC2インスタンスで実行していますが、コスト最適化のために見直すこととなりました。次のどの方法が最も効果的でしょうか。1つ選択してください。

A. EC2インスタンスタイプを見直す
B. Lambda関数を使用する
C. S3を使用する
D. RDSに変更する

練習問題18

サポートへビジネスクリティカルなシステムのダウンについて問い合わせた後に、15分以内で応答を受け取る必要があるアプリケーションを運用します。どのサポートプランが最も低いコストで使用できますか。1つ選択してください。

A. デベロッパー
B. ビジネス
C. エンタープライズOn-Ramp
D. エンタープライズ

練習問題19

Trusted Advisorの全項目のチェックが必要です。どのサポートプランが最も低いコストで使用できますか。1つ選択してください。

A. デベロッパー
B. ビジネス
C. エンタープライズOn-Ramp
D. エンタープライズ

練習問題20

TAMによるガイダンスが必要です。どのサポートプランが最も低いコストで使用できますか。1つ選択してください。

A. ベーシック
B. デベロッパー
C. ビジネス
D. エンタープライズ

練習問題21

AWS Countdownによるイベントサポートが必要です。どのサポートプランが最も低いコストで使用できますか。1つ選択してください。

A. ベーシック
B. デベロッパー
C. ビジネス
D. エンタープライズ

練習問題22

サポートAPIが必要です。どのサポートプランが最も低いコストで使用できますか。1つ選択してください。

A. ベーシック
B. デベロッパー
C. ビジネス
D. エンタープライズ

練習問題23

スタートアップ企業をAWSクレジットなどでサポートするサービスは次のどれですか。1つ選択してください。

A. AWS Launch Wizard
B. AWSプロフェッショナルサービス
C. AWS Managed Services
D. AWS Activate

練習問題24

AWSプロジェクトへのAWS認定エキスパート企業によるサポートが必要です。支払いはAWS請求で支払います。次のどの方法を使用しますか。1つ選択してください。

A. AWS Launch Wizard
B. AWS IQ
C. APN
D. AWS re:Post

練習問題25

モニタリング、インシデント管理、セキュリティなどのAWSの運用をAWSに任せます。次のどれを使用しますか。1つ選択してください。

A. AWS Organizations
B. AWS Managed Services
C. AWS Activate
D. AWS Launch Wizard

練習問題26

AWSで設計、開発、運用するためのガイダンス集を確認します。どこで確認しますか。1つ選択してください。

A. Prescriptive Guidance
B. Compute Optimizer
C. Pricing Calculator
D. Billing Conductor

練習問題27

公式コミュニティに質問を投稿したいです。どこで投稿しますか。1つ選択してください。

A. Prescriptive Guidance
B. re:Post
C. Pricing Calculator
D. Compute Optimizer

練習問題28

エンタープライズシステムのプロジェクトで業種に対して専門家のチームが必要です。どのサービスを使用しますか。1つ選択してください。

A. AWS Activate
B. AWS Launch Wizard
C. AWS Trsuted Advisor
D. AWSプロフェッショナルサービス

練習問題の解答

✓練習問題1の解答

答え：C

Cost Explorerで時間、日、月を横軸に、金額を縦軸にしたグラフでコストを可視化して分析できます。サービスやリージョンをグループにしたり、フィルター条件にして絞り込むこともできます。

A. Resource Access Managerは他のアカウントと特定のAWSリソースを共有できます。
B. Resource Groupsとタグエディタでは、AWSリソースを整理してグループ管理したり、リソースのタグを一括設定したりできます。
D. Organizationsは複数アカウントを組織としてまとめて管理できます。一括請求などができます。

✓練習問題2の解答

答え：D

Budgetsで予算を設定できます。予算に対して実績値や着地予測への到達割合いを閾値にできて、アラートアクションを自動実行できます。

- **A.** Billing Conductorは割引や割増を設定した、顧客向けの請求明細を作成できます。
- **B.** Cost and Usage Reportは詳細な請求データをS3バケットへ記録して、エクスポートしたりAthenaで分析したりできます。
- **C.** License Managerはソフトウェアライセンスを管理できます。

✓練習問題3の解答

答え：A

コスト配分タグで特定のリソースタグをアクティベートできます。たとえばProjectキーのタグをアクティベートしておくと、値に設定されているプロジェクト名別のコストをCost Explorerで分析できます。

- **B.** Resource Access Managerは他のアカウントと特定のAWSリソースを共有できます。
- **C.** Control TowerはOrganizations組織のベストプラクティス環境を数クリックで構築して、ダッシュボードで継続的に管理できます。
- **D.** Glacier Instant RetrievalはS3ストレージクラスの1つで、すぐにアクセスしたいアーカイブデータの保存に向いています。

✓練習問題4の解答

答え：D

Organizationsで組織にまとめた複数アカウントの請求は、一括請求として1つの請求にまとめられます。

- **A.** Cost Explorerは時系列で可視化して請求金額を分析できます。
- **B.** Budgetsは予算を設定して、閾値に対してアラートアクションを自動化できます。
- **C.** License Managerはソフトウェアライセンスを管理できます。

✓練習問題5の解答

答え：C、D

Organizationsで組織にまとめた複数アカウントでは、データ転送量などの合計容量でボリューム割引が受けられ、Savings Plansやリザーブドインスタンスを共有できます。

- **A.** 専門家チームによるサポートを受けられるのはAWSプロフェッショナルサービスです。
- **B.** サポートAPIが使用できるのは、ビジネスプラン以上のサポートプランです。
- **E.** Trusted Advisorで全項目がチェックされるのは、ビジネスプラン以上のサポートプランです。

✓練習問題6の解答

答え：B

Billing Conductorにより、割引や割増を設定した請求明細を作成できます。

A. License Managerはソフトウェアライセンスを管理できます。AMIと紐付けて自動カウントや起動制御もできます。

C. Control TowerはOrganizations組織のベストプラクティス環境を数クリックで構築して、ダッシュボードで継続的に管理できます。

D. Resource Access Managerは他のアカウントと特定のAWSリソースを共有できます。

✓練習問題7の解答

答え：C

Pricing Calculatorによって各サービスの請求金額を計算できます。

A. Cost Explorerは時系列で可視化して請求金額を分析できます。

B. Budgetsは予算を設定して、閾値に対してアラートアクションを自動化できます。

D. Organizationsは複数アカウントを組織としてまとめて管理できます。

✓練習問題8の解答

答え：A

1年以上常時稼働するので、リザーブドインスタンスを適用できます。前払いはしないよりも全額前払のほうがよりコストは低くなりますが、他に適した選択肢がないのでAが正解です。

B. 3年使用するとは書かれていません。1年少しで使用が終わってしまった場合は、全額前払であっても余計なコストが発生することになります。

C. 常時稼働させるアプリケーションにはスポットインスタンスは適切ではありません。中断する可能性があります。

D. 専有インスタンスは追加コストが発生するので、使用する必要がなければ選択しません。

✓練習問題9の解答

答え：C

EC2 Instance Savings Plansも1年または3年で契約ができます。リザーブドインスタンスよりもインスタンスタイプ（ファミリーのみ）やOSの限定がない分、柔軟性があります。

A. 常時稼働させるアプリケーションにはスポットインスタンスは適切ではありません。中断する可能性があります。

B. オンデマンドインスタンスよりもEC2 Instance Savings Plansのほうが低いコストで使用できます。

D. 専有インスタンスは追加コストが発生するので、使用する必要がなければ選択しません。

✓練習問題10の解答

答え：C

スポットインスタンスは中断される可能性がありますが、低いコストで使用できます。1つのアベイラビリティゾーンやインスタンスタイプが中断されてもジョブメッセージはSQSにあるのでリトライができます。

A. 夜間しか実行されないので、Savings Plansは無駄が発生します。
B. 夜間しか実行されないので、リザーブドインスタンスは無駄が発生します。
D. オンデマンドインスタンスよりもスポットインスタンスのほうがコストが低いです。

✓練習問題11の解答

答え：B

2か月だけですので、リザーブドインスタンスやSavings Plansは無駄が生じます。停止を極力避けたいので、スポットインスタンスを使用するべきではありません。この選択肢では、オンデマンドインスタンスになります。

✓練習問題12の解答

答え：B

Dedicated Hostsはホストの使用料金を支払って専有できます。

A. オンデマンドキャパシティ予約は確実に起動できますが、専有はできません。
C. スポットインスタンスは専有できません。
D. EC2 Auto Scalingは自動的にEC2インスタンスを増減させる機能で、専有する機能ではありません。

✓練習問題13の解答

答え：C

過去にアップロードされた画像の人気もあるので、アップロードされた時期によってのアクセス頻度にパターンがありません。アクセスパターンが予測できないケースになりますので、Inteligent-Tieringが最適です。Inteligent-Tieringは最低保存期間も最小サイズの制限もありません。

A. Glacier Deep Archiveはアクセスする際に取り出し時間が発生するので、アプリケーションアクセスには向いていません。
B. 1か月に1回以上アクセスが発生するオブジェクトを標準-IA（低頻度アクセス）に保存すると、標準ストレージクラスよりもコストが多くなります。
D. 過去にアップロードされた画像のアクセス頻度が落ちるということでもないので、ライフサイクル設定は適切ではありません。

✓練習問題14の解答

答え：C

長期間の保存、アクセスはほぼ発生しない場合にGlacierが適しています。アクセスの可能性が最も低い場合はGlacier Deep Archiveが最もコストの低い選択です。

A. 標準-IAよりもGlacier Deep Archiveのほうが保存コストは低いです。
B. Intelligent-Tieringにはモニタリング料金が発生します。アクセス頻度、アクセスパターンが明確なときは使用しません。
C. 1ゾーン-IAよりもGlacier Deep Archiveのほうが保存コストは低いです。

✓練習問題15の解答

答え:B

データベースのテーブル作成はユーザーがたとえばCREATE TABLEなどで実行します。

A、C.データベースへのマイナーバージョンアップ、OSのパッチ適用はAWSが実行します。実行するタイミングはユーザーが指定できます。
D. プライマリデータベース障害時のスタンバイデータベースへのフェイルオーバーは自動で行われます。手動で発生させることもできます。

✓練習問題16の解答

答え:C

クライアントサイドJavaScriptのようにWebブラウザがダウンロードしてから実行する、サーバーサイドでは動かない静的なWebコンテンツの配信ができます。

A、B. サーバーサイドのプログラムは実行できません。
D. nginxなどのWebサーバーをインストールすることはできません。

✓練習問題17の解答

答え:B

ときどきしか実行されていないのでLambda関数に変えることで、EC2の待機中のコストは削減されます。Lambda関数は実行されている間だけのメモリ容量に対するミリ秒課金ですので、実行している間の料金も下がる可能性があります。

A. EC2インスタンスタイプを見直すのも有効ですが、Lambda関数に変えるほうがより効果的です。
C. S3ではPythonなどは実行できません。
D. RDSはデータベースサービスであり、用途が異なります。

✓練習問題18の解答

答え:D

エンタープライズサポートプランはビジネスクリティカルなシステムのダウンの問い合わせについて、15分以内に応答を受け取れます。

A. デベロッパーサポートプランは最短12時間以内の応答です。
B. ビジネスサポートプランは最短1時間以内の応答です。
C. エンタープライズOn-Rampサポートプランは最短30分以内の応答です。

✓練習問題19の解答

答え：B

ビジネス、エンタープライズOn-Ramp、エンタープライズサポートプランでTrusted Advisorの全項目がチェックされます。この中でビジネスサポートプランが最も安価になります。

✓練習問題20の解答

答え：D

TAM（テクニカルアカウントマネージャー）によるガイダンスがあるのは、エンタープライズOn-Rampとエンタープライズです。ただし、エンタープライズOn-Rampの場合は専任ではありません。

✓練習問題21の解答

答え：D

AWS Countdownによるイベントサポートはエンタープライズ On-Rampとエンタープライズです。エンタープライズOn-Rampの場合は回数に制限があります。

✓練習問題22の解答

答え：C

ビジネス、エンタープライズOn-Ramp、エンタープライズサポートプランでサポートAPIが使用できます。この中でビジネスサポートプランが最も安価になります。

✓練習問題23の解答

答え：D

AWS ActivateはAWSクレジットや特定リソースでスタートアップ企業をサポートします。

- **A.** AWS Launch Wizardはエンタープライズアプリケーションの構築ウィザードです。数クリックでベストプラクティスに基づいたCloudFormationスタックが作成されます。
- **B.** AWSプロフェッショナルサービスは専門家チームによるサポートを受けられます。
- **C.** AWS Managed ServicesはAWSの運用をAWSに任せられます。

✓練習問題24の解答

答え：B

AWS IQはAWS認定エキスパート企業によるプロジェクトへのサポートが受けられます。AWS請求に支払えます。

- **A.** AWS Launch Wizardはエンタープライズアプリケーションの構築ウィザードです。
- **C.** APN（AWS Partner Network）はパートナー企業の総称です。プロジェクトサポートを依頼することもできますが、支払いはAPNからの請求です。
- **D.** AWS re:Postはユーザー同士の質問と回答ができる公式コミュニティです。

✓練習問題25の解答

答え：B

AWS Managed ServicesはAWSの運用をAWSに任せられます。

- A. Organizationsは複数アカウントを組織としてまとめて管理できます。
- C. AWS ActivateはAWSクレジットや特定リソースでスタートアップ企業をサポートします。
- D. AWS Launch Wizardはエンタープライズアプリケーションの構築ウィザードです。

✓練習問題26の解答

答え：A

AWS Prescriptive Guidanceは設計、開発、運用するための規範的ガイダンス集です。Webサイトで検索できます。

- B. Compute Optimizerは過去の利用実績をもとにEC2インスタンスタイプ、Lambda関数のメモリなどの推奨事項を提供してくれます。
- C. Pricing CalculatorはAWSサービスの使用料金を計算できます。
- D. Billing Conductorは割引、割増した料金明細を作成できます。

✓練習問題27の解答

答え：B

AWS re:Postはユーザー同士の質問と回答ができる公式コミュニティです。他に情報センターやコミュニティ記事にもナレッジがあります。

- A. AWS Prescriptive Guidanceは設計、開発、運用のための規範的ガイダンス集です。
- C. Pricing CalculatorはAWSサービスの使用料金を計算できます。
- D. Compute Optimizerは過去の利用実績をもとにEC2インスタンスタイプ、Lambda関数のメモリなどの推奨事項を提供してくれます。

✓練習問題28の解答

答え：D

AWSプロフェッショナルサービスは専門家チームによるサポートを受けられます。

- A. AWS ActivateはAWSクレジットや特定リソースでスタートアップ企業をサポートします。
- B. AWS Launch Wizardはエンタープライズアプリケーションの構築ウィザードです。
- C. AWS Trsuted Advisorを使うと、現在のアカウントの使用状況に関する耐障害性、パフォーマンス、コスト最適化、セキュリティ、サービス制限に対しての推奨事項などのアドバイスがレポートされます。

索引

B、C

T、V、W、X

あ行

か行

さ行

た行、な行

は行

ま行、や行、ら行

著者略歴

● 山下光洋（やましたみつひろ）

開発ベンダーに5年、ユーザー企業システム部門通算9年を経て、2018年よりトレノケート株式会社でAWS Authorized InstructorとしてAWSトレーニングコースを担当し、毎年1500名以上に受講いただいている。プロトタイプビルダーとして社内の課題を内製開発による解決もしている。現在のすべてのAWS認定試験に合格、AWS認定クラウドプラクティショナー CLF-C02は開始後すぐに受験して1000点で合格している。

AWS認定インストラクターアワード2018・2019・2020の3年連続受賞により殿堂入りを果たした。Japan AWS Top Engineers、Japan ALL AWS Certifications Engineers、AWS Community Buildersに数年にわたり選出。

個人活動としてヤマムギ名義で執筆、勉強会、ブログ、YouTubeで情報発信している。その他コミュニティ勉強会やセミナーに参加し、運営、スピーカーなどを行う。質問・相談についてのアドバイスもしている。

本書では第4章以降を担当している。

- プロフィール： https://www.yamamanx.com/profile/
- ブログ： https://www.yamamanx.com
- X（旧Twitter）：https://twitter.com/yamamanx
- YouTube： https://www.youtube.com/c/YAMAMUGI

● 海老原寛之（えびはらひろゆき）

開発ベンダーに10年、MSP（マネージドサービスプロバイダー）3年を経て、2018年よりトレノケート株式会社でAWS Authorized InstructorとしてAWSトレーニングコース、および各種クラウドのコースを担当。

AWS Authorized Instructor Award 2021 Best Numbers for Class Delivery and Students Trained、AWS Authorized Instructor Award 2022 Best Instructor CSAT、Best Numbers for Class Delivery and Students Trained受賞。

本書では第1章から第3章を担当している。

- X（旧Twitter）：https://twitter.com/ja1bnu

本書のサポートページ

https://isbn2.sbcr.jp/25382/

本書をお読みいただいたご感想・ご意見を上記 URL からお寄せください。本書に関するサポート情報やお問い合わせ受付フォームも掲載しておりますので、あわせてご利用ください。

AWS 認定資格試験テキスト
AWS 認定 クラウドプラクティショナー 改訂第３版

2019 年 5 月 1 日　初　版　第 1 刷 発行
2023 年 7 月 5 日　改訂第 2 版　第 1 刷 発行
2024 年 4 月 2 日　改訂第 3 版　第 1 刷 発行
2024 年 10 月 21 日　改訂第 3 版　第 4 刷 発行

著　者　山下光洋／海老原寛之
発行者　出井 貴完
発行所　SB クリエイティブ株式会社
〒 105-0001 東京都港区虎ノ門 2-2-1
https://www.sbcr.jp/
印　刷　株式会社シナノ

制　作　編集マッハ
装　丁　米倉英弘（株式会社細山田デザイン事務所）

※乱丁本、落丁本は小社営業部にてお取替えいたします。
※定価はカバーに記載されております。

Printed in Japan　ISBN978-4-8156-2538-2